JIANGXI XINJIANG HANGYUN SHUNIU XIANGMU

PING'AN BAINIAN

PINZHI GONGCHENG CHUANGJIAN SHIJIAN

江西信江航运枢纽项目
平安百年品质工程创建实践

丁光明●编著

人民交通出版社股份有限公司

北京

内 容 提 要

本书总结了江西信江航运枢纽项目平安百年品质工程建设的理念与实践，具体从创建背景、项目设计、项目管理、项目施工、项目文化、创建成果和启示等六个方面，介绍了项目建设过程中的各个要点，涵盖了项目品质工程创建各个方面的探索成果，形成了可直接运用借鉴的设计、施工、管理的概念或方法。

本书可供航运枢纽建设项目的建设单位、施工单位、监理单位、中心试验室等参考使用。

图书在版编目（CIP）数据

江西信江航运枢纽项目平安百年品质工程创建实践 / 丁光明编著 . — 北京：人民交通出版社股份有限公司，2024.8

ISBN 978-7-114-19488-7

Ⅰ.①江…　Ⅱ.①丁…　Ⅲ.①水利枢纽—水利工程管理—项目管理—研究—江西　Ⅳ.①TV6

中国国家版本馆 CIP 数据核字 (2024) 第 073405 号

书　　名：	江西信江航运枢纽项目平安百年品质工程创建实践
著 作 者：	丁光明
责任编辑：	董　倩
责任校对：	赵媛媛　刘　璇　龙　雪
责任印制：	刘高彤
出版发行：	人民交通出版社
地　　址：	（100011）北京市朝阳区安定门外外馆斜街3号
网　　址：	http://www.ccpcl.com.cn
销售电话：	（010）59757973
总 经 销：	人民交通出版社发行部
经　　销：	各地新华书店
印　　刷：	北京市密东印刷有限公司
开　　本：	787×1092　1/16
印　　张：	21.75
字　　数：	306千
版　　次：	2024年8月　第1版
印　　次：	2024年8月　第1次印刷
书　　号：	ISBN 978-7-114-19488-7
定　　价：	238.00元

（有印刷、装订质量问题的图书，由本社负责调换）

编审委员会

前言 PREFACE

　　春风先发苑中梅，樱杏桃梨次第开。在全国水运建设阵阵春风的吹拂下，信江航运枢纽也春暖花开、迎春绽放。

　　"十三五"期间，习近平总书记曾两次亲临江西视察经济社会发展情况，提出了在加快革命老区高质量发展上作示范、在推动中部地区崛起上勇争先的重要要求。经济要发展，交通须先行。2021年，江西省省委、省政府作出了推进交通强省建设的重大部署，内河水运作为交通强省建设的重要组成部分和构建综合立体交通运输体系的关键环节，是促进经济社会高质量跨越式发展的有效保障。在"十三五"期间，全省相继投入186亿元，共实施22个重点水运基础设施建设项目，信江航运枢纽项目就是在这一环境和背景下立项建设的。

　　当前，水运仍然是江西省综合立体交通运输体系中的"短板"。加快推进江西省水运改革发展，是补足综合交通运输体系"短板"的现实需要，是谱写交通强国建设江西篇章的重要内容，对于打造水路兼优的现代综合交通运输体系、助力交通强省建设有着重要意义。项目建设伊始，项目建设者就把通过信江航运枢纽项目建设助推江西水运行业高质量发展作为自己的使命。在使命的召唤和引领下，信江航运枢纽项目创新性地提出了"学习、服务、积极、健康"的团队管理理念和"信义、信心、品质、品牌"的品质工程文化理念，提出了项目"双品质、双融合"的党建工作目标，项目建设者立下"军令状"，不仅要在工程质量上树典范，而且要在项目建设管理各个领域有所创新和突破。信江航运枢纽项目在管理过程中大力推行"党建＋"模式，党建引领平安百年品质工程创建有关特色做法在全国基层党组织得到推广。作为第一批平安百年品质工程创建示范项目，信江航运枢纽项目是全国唯一入选交通运输部科技示范项目的水运项目，多次获得各类信息化 BIM 应用奖。

　　江西省交通运输厅在信江航运枢纽项目现场组织召开了全省品质工程推进会、重点建设项目党建现场会、全省交通运输系统防汛应急演练暨公路水运工程安全生产工作现场交流会、全省航电枢纽库区品质工程观摩会等。四年来，在信江航运枢纽项目积极发挥示范带动作用下，后续开工建设的水运项目陆续提出赶超目标、确立符合自身实际的平安百年品质工程创建思路，做出了打造精品工程、示范项目的新亮

前言 PREFACE

点。江西省水运项目建设营造了比学赶超、争先创优的浓厚氛围。

都江堰作为闻名中外的水利工程，凝聚着中国古代劳动人民的勤劳和智慧。当我们深情回望矗立于信江上的两座航运枢纽时，不禁会一边喟叹都江堰工程中古人的伟大智慧，一边思考信江航运枢纽项目在现代水运工程建设和管理方面的实践，能否给当下及未来的水运建设留下一些参考和启发。因此，梳理总结项目建设过程中形成的理念、文化、制度、措施等，以期为后续交通基础设施建设提供一些借鉴和参考，也是本书编写的初衷。

本书共六章，第一章阐述信江航运枢纽项目平安百年品质工程的创建背景；第二章从设计角度阐述如何通过精细化设计助推平安百年品质工程创建；第三章分别从项目管理的几个重要因素（质量、安全、进度、环保、信息化等）阐述现场管理对于平安百年品质工程的重要性，并从信江航运枢纽项目建设实践角度总结一些特色做法；第四章从施工工艺角度阐述如何建设航运（航电）枢纽平安百年品质工程；第五章从党建、文化引领角度阐述如何助推平安百年品质工程建设；第六章总结信江航运枢纽项目平安百年品质工程建设取得的一些成果经验，希望以此抛砖引玉，为江西省乃至全国的水运基础设施建设提供有益借鉴。

囿于作者的水平，书中难免存在疏漏，敬请读者批评指正。

作　者

2023 年 10 月

目录 CONTENTS

第一章

创建背景

信江航运枢纽项目建设者在传承和发展的基础上，敢于担当，勇于创新，自觉对标平安百年品质工程创建要求，在面临工程管理人员不足、缺乏水运建设管理经验、过水围堰工期紧张的情况下，始终坚持以党建为引领，创造性提出了"学习、服务、积极、健康"的团队管理理念和"信义、信心、品质、品牌"等引领品质工程创建的文化理念。栉风沐雨守初心、砥砺奋进续华章，四年来，全体建设者连续克服56年一遇连续雨水，施工正酣时突发新型冠状病毒感染疫情，项目关键期遭遇超历史洪水、保圩堤破围堰等困难。有志者自有千方万计，在清晰的目标和理念引领下，信江航运枢纽项目高标准建成交通运输部平安百年品质工程。

心有所信，方能远行。本书全面分析回顾了信江航运枢纽项目平安百年品质工程创建在项目设计创新、施工工艺、项目管理和文化建设等方面的经验做法，不仅是信江航运枢纽项目建设者留下的总结和思考，更为今后水运项目建设提供了一些实践经验和工作参考。

征途漫漫，惟有奋斗，打造平安百年品质工程，实现江西水运高质量发展，建设交通强省，我们一直在路上。

本章从信江航运枢纽概况和平安百年品质工程两个方面进行阐述。

第一节　信江航运枢纽概况

在综合交通运输体系当中，水运具有运量大、成本低、绿色低碳的显著优势。党的十八大以来，在以习近平同志为核心的党中央坚强领导下，我国已经建成世界上具有重要影响力的水运大国。党的十九大报告提出建设交通强国，为新时代交通运输发展指明了方向。尤其是随着《交通运输部关于推进长江航运高质量发展的意见》《内河航运发展纲要》的相继出台，我国内河航运中长期发展的战略蓝图更加清晰。内河航运具有通达内陆纵深腹地的特点，是承担区域内贸交流的重要方式，对于构建以国内大循环为主体、国内国际双循环相互促进的新发展格局，带动地区间内贸交流持续增长具有重要的支撑作用。

江西省古称"吴头楚尾，粤户闽庭"，境内河流水资源丰富，具有发展内河水运的优势条件，历史上，在国家南北水运大通道中发挥了重要作用，但改革开放后，随着铁路、高速公路的快速发展，内河航运发展曾一度陷入困境。进入21世纪以来，江西省以高等级航道为重点，大力推动内河水运建设，紧紧围绕全省经济社会发展部署，牢牢抓住长江黄金水道和长江经济带建设机遇，以"两江两港"为中心，以重大项目为引擎，重点推进"两横一纵"国家高等级航道和现代化港口体系建设。

根据《江西省内河航道与港口布局规划》（2021—2050年），江西省内河航道按照高等级航道、地区重要航道和一般航道三个层次布局，形成以"两横一纵十支"高等级航道为骨架，以地区重要航道为依托，以一般航道为补充，通江达海、内引外联、覆盖全省的内河航道网络。规划"两横一纵十支"高等级航道网中"两横"为长江干线江西段及信江与浙赣运河(江西段)组成的浙赣通道，"一纵"为赣江与赣粤运河(江西段)组成的赣粤通道，"十支"为袁河、昌江、修河、乐安河、赣江东河、信江西大河、贡江、抚河、博阳河和锦河，规划其他高等级航道渌水。规划地区重要航道为袁河、贡江、抚河、乐安河、昌江、修河等高等级航道的上游航道。规划一般航道主要包括赣、抚、信、饶、修五大水系的上游河段及其支流、鄱阳湖湖区其他航道和湘江水系的渌水航道。

其中信江作为国家内河高等级航道之一，贯穿江西省东北部地区，连接鹰潭、上饶等地区，运输需求旺盛，是赣东北地区通江达海的重要水路运输大通道，也是江西省沪昆综合运输通道的重要组成部分。根据信江的航运条件和腹地经济对运输的需求，红卫坝~褚溪河口段231km至2035年规划为三级航道，至2050年规划为二级航道，自上而下布置鹰潭界牌枢纽、余干八字嘴枢纽、鄱阳双港枢纽共3个梯级枢纽。信江流域物产资源丰富，沿江工矿企业众多，信江航运的开发能够为沿江工矿企业发展提供便捷、价廉的运输通道，为进一步提升腹地对外开放水平、优化营商环境提供有效支撑。

2019年开工建设的信江航运枢纽项目由八字嘴航电枢纽工程（图1-1）、双港航运枢纽工程（图1-2）两个项目组成，项目投资概算63.97亿元。主要工程包括船闸、泄水闸、电站厂房、航道整治、鱼道、左右岸连接土坝、库区防护、进场道路、管理区房建、金属结构制造、机电设备采购及安装。八字嘴航电枢纽位于上饶市余干县白马桥乡，是以航运为主、兼顾发电等综合利用的航电枢纽工程，正常蓄水位为18m，通航建筑物采用船闸，并在东大河（虎山嘴）、西大河（貊皮岭）各建设有一座，分别为虎山嘴船闸和貊皮岭船闸；本枢纽上游航道及东大河为Ⅲ级航道、西大河为Ⅳ级航道，船闸级别均为Ⅲ级；电站总装机容量为12.6MW。双港航运枢纽位于上饶市鄱阳县鄱阳镇，是以航运为主、兼有其他综合利用要求的航运枢纽工程，正常蓄水位为12m，通航建筑物采用船闸；本枢纽上、下游航道为Ⅲ级航道，位于信江下游，考虑船舶大型化需求，船闸级别为Ⅱ级。

图 1-1 八字嘴航电枢纽效果图

信江航运枢纽项目是典型的内河通航枢纽项目，枯水期围堰施工，汛期来临之前必须拆除施工围堰，停止主体施工。因此，施工期主要是两个枯水期（当年9月至次年3月），主体工程有效施工期短，工期紧张。信江航运枢纽项目基本没有施工准备期，任务艰巨，在短暂的施工期内完成繁多的工作内容压力非常大，要确保如期完成各个阶段节点目标，必须保证高效率、高强度推进施工。另外，项目实施还有一些难点，如主体工程工作内容多，工程量大；主体工程混凝土浇筑量大，结构复杂；主体工程涉及专业广，交叉作业多；主体工程施工区域过于集中，协调难度大；主体工程施工安全管理压力大；库区工程施工岸线长，协调管理难度大；库区工程防渗墙工程量大，防渗要求高；项目环保、水保要求高。

图1-2 双港航运枢纽效果图

第二节 平安百年品质工程概述

2015年10月，交通运输部在全国公路水运工程质量安全工作会上首次提出了"品质工程"概念，要求"提升基础设施品质，推行现代工程管理，开展公路水运建设工程质量提升行动，努力打造品质工程"。2016年，《交通运输部关于打造公路水运品质工程的指导意见》出台，提出质量发展的新理念。2017年和2018

年，交通运输部办公厅分别印发《公路水运品质工程评价标准（试行）》《品质工程攻关行动试点方案（2018—2020年）》。

2018年底，在推行品质工程的基础上，交通运输部提出了"平安百年品质工程"概念，明确了推进平安百年品质工程建设研究是发展转型的需要，是现阶段工作的问题和目标导向，是深入贯彻落实习近平总书记关于建设"精品工程、样板工程、平安工程、廉洁工程"等重要指示精神采取的一项重要措施。2018年11月，交通运输部出台《"平安百年品质工程"建设研究推进方案》，提出在品质工程建设的基础上，推动公路水运基础设施建设高质量发展，以大力提升公路水运基础设施的使用寿命和耐久性为目标，研究建设"平安百年品质工程"。

平安百年品质工程首先是一个质量安全的理念。"平安"坚持了安全底线思维，"百年"体现了工程传承与发展，高质量发展已经成为交通运输行业共识——追求卓越的创新意识、科学规范的管理模式、精益求精的工匠精神。建设交通强国，要求工程建设的质量安全必须上一个大台阶，必须保证工程的安全性和耐久性，重在体现工程的"平安"和"百年"。

"品质"凝聚了人民对美好生活的向往："品"是文化，是精神，是企业文化的传承，"质"是一种结果，是体现高质量标准的载体。简而言之，品质工程包括一个追求、四个目标，即追求工程内在质量和外在品位的有机统一，目标为优质耐久、安全舒适、经济环保、社会认可；在建设理念、管理举措、技术进步方面有新作为，在工程质量、安全、可持续发展方面取得新成效。优质耐久是工程项目建设的基本要求，是基础，体现在工程质量的不断提升，体现在精益建造、注重细节的"工匠精神"，体现在科学规划、精心设计、精心施工、精准管理、精心维护；安全舒适是工程项目建设的目的，贯穿于公路水运工程全生命周期，包括施工、使用、维护的安全，以及人和设施的安全；经济环保是发展转型的必然选择，要坚持生态环境优先，坚持因地制宜、量力而行，走质量效益型发展道路，实现绿色可持续发展；社会认可是交通基础设施建设的根本评价标准，要最大限度地满足人民群众的需求，获得人民群众的认可和支持。

平安百年品质工程是系统性、长期性、复杂性工程，在项目建设中争创平安百年品质工程，既是交通强国建设的内在需求，也是项目高质量建设的核心要义。当前，全国交通运输行业积极响应建设交通强国的重大决策部署，紧紧抓住高质量发展这个主题，相继建立平安百年品质工程评价指标体系，大力推行专业化、标准化、信息化施工，全面推进"平安百年品质工程"建设；通过转变传统管理方式，实施精细管理，以精细、精准、精确为管理导向，建立分工明确、责任清晰的标准化、规范化、程序化管理体系。与此同时，以精细管理培育高技能的技术工人，进而实施精品建造，加强技术攻关，大力创新简单、实用、高效、低成本的精品建造技术，在行业内逐步形成了你追我赶、争创标杆示范的良好氛围，极大促进了公路水运工程建设质量和安全管理水平的提升。

第二章

项目设计

设计是工程建设的灵魂，对工程的全生命周期和本质安全具有先导作用。要做到平安百年品质工程示范，提升工程耐久性和安全性，设计是第一关。为对标平安百年品质工程创建目标，信江航运枢纽项目设计团队立足项目实际，在前期规划设计伊始，本着树立全寿命周期设计理念，坚持以可靠性、耐久性、安全性为重点，切实加强标准化、精细化和数字设计。在施工过程中，严格执行施工图审查制度，注重设计细节，加强施工过程中的设计会商，优化设计方案，为品质工程创建夯实基础。

本章从项目总体方案设计、标准化设计、设计创新、精细化设计、数字设计等方面进行阐述。

第一节 总体方案设计

一、闸址选择

航运枢纽的坝址比选，首先要考虑与所在河流利用规划的符合性，并充分考虑渠化河段水文、泥沙、地形地貌特征和地质条件，在满足近、远期通航建筑物和挡泄水建筑物的布置要求的前提下，综合考虑库区航道整治、减少淹没浸没和征地拆迁面积、坝址施工导流和分期施工条件、工程造价经济性等因素。

本项目八字嘴航电枢纽属于平原河道式航电枢纽工程，河道两岸为堤防，周边大部分为城镇、村庄及农田。此类工程在选址上对地质条件、地形地貌、通航条件、发电条件、水资源综合利用、防洪度汛、施工条件、库区淹（浸）没等方面要求较高。

工程可行性研究阶段，考虑到八字嘴航电枢纽建成后东、西大河都有通航要求，且需与上下游梯级衔接，根据枢纽功能、河道及两岸地形、建筑物布置合理、减少库区淹没等原则，结合前期研究工作拟定了三个坝址方案进行比选，如图2-1所示。

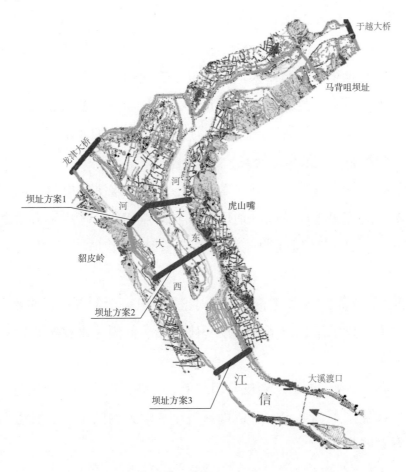

图 2-1 可行性研究阶段八字嘴航电枢纽坝址位置示意图

　　方案一考虑在东、西大河上分别建设枢纽工程，满足通航、泄洪、发电等要求。其中，东大河坝址（虎山嘴下坝址）位于东大河入口下游约2.5km处，西大河坝址（貂皮岭下坝址）位于西大河入口下游约2.2km处，两枢纽分别布置有船闸、泄水闸和发电厂房及其他建筑物，枢纽间通过土坝连接。

　　方案二考虑进一步减小库区淹没面积，在满足建筑物布置的前提下，在东、西大河入口处选择坝址，即东大河坝址。东大河坝址（虎山嘴上坝址）和西大河坝址（貉皮岭上坝址）距上游河道分岔口约900m，两枢纽位于同一条坝轴线上，分别布置有船闸、泄水闸和发电厂房及其他建筑物，枢纽间通过土坝连接。

方案三考虑在信江分叉口上游的主河道上设一座拦河枢纽，布置有1座船闸、32孔泄水闸和1座发电厂房及其他建筑物；由于在枯水期，东大河下游双港枢纽的库区回水至东大河与西大河分叉处后，会沿西大河流入鄱阳湖区，所以须在西大河上再设一座拦河枢纽，其正常蓄水位与双港枢纽相同。该方案主河道上的坝址（大溪坝址）位于东、西大河分叉口上游约1.4km处，西大河坝址选择在方案一中的貉皮岭下坝址处。

从地形地质条件来看，三个方案均具备兴建低水头航电枢纽的工程条件，各坝址本身均无突出地质缺陷，地质条件异同点相似；考虑到方案二坝址因地层岩性较单一，工程地质问题较明朗，岩基埋深相对较浅且均匀，因此相对略优。

从枢纽布置来看，三个方案基本相同，均设有两个同等规模的船闸，方案一和方案二设有两座电站，方案三仅设一座电站（但因泄水建筑物较多，混凝土浇筑量最大）。

从通航条件来看，方案二貉皮岭船闸上、下游引航道均可通过直线与主航道衔接，虎山嘴船闸上、下游引航道可通过半径较大的圆弧与主航道衔接，相比其他两个方案更顺畅。

从施工导流条件来看，方案一、方案二可充分利用岛上有利地形，主河道采用明渠导流方案，东、西大河分别采用围堰一次性围护于枯水期施工，施工布置区与施工导流方案相配合，充分利用中间河心岛地形布置，可减少占用两岸堤外农田，两方案工期相当，但方案二导流明渠开挖量更小；方案三由于地形限制，主河道采用分期导流方案，西大河需通过岛上开挖明渠进行导流，施工布置区相应分左右岸布置，导流工程投资最大，工期相对更长。

从工程投资来看，方案二总投资在三个方案中最低。

综合考虑，八字嘴航电枢纽项目推荐方案二为选定坝址。

本项目另一座枢纽，即信江双港航运枢纽工程，主要建筑物由船闸、泄水闸及两岸土坝等组成。工程可行性研究阶段，通过多次现场踏看并结合航运枢纽坝址选择的基本原则，选定双港下坝址、双港上坝址、鄱阳镇坝址及乐安村坝址共四个坝址（图2-2），距离八字嘴坝址分别为61km、57km、50km和43km。

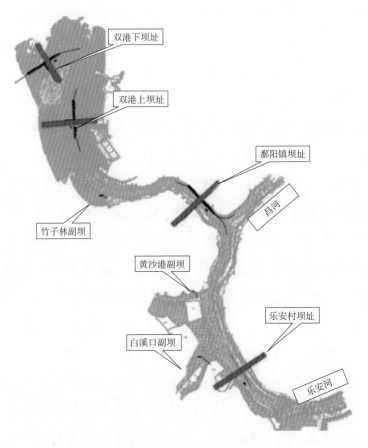

图 2-2 可行性研究阶段双港枢纽坝址位置示意图

针对四个坝址，首先从地形地质条件、成库条件、对支流的影响、枢纽布置、通航条件、需建设副坝个数、对坝下Ⅲ级航道建设的影响、对村镇拆迁的影响、预留二线等多方面因素进行初步比选。一是考虑昌江作为通航河流，借助双港枢纽进行渠化是必要的，即坝址选择的首要条件是"一坝管三江"，因此，乐安村坝址由于未能渠化昌江首先被排除。二是考虑双港下坝址地形成库条件极差，纵然它位于最下游，渠化航道的里程最长，但需要左右岸同时新建堤防才能与枢纽坝体形成库区，且地质勘查资料表明，此处存在断层发育，地形地质条件均提高了建设枢纽的难度，现场地形对枢纽布置及施工导流十分不利，因此双港下坝址亦被排除。

对于双港上坝址及鄱阳镇坝址，枢纽布置条件均较好，设计团队主要从航道衔接、施工期通航、施工条件、管理区布置等方面进行进一步比较。从航道衔接来看，双港上坝址上、下游可与主航道平顺衔接，但鄱阳镇坝址需通过较大转弯方能衔接，因此双港上坝址较优。从施工期通航来看，由于鄱阳镇坝址河道相对较窄，施工期河道断航将使船舶绕湖区航道通行，但双港上坝址河面较宽，可通过分期导流实现不断航施工。从施工条件来看，双港上坝址区地势平坦且无民房，施工期可利用堤防作为施工主干道，堤防两侧设置施工次干道，弃渣区距离较近，施工条件相对更优。从枢纽管理区来看，鄱阳镇坝址由于紧邻混凝土堤防及鄱阳镇的限制，管理区无法布置在大堤内侧，此外，由于河道右岸高漫滩宽度较窄，仅能布置长约250m、宽约25m的瘦长型管理区，占用了水利的行洪断面且不受大堤保护；而双港上坝址均无上述弊端，相对更有优势。通过测算，双港上坝址方案工程总投资相比鄱阳镇坝址方案可节约1.15亿元，同时也是前期研究成果所推荐的坝址，最终推荐双港上坝址为选定坝址。

推荐的坝址河段较为平顺，直线段长度约1.4km，深槽位于右岸。受现场地形的影响，坝址上、下游深泓线弯曲，坝址处200m范围内较为平顺，地形变化不大。在深入研究两岸地形和枢纽建筑物布置后，初设阶段确定上、下两条坝轴线进行比较，上坝线位于鄱阳镇下游5km（工程可行性阶段推荐双港上坝址位置）处，下坝线位于鄱阳镇下游5.2km处。两坝线的位置关系如图2-3所示。两坝线同时采用右岸土坝、右岸船闸、右岸二线船闸上闸首、泄水闸、左岸鱼道的枢纽布置方式进行坝线比较，分别从地形地质、通航条件、水资源综合利用、淹没、工程量、施工条件及工期、投资和运行等方面进行比选。上、下两坝线水能规划和库区淹没指标基本相同；工程地质条件相差不大，不存在难以解决的工程地质问题，均具备兴建低水头电站的工程地质条件；下坝线下游连接段航道通航条件稍差；两方案施工导流及布置基本一致，工期相同；虽然上坝线的工程投资比下坝线略高，但通航条件较好。综合考虑，推荐上坝线为选定坝线。

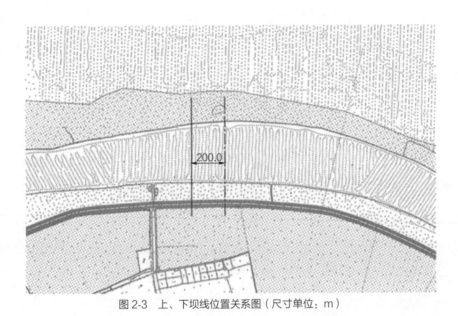

图 2-3 上、下坝线位置关系图（尺寸单位：m）

二、工程总布置

（一）八字嘴航电枢纽工程

八字嘴航电枢纽工程的开发目标是以航运为主、兼顾发电等功能的综合利用工程。枢纽依据开发目标设置了船闸、泄水闸、电站厂房（安装间）、鱼道及土坝等建筑物，工程总体布局需结合船闸、泄水闸、电站厂房（安装间）、鱼道等主体建筑物各自功能，同时方便工程后期运行管理。

考虑本工程开发任务以航运为主，通航要求很高，建成后的货运量大，船闸运行频繁、使用率高，因此，需优先满足通航的需要，使船闸上、下游引航道与天然枯水航道平顺衔接，且满足口门区和连接段的通航水流条件，确保船舶安全进出船闸。此外，考虑信江为雨洪式河流，洪水一般由暴雨形成，具有峰高量大、陡涨陡落的特点，合理布置泄水建筑物是保证工程安全的重中之重；

还需兼顾减少各主要建筑物在不同工况下的相互干扰，满足施工布置、施工期临时通航的要求，节省工程投资。

选定的坝址处河面开阔，河床内具备同时布置挡水及泄水建筑物、通航建筑物及电站等水工建筑物的条件。枢纽主体布置可考虑泄水建筑物、通航建筑物、电站厂房集中布置或分开布置方案，根据《渠化工程枢纽总体布置设计规范》（JTS 182-1—2009）中5.4的规定，集中布置时，挡水及泄水建筑物、通航建筑物、水电站的布置应满足"严禁将通航建筑物布置在紧邻泄水建筑物与电站两过水建筑物之间"及"通航建筑物与电站宜异岸布置，并将通航建筑物布置在主航道一侧"的要求。信江具有洪水期峰高、量大的特点，如果将船闸和厂房相邻布置，则会占据很宽的主河道位置，对泄水建筑物布置不利。根据以上原则，并结合坝址地形地质条件，枢纽布置拟定了两个比选方案，方案一（左船闸右厂房方案）：西大河和东大河两个枢纽的泄水闸均布置在主河道，两个船闸均位于左岸，厂房和鱼道均位于右岸；方案二（右船闸左厂房方案）：西大河和东大河两个枢纽的泄水闸均布置在主河道，两个船闸均位于右岸，厂房和鱼道均位于左岸。

从河道衔接来看，西大河作为泄洪主要通道与信江主河道相接顺畅，东大河经过由S形转弯与上游主河道相接。东大河船闸如果布置在左岸，则上游滩地挖除后，上、下游引航道与主河道基本衔接顺直，如果布置在右岸，则上游航道需做S形转弯与上游主航道相接，因此，东大河船闸布置在左岸更加合适。西大河船闸无论布置在左岸还是右岸，上、下游引航道与主河道均可直接顺直相接，有利于船舶安全快速进出船闸，方案二开挖量略大。综上所述，从整个枢纽布置来看，方案一更加合理。

从通航条件来看，貊皮岭枢纽船闸布置在左岸，上、下游引航道均可与主航道直线衔接，上、下游均很顺畅。虎山嘴枢纽船闸布置在左岸，上游引航道通过一段转弯半径为600m的圆弧，转角11°与主航道衔接；下游引航道通过一段转弯半径为1500m的大圆弧，转角60°与主航道衔接。上游连接段航道在现有主河道的突出高漫滩部分开挖而成，航线较顺直；下游依据河势选择转弯半径较大的圆弧连接主航道，基本顺畅。若船闸均布置在右岸，貊皮岭枢纽上、下游衔接基本顺畅，与左船闸方案基本相似；但对于虎山嘴枢纽船闸，直线段较短，上游需横跨主河道与主航道衔接，下游需经过一个大S形转弯与主航道衔接，上下游的航线布置均较困难。综上所述，两个枢纽均将船闸布置在左岸的方案较优。

上游梯级的衔接方面，根据水库运行方式，虎山嘴枢纽和貊皮岭枢纽上游设计最低通航水位分别为15.53m和15.65m时的工况为洪水期，水流量较大，航道水深能够满足要求，回水至界牌枢纽水位为21.18m，可与界牌枢纽衔接；在枯水期，虎山嘴枢纽和貊皮岭枢纽正常蓄水位为18m，比界牌枢纽下游设计最低通航水位低1m，拟对界牌枢纽进行改造，调整界牌枢纽下游设计最低通航水位至18m，因此，欲与界牌枢纽水位衔接，航道局部需进行疏浚等整治措施。

下游梯级的衔接方面，虎山嘴枢纽下游设计最低通航水位为12m，可与下游梯级双港枢纽上游最低通航水位（12m）衔接；貊皮岭枢纽考虑下游鄱阳湖枢纽还在研究阶段，特征水位不明确，因此，采用95%保证率的水位作为下游设计最低通航水位，即10.22m，可保证无论鄱阳湖枢纽建设与否，均能够与下游水位衔接。貊皮岭枢纽考虑下游航道整治及挖沙造成的水位下降，船闸永久结构底高程考虑降低0.78m作为预留，虎山嘴枢纽与下游双港枢纽水位衔接，不考虑水位下降预留。

从施工条件来看，枢纽布置均在一次性围护的东大河和西大河基坑内施工，主要是对通航存在一定影响。河道原通航等级为Ⅶ级，一期先围东大河施工，二期再围西大河施工。方案一中船闸布置于左岸，船只在一期施工时，通过西大河与东大河的连通明渠实现通航，在二期施工时，通过东大河已建船闸溯河而上，至西大河后转向西大河下游实现通航。方案二一期船只通过西大河与连通明渠通航；二期东大河船闸建成后，船只需要通过船闸后横跨东大河，进入连接明渠通航。从施工期通航条件分析，方案一较优（图2-4）。

从工程投资来看，方案一工程投资416130万元，方案二工程投资417287万元，方案二比方案一投资略多。

图 2-4　船闸方案图

两个方案均能满足枢纽功能，方案一船闸布置在东、西大河左岸，上、下游引航道与主河道顺直相接，有利于船舶安全快速进出船闸；泄水闸布置在主河槽，行洪顺畅；厂房及鱼道布置在右岸；管理区布置在两河中间岛上坝轴线的下游侧，运行管理非常方便，相对更加合理。综合考虑各项指标，最终选定方案一"左船闸、右厂房、泄水闸均布置在中间主河道"总布置方案。

（二）双港航运枢纽工程

双港航运枢纽推荐坝线处河面开阔，河床内具备同时布置挡水及泄水建筑物、通航建筑物等水工建筑物的条件，枢纽总体布置可采用集中布置的方式。根据对现场地形的分析，由于右岸靠近大堤，更方便船闸的管理与检修，且河道主流在右岸，因此枢纽总体布置考虑将船闸布置在右岸侧，船闸轴线与坝轴线垂直布置，共拟定了两个比选方案，方案一（右船闸，分开布置）：主要建筑物分开布置，即右岸布置船闸、中间布置泄水闸、左岸布置鱼道；方案二（右船闸，集中布置）：主要建筑物集中布置，即右岸布置船闸，泄水闸、鱼道紧靠船闸布置。

从建筑物布置来看，方案一与方案二均有较长的直线段河道，有利于船只进出船闸，上、下游引航道与原河道衔接平顺，二线船闸利用二线船闸上闸首布置。方案一泄水建筑物布置于主河道，流态好，泄流能力强，有利于洪水渲泄。而方案二泄水建筑物布置于右岸，流态与泄流能力较方案一均稍差，不利于洪水渲泄；且当泄水闸泄洪时，对下游船只通航不利，存在较大危险性；但由于主要建筑物集中布置，坝顶交通桥可以缩短至泄水闸顶，方案二桥梁工程量较小。从过鱼设施效果来看，方案二中鱼道距二线船闸上闸首及船闸较近，船闸口门处来往船只较多，附近的水质稍差，同时船舶发动机的运行也会对鱼类的巡游造成不利的影响，因此方案一更优。从施工条件、运行管理条件来看，两个方案基本相同。从工程地质条件来看，两个方案均无致命地质缺陷，但方案一对地质条件的适应性略优。从工程投资来看，方案一工程投资 20.14 亿元，方案二工程投资 20.26 亿元，方案二虽然坝顶交通桥长度较短，但由于泄水闸布置在河床较高处，开挖量较大，导致了工程造价比方案一高。

经过综合考虑，枢纽平面布置推荐方案一，将船闸布置在右岸深槽，从右到左依次为：右岸连接坝、右岸船闸、右岸二线船闸上闸首、泄水闸、鱼道。枢纽布置沿坝轴线全长 496.5m。其中：右岸接头坝，长 61.50m；船闸，长 53.4m；二线船闸上闸首，长 53.4m；泄水闸（18 孔），长 297m；连接坝段，长 22.8m；鱼道，宽 8.4m。枢纽管理区布置在右岸大堤岸侧，枢纽交通、管理、调度均较为方便，占地面积约 6hm²。

三、工程规模选定

（一）八字嘴航电枢纽工程

1. 通航建筑物规模

1）建设规模与通航标准

本工程所在河段属于信江干流，建设标准为Ⅲ级航道标准，航道尺度为宽度 60m、水深 2.2m、转弯半径 480m。

貊皮岭船闸与虎山嘴船闸建设规模均为Ⅲ级，貊皮岭船闸有效尺度为 180m×23m×3.5m（长度×宽度×门槛水深），虎山嘴船闸有效尺度为 180m×23m×4.5m（长度×宽度×门槛水深）。

2）通航建筑物形式

根据《信江流域综合规划修编报告》，2020 年，规划信江流口以下 244km 河段为Ⅲ级航道，要求可通过千吨级船舶。本枢纽上、下游最大水头差仅为 6m，属于低水头闸坝工程，通航建筑物目前主要有船闸和升船机两种形式。

鉴于国内外实践经验，对于水头低、船舶吨位大、货运量大的船闸，建设、运营经验成熟，并且信江已建和在建同类型枢纽工程均采用船闸作为通航建筑物，因此本枢纽选用船闸。

3）有效尺度

本枢纽上、下游航道为Ⅲ级航道，要求可通过千吨级船舶，根据《船闸总体设计规范（附条文说明）》（JTJ 305—2001），船闸级别为Ⅲ级。

（1）闸首口门和闸室有效宽度。

根据本工程通航的设计船型，闸室内可以停靠两列设计船型，富余宽度取1m，闸室最大宽度为11×2+1=23（m）。因此，闸室宽度取23m，有较高的过闸效率，营运管理也较为方便。同时兼顾2000～3000吨级船舶过闸要求，也可以搭配300～450吨级的小型船舶共同过闸。

（2）闸室有效长度。

新建船闸为Ⅲ级船闸，若考虑闸室同时停靠1排1000吨级船舶及1排2000～3000吨级单船，富余长度取27m，则需要总长度为65+88+27=180（m）。近期较小船舶较多，也可以满足停靠2排1000吨级船舶及1排500吨级单船，则需要总长度为65×2+40+10=180（m）。考虑《船闸总体设计规范（附条文说明）》（JTJ 305—2001）中闸室有效长度系列及不同船舶组合可使闸室面积利用率最大，确定八字嘴船闸的闸室有效长度取180m。

（3）门槛水深。

门槛最小水深按 $H/T \geq 1.6$（H 为门槛水深，T 为满载吃水）进行计算。

考虑虎山嘴船闸通航1000吨级、兼顾2000吨级船舶，T 为2.8m，$H \geq 1.6T = 4.48$m。结合《内河通航标准》（GB 50139—2014）及本河段通航船舶调查情况，本船闸门槛水深 H 取4.5m，可保证设计船舶顺利通过船闸。由于虎山嘴船闸的上、下游均与库区航道相连，因此，不考虑下切。则虎山嘴船闸的门槛高程为：

上闸首门槛顶高程：上游设计最低通航水位减去门槛水深＝15.88−4.5=11.38（m）。

闸室及下闸首门槛顶高程：下游设计最低通航水位减去门槛水深＝12−4.5=7.5（m）。

考虑貊皮岭船闸通航1000吨级船舶，T 为2.0m，$H \geq 1.6T = 3.2$m。结合《内河通航标准》（GB 50139—2014）及本河段通航船舶调查情况，本船闸门槛水深 H 取3.5m，可保证设计船舶顺利通过船闸。由于貊皮岭船闸下游航道存在水位下切的可能性，本阶段考虑闸室及下闸首门槛顶高程预留1.3m。则貊皮岭船闸的门槛高程为：

上闸首门槛顶高程：上游设计最低通航水位减去门槛水深＝15.54–3.5=12.04（m）。

闸室及下闸首门槛顶高程：下游设计最低通航水位减去门槛水深及预留＝10.79–3.5–1.3=6.0（m）（取整）。

2. 正常蓄水位

本项目规划方案提出本梯级正常蓄水位为19m，可行性研究阶段拟定17m、18m、19m和20m四个正常蓄水位方案，分别从水库淹没、库区防护、航运条件以及生态环境影响等方面进行技术经济比较。比较选定的主要原则为：在满足航运条件的基础上，尽量减少水库淹没、减轻库区防护压力，考虑对生态环境影响小的因数。经技术经济论证比较，四个正常蓄水位方案从水库淹没和库区防护工程投入来看，水库越高，库区淹没及防护投资越大，18m以上方案投资增加尤为明显。从满足航运要求，建设航道整治及高等级航道维护难度，减轻库区防洪排涝压力，降低梯级开发带来的社会稳定风险及开发建设阻力，兼顾梯级上、下游左右岸总体协调的角度出发，最终选定水库淹没相对较小的18m正常蓄水位方案。

3. 电站规模及能量指标

初步设计阶段在可行性研究阶段电站规模论证工作的成果基础上，根据选定的正常蓄水位18m，考虑下游梯级建设影响，重新拟定虎山嘴电站装机容量为5.0MW、5.6MW、6.2MW三个方案，貊皮岭电站装机容量为6.0MW、7.0MW、8.0MW三个方案进行比较。分别从装机容量、额定水头、转轮直径、额定流量、装机利用小时、最大工作容量、年电量（多年平均）、发电工程总投资、多年平均发电量差、年发电收入差等方面综合比较，推荐八字嘴两个电站的总装机容量为12.6MW。

（二）双港航运枢纽工程

1. 通航建筑物规模

1）建设规模与通航标准

本工程所在河段属于信江干流，建设标准为Ⅲ级航道标准，航道尺度为宽度60m、水深2.2m、转弯半径480m。

双港航运枢纽过坝建筑物包括船闸和二线船闸上闸首。本枢纽上、下游航道为Ⅲ级航道，考虑船舶大型化趋势，设计代表船型为2000吨级，船闸级别为Ⅱ级。船闸有效尺度为230m×23m×4.5m（长×宽×门槛水深）。

2）通航建筑物形式

根据《信江流域综合规划修编报告》，2020年，规划信江流口以下244km河段为Ⅲ级航道。要求可通过千吨级船舶。本枢纽上、下游最大水头差仅为0.81m，属于低水头闸坝工程，通航建筑物目前主要有船闸和升船机两种形式。

鉴于国内外实践经验，对于水头低、船舶吨位大、货运量大的船闸，建设、运营经验成熟，并且信江已建和在建同类型枢纽工程均采用船闸作为通航建筑物，因此，本枢纽选用船闸。同时，考虑坝址处具备开通闸的条件，因此，在船闸的一侧建设二线船闸上闸首，作为开通闸期间的通航建筑物。

3）有效尺度

本枢纽上、下游航道为Ⅲ级航道，考虑船舶大型化趋势，设计代表船型为2000吨级，船闸级别为Ⅱ级。

（1）闸首口门和闸室有效宽度。

根据本工程通航的设计船型，闸室内可以停靠两列设计船型，富余宽度取1m，闸室最大宽度为：11×2+1=23（m）。因此，闸室宽度取23m，有较高的过闸效率，营运管理也较为方便。同时兼顾2000～3000吨级船舶过闸要求，也可以搭配300～450吨级的小型船舶共同过闸。

（2）闸室有效长度。

新建双港船闸为Ⅱ级船闸，若考虑闸室同时停靠2排1000吨级船舶及1排

2000～3000吨级单船，富余长度取12m，则需要总长度为65×2+88+12=230（m）。考虑《船闸总体设计规范（附条文说明）》（JTJ 305—2001）中闸室有效长度系列及不同船舶组合可使闸室面积利用率最大，确定双港船闸的闸室有效长度取230m。

（3）门槛水深。

门槛最小水深按$H/T \geq 1.6$（H为门槛水深，T为满载吃水）进行计算。

考虑船闸通航2000吨级船舶，T为2.8m，$H \geq 1.6T = 4.48$m，结合《内河通航标准》（GB 50139—2014）及本河段通航船舶调查情况，本船闸门槛水深H取4.5m，可保证设计船舶顺利通过船闸。

上闸首门槛顶高程：上游设计最低通航水位减去门槛水深=12-4.5=7.5（m）。

闸室及下闸首门槛顶高程：下游设计最低通航水位减去门槛水深=9.0-4.5=4.5（m）。

2. 正常蓄水位

双港航运枢纽工程的功能和任务比较单一，主要为满足地区航运发展而建设，为公益性工程（无财务收益），因此,双港航运枢纽正常蓄水位的选择应首先满足渠化后的库区航道满足Ⅲ级通航标准，同时尽可能选择较低的水位，减轻库区淹没损失，减小库区现有防洪排涝工程的压力。

根据库区航道地形条件、水文资料分析，结合航道整治及未来航道维护条件等多因素，本阶段拟定12m、13m两个正常蓄水位方案，综合分析确定。从满足航运要求、投资、库区淹没和防护工程投资、经济评价指标、与上游梯级衔接等方面进行比较分析，双港枢纽正常蓄水位确定为12m。

第二节　标准化设计

项目积极推广标准化设计，采用技术成熟、施工工艺简单、集约化生产程度高的设计，贯彻"技术可行、实施可能、经济合理"的基本原则，加强总体设计，重视与周围环境的协调，节约资源，保护环境，充分发挥工程建设项目经济、社会和环境的综合效益。

（1）泄水闸结构设计。泄水闸采用标准化设计，单孔闸孔宽度、高度保持一致，可大大提高设计、施工生产效率；通过闸门形式及孔口尺寸的不同组合，比较不同方案的工程量、投资及孔数对运行调度的影响因素，选择单孔净宽14m、东大河枢纽孔数12孔（西大河枢纽孔数20孔）的平板门布置方案。泄水闸效果图如图2-5所示。

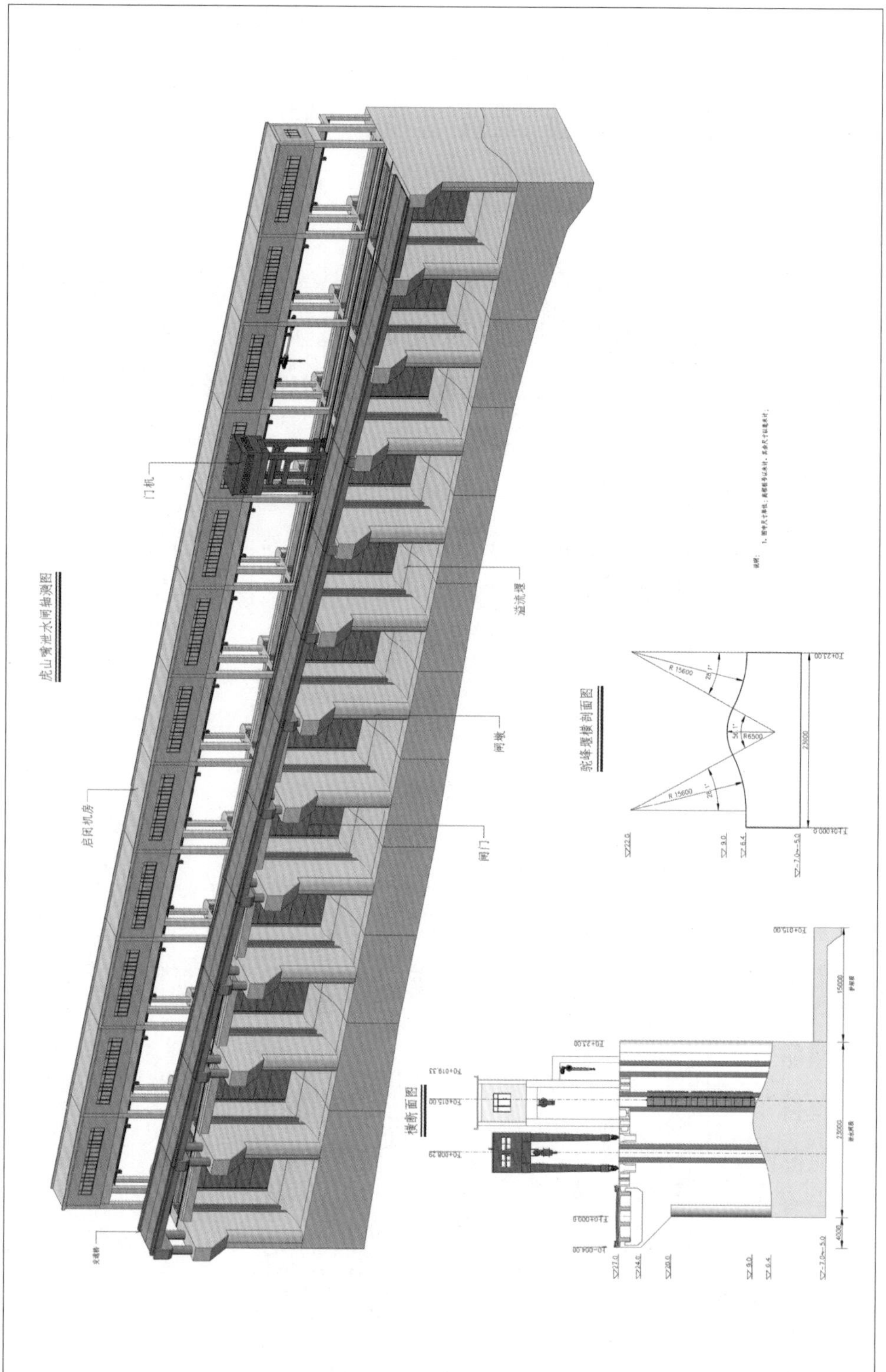

a) 八字嘴航电枢纽泄水闸断面图及轴测图

图 2-5

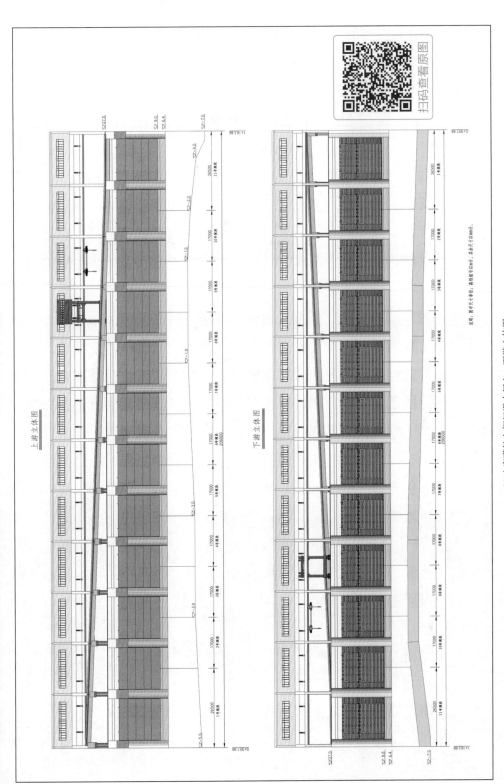

b) 八字嘴航电枢纽泄水闸上、下游立体图

图 2-5 泄水闸效果图

（2）船闸结构设计。通过仿真计算确定船闸的通过能力（图2-6），优化船闸的建设规模；根据物理模型试验成果，调整优化船闸的引航道布置形式，使之满足通航的水流条件要求。

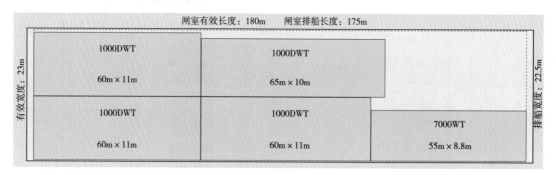

图 2-6 船闸通过能力仿真计算（船舶排档）

（3）船闸闸首空箱横隔板、顶板采用叠合板结构形式（图2-7），以加快施工速度，降低施工安全风险，推进施工装配化、机械化发展。闸室结构对坞式结构和分离式结构进行比较。分离式结构边墙底部尺寸较大，且受基岩面高程限制，下部采用换填素混凝土方案，底板厚度减薄则换填素混凝土量会增加，工程投资更大，推荐坞式闸室结构。

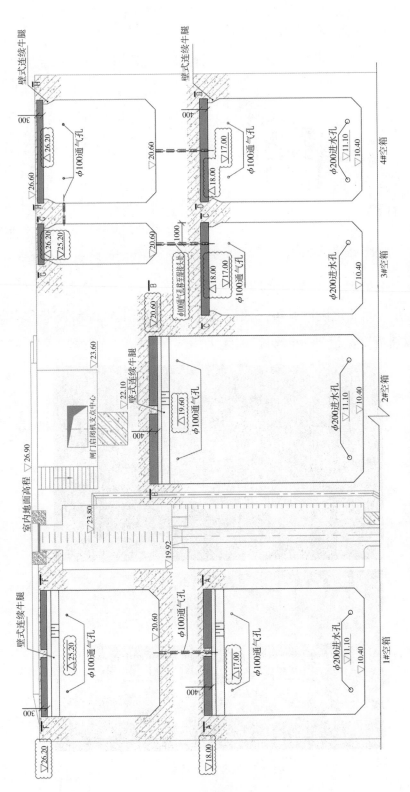

图 2-7 虎山嘴船闸闸首空箱叠合板结构图（尺寸单位：mm；高程单位：m）

（4）船闸引航道结构形式标准化（图2-8）。信江航运枢纽项目3座船闸的引航道结构，包括导航墙、分水墙、靠船墩除个别采用重力式结构，其余全部采用低桩承台墩柱式结构，并推行灌注桩设计标准化。设计过程中充分比选重力式结构和桩基墩式结构的优劣：对于项目所在地区地质条件，重力式结构对地基承载力要求高、结构尺寸大，低桩承台墩柱式结构工程量较小、对下伏基岩起伏适应性强的

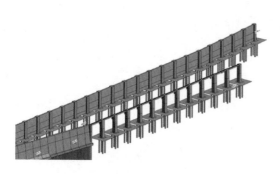

图2-8　双港船闸引航道BIM模型

优点，且在同类的船闸工程中使用较为成熟广泛。本项目船闸对引航道结构承台、灌注桩进行标准化设计，可有效保证基础工程施工质量和效率。

（5）枢纽管理区设计。枢纽管理区采用装配式钢结构方案（图2-9）。

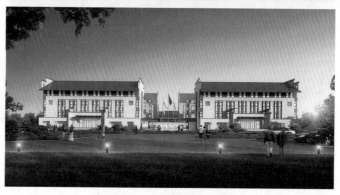

图2-9　枢纽管理区效果图

（6）库区电排站统一设计由500ZLB、700ZLB、1200ZLB三种泵型相互搭配，泵组、闸门、机电设备等型号尽可能统一，从而便于管理，配件可互为备用，实现设计、施工的标准化、模块化，简化运行管理，提高资源的利用率（图2-10）。

图 2-10　库区电排站效果图

（7）本工程防浸没处理采用预制装配式混凝土减压井筒的实施方案，相较于现浇混凝土减压井筒实施方案，在推荐施工装配化、工厂化、机械化发展方面成效显著，具有缩短工期、保证质量、降低租赁费用、节能环保、节省材料以及减少人力等诸多方面的优点。

（8）本工程虎山嘴电站和貊皮岭电站装机容量虽不一致，但相差不大。为了运行管理上更加简便、降低运行难度、缩减运行费用，两个电站的辅机设备和备品备件可相互通用，辅机设备（如空气压缩机、排水设备、通风空调设备等）保持规格型号一致，油处理设备等运行时间短的设备仅按一个电站配置、两个电站共用的原则进行配置，既便于施工安装，减少了工程投资，亦有利于运行管理。

第三节 设计创新

设计创新是指创新理念与设计实践的结合，设计出具有新颖性、创造性和实用性的新产品。打造平安百年品质工程，实现交通基础设施高质量发展，就是要加快转变发展方式，建立覆盖全寿命周期的长效机制，打造集约高效、经济适用、智能绿色、安全可靠的现代化交通基础设施体系，即创新完善覆盖交通基础设施规划、设计、建设、运营、维护等各环节的全寿命周期发展模式。

一、工程与生态环境融合

在确保工程基本功能（通航、发电）的前提下，信江航运枢纽项目设计坚持"不破坏就是最大保护"的原则，减少对林地、湿地、自然保护区、水源保护区的占用，从打造复合型风景区枢纽、国内航电枢纽首个仿生态鱼道、生态渔业增殖站、管理区绿化塑造、导流明渠生态护坡等方面积极寻求与生态环境的融合。

（一）复合型风景区枢纽打造

信江航运枢纽项目依托独特地形及地理位置，将整个枢纽打造成休闲娱乐、生态观光、科普教育、产业发展等多功能一体的复合型风景区，并将该风景区打造成信江生态水利开发的品牌资源，成为国家级水运航电枢纽风景旅游胜地（图2-11）。

（二）国内航电枢纽首个仿生态鱼道

为营造良好的过鱼环境，突出滨水空间的游赏景观体验，本工程鱼道设计在尽可能还原河流的原始状态，创造良好的过鱼环境的基础上，采用仿生态鱼道设计。

图 2-11 八字嘴航电枢纽景观效果图

仿生态鱼道首先满足过鱼环境设计，即根据水位情况在鱼道上部采用变化的缓坡，充分还原自然河道环境，采用多级护坡设计，根据湿地植物生长适宜深度提供生长环境，为生物群落生长提供场地。其次通过场地的地形设计，建设阶梯状的游憩活动空间和绿化景观，营造多角度多局次景观，提供丰富的视觉感受和时间、空间景观体验。同时，考虑设计的弹性，规划枯水位与洪水位之间的绿化用地、活动场地，种植适应性植被，使其可淹可用。最后，通过设置梯级湿地、亲水平台、草坡石阶、观景廊等丰富的亲水体验空间，满足使用者漫步、游憩、观赏等功能，创造丰富的亲水体验（图2-12）。

图 2-12 仿生态鱼道效果

（三）生态渔业增殖站

渔业增殖站是解决增殖放流的基本措施，主要目标和任务是进行鱼类的野生亲本捕捞、运输、驯养，实施人工繁殖和苗种培育，提供苗种进行放流等。本工程渔业增殖站设计一改以往的工程做法，从鱼池形态的自由性、驳岸的生态做法，到周边景观的搭配及空中栈道的设置，彻底打破增殖站在人们心中的印象，使之成为场地独有的景观功能区（图2-13）。

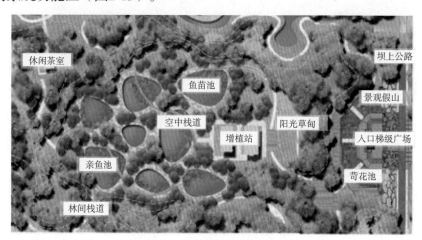

图 2-13　生态渔业增殖站效果图

（四）管理区绿化塑造

枢纽管理区在改善和保护生态环境的基础上，细化对林地、草地、湿地、自然保护区、水源保护区等的生态防护要求（图2-14）。

（五）导流明渠生态护坡

导流明渠采用预制空心砖以及混凝土框格梁+草皮护坡的生态防护结构形式，改善和保护生态环境。导流明渠护坡如图2-15所示。

二、工程与人文景观融合

信江航运枢纽工程设计建筑风格充分借鉴"徽派"建筑特点，采用坡屋顶、马头墙，简化屋面，保留白色墙壁，还原粉墙黛瓦的古典神韵。同时将水景、院落等元素融入设计当中，吸收传统府院园林的钟灵韵味，保留连廊联通各个建筑，打造一步一景的园林景观。枢纽管理区景观效果如图2-16所示。

图 2-14　管理区效果图

图 2-15　导流明渠护坡

图 2-16　枢纽管理区景观效果图

三、工程与现代科技融合

现代科技不断创造新能源、新技术、新途径，科技驱动型创新引导设计在很大程度上突破了传统局限，通过行业的嵌入、知识的嵌入、技术的嵌入、形式与方法的嵌入等，将设计与现代科技有序融合。信江航运枢纽工程设计团队积极探索工程本身与现代科技的交融，打造集成智慧管理系统、智慧电厂、智慧船闸及工程展示、集控、培训中心。

（一）集成智慧管理系统

本工程在枢纽貂皮岭电站安装间旁专门设置了八字嘴枢纽的运行维护平台集中控制中心。集控中心有庞大的感知设备和感知系统，可更全面、直观地获得电站、库区电排站等安全运行的要素，提前预判和决策。如有机整合了机组在线监测系统、大坝安全监测系统、人员管理系统等。

通过建立统一的数据中心，为各系统提供共享数据、整合业务的基础，各系统数据可实现互通，使平台收集的数据更有价值，并可进行智能分析。在数据中心和各种应用的支持下，提高了管理水平和效益。

监控系统是整个枢纽的核心，电站、泄水闸、库区电排站主要设备均由监控系统控制。基于监控系统的运行维护平台将原来相互独立的电站监控系统、电排站监控系统、泄水闸监控系统、水雨情监测、安全监测、设备运行状态监测、视频能系统进行整合，达到无人值守的运行管理目标。基于监控系统的运行维护平台构成示意如图2-17所示。

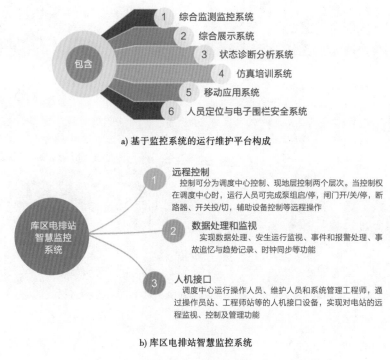

a) 基于监控系统的运行维护平台构成

b) 库区电排站智慧监控系统

图 2-17　基于监控系统的运行维护平台构成示意图

（二）智慧电厂

智慧电厂有庞大的感知设备和感知系统，可更全面、直观地获得电站安全运行的要素，提前预判和决策。项目设计中有机整合了机组、泄水闸金结、库区泵组在线监测系统、大坝安全监测系统、生产管理系统、人员管理系统等。首先，建立统一的数据中心。为各系统提供共享数据、整合业务的基础，各系统数据之间可实现互通，在数据中心和各种应用的支持下，提高管理水平，增加发电效益。其次，建设完备的监控系统。监控系统是整个枢纽的核心，脱离监控系统构建的智慧平台都毫无用处，基于监控系统的运行维护平台将原来互相独立的电站监控系统、电排站监控系统、水雨情监测、安全监测、设备运行状态监测、视频能系统进行整合。智慧电厂智能定位示意如图2-18所示。

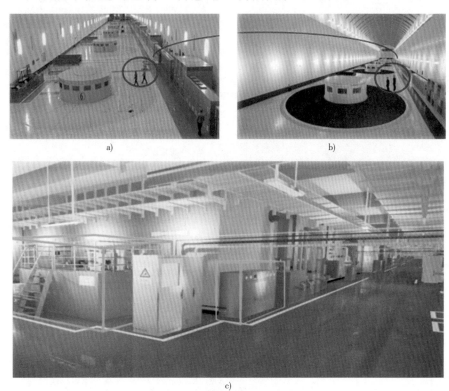

图 2-18　智慧电厂智能定位示意图

（三）智慧船闸

项目建设有全省首个智慧船闸系统。智慧船闸系统以信息管理和自动控制一体化技术为基础，融合了先进的控制、传感器感知、4G/5G 通信、激光扫描、视频监控及 AI 智能视频分析、电子地图、先进的水工建筑物监测等前沿的控制及信息技术，建设了监控系统（图 2-19）和智慧船闸通航管理系统，同时为其他相关系统预留接口。

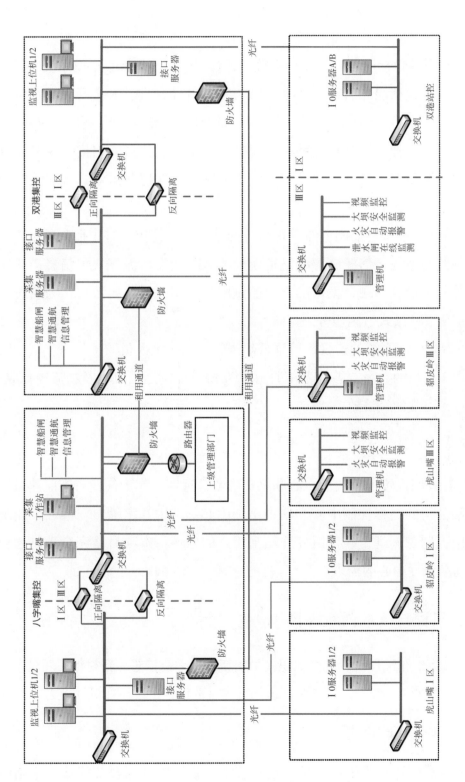

图 2-19 船闸智慧监控运维系统拓扑图

监控系统包括 PLC 控制系统、先进的人机接口、视频监控等系统，智慧船闸通航管理系统包括船闸日常管理系统、联合调度系统、智慧通航系统。其中，日常管理系统包括船舶管理、档案管理、备品备件管理、人事管理、水位数据统计管理、规章制度管理等系统；联合调度系统包括船舶申报、调度及过闸管理，船闸货运量及货种统计分析等系统；智慧通航系统包括激光扫描仪＋视频分析的禁停线监测系统、自动气象监测系统、船闸导助航监测系统、智能视频分析系统等。

在监控系统和智慧船闸通航管理系统的基础上，管控一体化平台还接入了水工建筑物监测系统、信江高等级航道建设的 AIS 信息、流域气象信息、流域船舶信息等相关信息，融合大量的与船舶过闸息息相关的重要数据，为船民过闸提供人性化、一站式过闸服务。

通过智慧船闸系统的建设，可降低船闸管理和运维人员的工作量，减少船闸运维和操作人员的数量，提高船舶过闸效率，降低船闸运营成本及物流经营成本，为社会带来可观的经济效益。

（四）工程展示、集控、培训中心

项目管理区设置工程展示中心和培训中心，远期可作为江西省港航建设投资集团有限公司的远程控制中心和集中培训中心。其中八字嘴、双港三个船闸可实现集中控制及调度，并预留界牌船闸接入的条件。本项目已完全满足远程设置信江通航调度中心的需求。

四、工程与技术创新融合

信江航运枢纽工程设计过程中积极采用新技术、新工艺、新材料、新设备，利用数十年积累的工程设计经验，采用国内外先进的设计手段，在设计中力求创新。

（一）智能照明系统

八字嘴枢纽智慧照明系统是利用云技术、物联网及综合节能技术把站内灯具、坝顶路灯等全部接入统一平台管理，对每一盏灯进行全方位、精细化、智能化节能管控，实现节能、管理、控制、运营、维护一体化。

智能照明系统可实现全天分时自动调节、根据信号切换照明工况、每个光源纳入分区控制几大功能。本项目设计全面采用智能照明系统，打造国内航电工程较先进的照明系统。

（二）水轮发电机吊物孔设置电动盖板

电站内设置水轮发电吊物孔电动盖板（图2-20），坝顶检修闸门吊物孔设置护栏式手动盖板，平时关闭为盖板状态，打开为护栏状态，最大限度降低运营期和检修期人员跌落的风险。

（三）检修闸门槽设置护栏式盖板

上、下游检修闸门槽使用护栏式手动盖板（图2-21），平时关闭为盖板状态，打开为护栏状态，最大限度降低运营期和检修期人员跌落的风险。

图2-20 水轮发电吊物孔电动盖板

图2-21 检修闸门槽护栏式盖板

（四）水轮机设置竖井升降装置

每台机组的水轮机、发电机竖井均设置了竖井升降装置（图2-22），降低检修运行人员使用爬梯出现跌落的风险，大大提高运行人员的安全性。

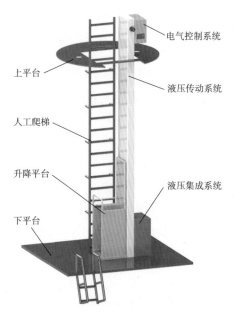

图 2-22　竖井升降装置示意图

（五）桥式起重机上增设升降平台

在厂房桥式起重机上增设升降平台（图2-23）为国内首创，方便吊顶及灯具的维护，减少主机间的高空作业（20m以上），提高检修人员安全性。

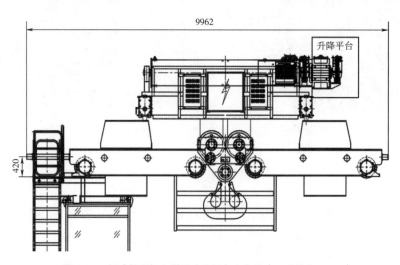

图 2-23　桥式起重机上增设升降平台示意图（尺寸单位：mm）

（六）消防设计创新

针对日益增长的危化品运输需求，本项目除了设置常规的水消防设备外，还增加了泡沫消防设备，保证危险品货物及船舶的过闸安全，同时利用上、下闸首空箱空间作为消防取水泵房（图2-24），节约泵房土建成本，优化结构布置。

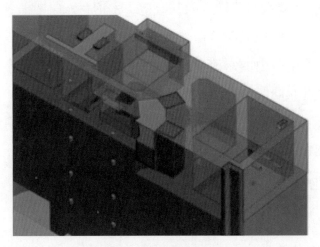

图 2-24　闸首空箱消防泵房

第四节　精细化设计

一、船闸工程

八字嘴航电枢纽工程是以航运为主、兼有发电等功能的综合利用工程，建成后货运量大且有危险品过闸，船闸运行频繁，因此，建设的首要目的是保证船舶安全、高效地过闸。为满足项目设定的使用功能，在综合考虑项目地质情况、物理模型试验结论、预测过坝运量等因素的基础上，对船闸的输水系统形式、建设规模、平面布置、结构形式、消防等方面进行了设计创新和优化。

（一）输水系统形式

根据设计水头及相关规范的规定，本项目船闸工程可采用集中输水系统，也可采用分散输水系统。集中输水系统具有闸室结构相对简单的优点，但为保证船舶在闸室内的泊稳性能，需延长输水时间或布置较长的镇静段，这将导致船闸通过能力的降低或工程费用的增加。分散输水系统可显著改善闸室内的泊稳条件，但具有结构形式复杂、施工烦琐、造价较高等缺点。

在充分汲取两种输水系统优点的基础上，本项目八字嘴船闸采用了水力指标较高的输水系统形式——局部分散布置形式的集中输水系统。该系统具有水流消能充分、可改善闸室内的水流条件、闸室内出水段上方可停泊船舶、不需要设置镇静段等优点，同时结构形式相对简单，施工较为方便，较好地解决了闸室内泊稳条件与输水时间之间的矛盾。双港船闸工作闸门采用三角门，设计最大水头近期仅0.81m，输水系统采用短廊道集中输水系统形式，具体运用时，在输水临近结束阶段可开启闸门输水以缩短输水时间。

（二）建设规模

船闸规模主要由过坝运量预测与船闸通过能力两个因素确定，而船闸通过能力主要由一次过闸平均吨位和一次过闸平均时间两个参数确定。以往这两个参数主要通过设计人员手工排挡，并依靠设计人员经验加以确定，无法反映每闸次船舶数量和吨位的随机性问题，导致船闸通过能力的计算主观性强、结果差异大，直接影响了船闸规模的科学论证。

本项目基于计算机模拟技术，编制了仿真程序，建立了船舶进闸的排队仿真模型，对船舶过闸进行随机排挡。模型在满足输入的船型和比例的前提下，充分考虑了过闸船舶在尺度和载重吨等方面的动态性、随机性，从而对船闸建设规模进行论证，最终确定八字嘴船闸闸室长度为180m，双港船闸闸室长度为230m。这种方法较传统方法更加科学、合理、准确。

此外，信江下游河道存在采砂区，工程建成后坝下游局部地区流速增大，来水来沙条件及水力因素发生变化，造成相同流量对应的河流水位下降，因此，需合理预测河道下切值及其对船闸通航和电站装机规模的影响。

本项目通过坝址实测水位及上、下游水文测站的长期观测资料分析，结合已建工程坝下游水位下降的调查资料，建立数学模型并选用合理的经验公式计算，以及进行水沙模型试验等综合手段，分析确定河床下切对船闸通航及电站装机规模的影响。通过科学论证，确定八字嘴枢纽下游水位下降值为1.3m，双港枢纽下游水位下降值为2.0m。

（三）平面布置

根据多个项目的经验，船闸口门区的流态往往比较复杂，尤其是横流对船舶的安全航行有较大影响，因此，船舶顺利通过口门区是安全通航的关键。根据物理模型试验结论，本项目在最大通航流量条件下，上、下游引航道局部横流流速超标，影响船舶安全通航。八字嘴枢纽两座船闸为改善该区域水流条件，对上、下游引航道的平面布置进行了多种方案的比选，最终将斜向分水墙的长度由原100m延长为176m，调整后口门区水流条件满足安全通航要求。双港船闸建成后针对通闸运行方式开展相应的原型观测，根据原型观测与调试结果优化确定通闸运行工况，并严格按要求控制管理船闸的通闸运行方式。

（四）结构形式

结构形式的选择是否合理，直接影响船闸的安全运行及工程造价。根据船闸在不同区域的使用功能、荷载情况及地质情况，针对性地进行了结构形式比选。

闸室结构对坞式结构和分离式结构进行比选。分离式结构边墙底部尺寸较大，且受基岩面高程限制，下部采用换填素混凝土方案，底板厚度减薄则换填素混凝土量会增加，并无大的优势，综合来看，分离式结构工程投资更大，因此推荐采用坞式闸室结构。

导航墙对重力式结构和扶壁式结构进行比选。重力式结构尺寸小，工程量较扶壁式结构小，抗冲刷性能更优，投资更省，且在同类的船闸工程中使用较为成熟广泛，因此推荐导航墙采用重力式结构。

靠船墩对重力式结构和桩基墩式结构进行比选。重力式结构承载力要求高，且结构尺寸大；桩基墩式结构工程量较重力式结构小，且在同类的船闸工程中使用较为成熟广泛，因此推荐靠船墩采用桩基墩式结构。

（五）消防设计

本工程有危险品过闸，需为危险品配置完善且特殊的消防系统，以保证危险品货物及船舶的过闸安全。本项目配置了完善的固定水、泡沫消防设施。此外，常规设计中需为消防泵等设备建造专用泵房，鉴于闸首边墩内存在尺寸较大的空箱，在本项目中首次利用闸首空箱空间作为消防取水泵房，节约泵房土建成本，优化结构布置。

二、库区工程

业内有经验总结："低水头航电枢纽成败在库区"。在总结以往类似工程经验的基础上，本工程库区防护工程设计在水泵搭配选型、拦污栅与闸门设置、出水管设置形式、防渗墙形式以及装配化设计等方面做出了极大提升。

（1）水泵选型考虑大小泵、高低压泵搭配。本工程建成蓄水后，库区排涝基本不具备自排功能，库区排电站要适应大、小不同流量等级的排涝要求，本项目库区电排站在满足各片区总排涝量要求的基础上，尽量大小泵、高低压泵搭配，使单泵流量减小，大幅缩短了水泵的启停间隔时间，提高了运行期保证率和灵活度。库区电排站平面布置示意如图2-25所示。

（2）电排站进水闸设置检拦污栅和检修闸门，流道进口设置检修闸门（图2-26）。本枢纽电排站进水口依次在前池进口设拦污栅及其启闭、清污设备，拦污栅后面设检修闸门及其启闭设备，在泵房进口设检修闸门及其启闭设备。充分考虑运营养护阶段结构可检、可修、可换便利。

（3）电排站出水管采用爬坡方式。对于水利、航电枢纽工程而言，工程完工后水库常年在挡水工况下运行，渗透破坏为类似工程的最大质量隐患。电排站出水管采用爬坡方式（图2-27），确保电排站出水管与堤防衔接处不产生渗透破坏。

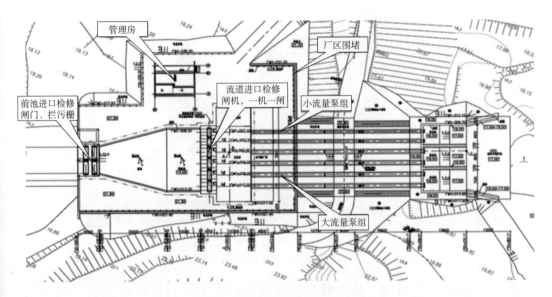

图 2-25　库区电排站平面布置示意图

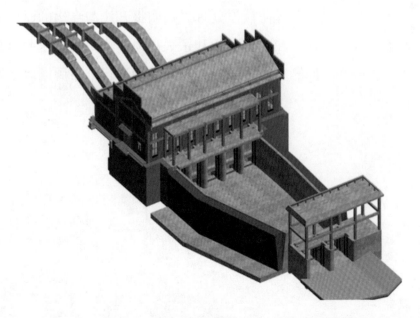

图 2-26　电排站进水闸设置拦污栅和检修闸门，流道进口设置检修闸门

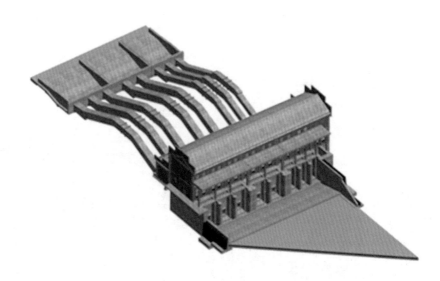

图 2-27　电排站出水管采用爬坡方式

（4）暗埋式截渗管与减压井筒。库区防护工程防浸没处理是本项目的另一项重点与难点，水库浸没是评价水库经济效益的重要因素之一，本工程浸没处理依据先堵后排的原则，对于预测浸没影响区先采用垂直防渗措施进行防渗处理，再辅以堤后减压井、截渗管道的处理方案，有效消除水库蓄水后对库区两岸的浸没影响。以往类似工程防浸没处理采用明渠开挖截渗沟的设计方案，而明渠开挖截渗沟方案往往存在开挖面积和永久占地面积大、减压井容易因地面附着物淤积产生堵塞等问题，严重影响减压井后期运行寿命周期以及实际排水

减压效果。本工程防浸没处理采用暗埋式截渗管与减压井筒设计方案，大大减少永久工程占地，并且有效避免了因地面附着物淤积产生堵塞减压井等问题。减压井典型设计剖面如图2-28所示。

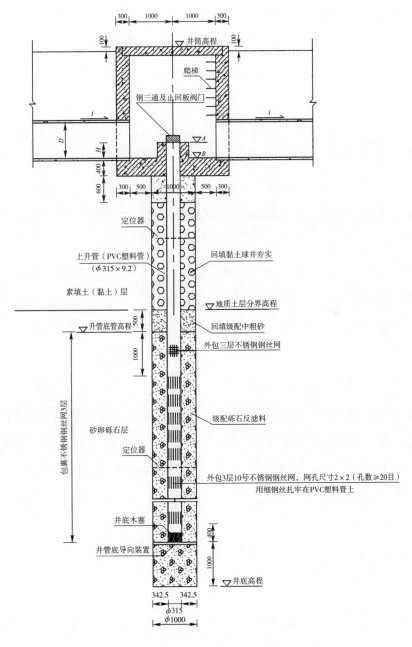

图 2-28　减压井典型设计剖面图（尺寸单位：mm）

三、导流工程

水运、水利工程和其他的工程建设不同，具有较强的综合性和复杂性，施工周期长，主体建筑物往往需要在围堰保护条件下施工，对应需要处理好工程区截流和导流的问题。在具体设计过程中，必须综合分析与考察当地的地势、地质、气候条件以及周围的具体情况，因地制宜，根据具体问题采取相应的导流施工技术。

信江八字嘴航电枢纽工程包括东大河和西大河，导流工程设计采用分期实施，分别拦断东大河、西大河河床，明渠导流枯水期施工，即在枯水期先后围东大河、西大河，开挖导流明渠导流。在河心岛八字嘴下游约2km处，在满足通航航道要求与河流轴线一定弧度衔接后挖通西大河和东大河，形成导流明渠。信江八字嘴航电枢纽导流工程设计选取了施工总布置优、施工导流程序简单、施工期通航便利、工程投资较小的明渠导流方案，为施工期施工总布置创造了便利条件，降低了施工导流程序复杂性，保证了施工期的通航便利性。

双港航运枢纽工程分两期导流，一期利用左岸预留滩地作为天然围堰挡水，开挖左岸导流明渠；二期利用主基坑全年围堰挡水、施工主体工程，利用左岸开挖的河床明渠导流。一期施工导流期间，主河道不受影响，施工期通航可按照原有的调度规则与通航方式施行；二期施工导流期间通航结合施工导流明渠进行，导流明渠河床底高程约8m，根据规划成果，坝址河段通航保证率为90%时的相应设计流量为$Q=451\text{m}^3/\text{s}$，相应下游航道水位为11.35m，左岸导流明渠渠底高程能够满足Ⅵ级航道最小航深1.0～1.2m的要求，可满足施工期通航要求。

四、泄水闸堰型

信江下游段尤其东、西大河分岔口上下游段近年来采砂严重，尤其在八字嘴航电枢纽工程所在东、西大河分叉口上下游段。在未开展大规模采砂之前，河床高程基本在12.0m以上，目前尤其在西大河段，坝址处河床高程大部分在3.0~8.5m，下游至龙津大桥附近、上游至信江主河道以上数十千米均如此。龙津大桥河床高程还保持采砂前河床高程，基本在12.0m以上。东大河同样存在采砂行为，坝址处至下游1.0km的河段暂时还没有采砂，主河床高程基本在11.5~12.5m，但坝址上游及坝址下游1.0km以下至干越大桥之间的河床基本都有采砂活动，河床坑洼不平，高程在0~13.0m，大部分在3.5~8.5m。根据以上情况，西大河龙津大桥、东大河干越大桥以上的河段经过采砂河床基本都会下切至3.0~8.5m，但两桥以下河段河床较高。本项目实施后，上、下游河段将严禁采砂，河床会有恢复原状河床高程的趋势。如果堰顶高程设定较低，与现状河床齐平，那么泄水建筑物闸墩和闸门都会非常高，工程投资较大，且与采砂前河床高程相比，下切严重，将来有被淤的可能，从而使闸门启闭困难；由于现状河床较低，采用宽顶堰则闸底板非常厚，与现状下游衔接困难，根据泄流能力计算，堰顶高程在12.0m以下时，上游水位壅高均不明显。基于以上几点考虑并结合工程经验，分别拟定堰顶高程11.0m、10.0m、9.0m和8.0m，堰型对WES实用堰和驼峰堰进行比选，为了尽量不改变东西大河的分流比，两河泄水闸堰顶高程采用一致的高程。

经对泄水闸闸门运行方式、过流能力、进出口流态、流速、消能防冲、库区影响以及投资等进行技术经济综合比较，选定泄水闸堰型为驼峰堰，泄水闸孔数20孔（貉皮岭）、12孔（虎山嘴），堰顶高程9.0m，孔口净宽14.0m。

五、厂房进口

厂房进口设计应结合枢纽布置及电站厂区布置，合理安排拦沙坎、进水渠、进口交通桥、拦污栅槽及检修门槽、进水口等建筑物的相互位置，在设计中应参照以往类似工程经验，并充分考虑本工程的特殊性，与相关专业紧密配合，权衡利弊，选择合理位置布置各构筑物，使厂区各组成部分协调配合，同时降低工程造价。设计中优化选择各构筑物的形式、控制尺寸，达到安全、合理、经济、美观的目标，并使得运行管理方便。

信江八字嘴枢纽电站设计结合电站水头小、流量大，水头变化对机组出力影响较大的特点，通过模型试验研究了厂房进口连接方式和进口建筑物的布置，合理确定了进水护坦高程、上游拦砂坎的高度及角度，以减小厂房进水口位置的水头损失和附近涡旋，保证机组出力。其中拦沙坎高程确定为11.0m，比泄水闸堰顶高程高2.0m，拦沙坎轴线与坝轴线交角60°，以利于导沙，确保河床底沙可以通过泄水闸排走，保证厂房门前清。

在以往的工程中，厂房如果采用水平进厂的方式，需在电站厂区下游设置土石坝抵挡下游洪水，厂区占用土地面积大，投资高。信江八字嘴枢纽电站设计中考虑枢纽挡水高度小，主机间运行层高度与坝顶高差不大，将安装间与主机间错层设置，创新性地将安装间与坝顶齐平布置，在安装间上游设置进场大门，使得厂房具备水平进场的条件，运行管理方便。在电站厂区下游未设置规模庞大的挡水上坝，既节约了宝贵的土地资源，又较大地节省了工程投资。

厂房进水口主要由交通桥、清污设备、检修门三个主要功能模块组成，检修门下游紧靠流道，合理确定交通桥和清污设备的位置关系为进水口布置的关键。一般拦污栅布置于上游，设置单独的清污机；或交通桥位于上游，拦污栅布置于其下游，采用单独的清污机或与检修门共用门机清污。污物清理一直是电站运行的重要难题，信江八字嘴枢纽工程经过综合研究，采用交通桥布置于上游，与坝顶交通顺直贯通，清污与检修门启闭共用门机，既经济合理，又使用方便。其中门机设置清污耙斗和抓斗两道清污设备，加强清污能力，巧妙解决了电站清污难题。

在其他工程中，常采用拦漂排拦截污物，但泄水闸泄洪后污物无法被全部带走，还需人工清污，清理费用较高，危险性大，且污物堆积过多后可能导致拦漂排翻转，运行情况不理想。本工程借鉴其他工程经验教训，结合本工程的特性和条件，取消拦漂排，在厂房进口设置拦污栅，采用清污耙斗和抓斗两道清污措施加强清污，解决了污物拦截问题。

六、仿生态鱼道

最初的鱼道往往是为了解决特定鱼类的上溯而设计建造的，其典型代表为比利时人发明的丹尼尔式鱼道，之后相继出现了堰流式鱼道和竖缝式鱼道。上述鱼道都是人类为鱼类通过闸坝等障碍物而主观拟定的过鱼建筑物，一般多采用钢筋混凝土结构，也有少数采用木质结构，均属于工程鱼道的范畴，其结构布置和水流流态与天然河流有显著差异。丹尼尔式鱼道、堰流式鱼道、竖缝式鱼道是工程鱼道的典型代表。该类鱼道发展较早，目前已得到广泛的实际运用。

我国目前仍处于水运、水利、水电工程建设的高峰时期，环境保护问题受到来自社会各方的高度重视，过鱼设施已成为工程环境影响评价的主要内容之一，许多在建或待建的水运、水利、水电工程都已着手开展针对过鱼设施的设计和研究工作，有些河流已开展河道生态修复措施研究。鱼道的过鱼效率不仅取决于鱼道进出口与鱼道内的水流流态与水力学指标，更主要的是取决于过鱼对象与鱼道水流之间的协调性。工程鱼道与天然河道在水力学特性上的本质差异无疑是影响工程鱼道过鱼效率的关键。为改善河道生态，近年来仿生态鱼道技术孕育而生。仿生态鱼道采用天然蛮石构建阶梯水池或过鱼竖缝，尽可能模拟天然河流的水流流态（图2-29）。

信江航运枢纽工程鱼道设计紧跟时代发展趋势，秉承生态环保设计理念，立足信江项目特色，在八字嘴貊皮岭枢纽设置仿生态鱼道。貊皮岭仿生态鱼道走势蜿蜒，断面形态各异，缓急相间，使水流流态尽可能地接近天然河道；在鱼道生塘放置坑石、采用多级护坡设计，根据湿地植物生长适宜深度营造生长环境，为生物群落生长提供场地。通过场地的地形设计，建设阶梯状的游憩活动空间和绿化景观，营造多角度多层次景观，提供丰富的视觉感受和时间、空间景观体验。考虑设计的弹性，规划枯水位与洪水位之间的绿化用地、活动场地，种植适应性植被，使其可淹可用。并且通过设置梯级湿地、亲水平台、草坡石阶、观景廊等丰富的亲水体验空间，满足使用者漫步、游憩、观赏等需求，创造丰富的亲水体验。

图 2-29　仿生态鱼道

　　双港鱼道在设计中对工程鱼道和仿生态鱼道两个不同方案进行比较。仿生态鱼道（图2-30）虽然过流流量相对较大，工程总投资略大，但是在水流流态、景观功能、运行管理、建成后调整难易程度等，特别是生态、环保方面具有明显优势，因此，经综合比较，推荐仿生态鱼道方案。

本项目"生态鱼道"的打造在全国鱼道的发展过程中具有标杆性的作用，是本项目的重点创新。为创造仿生态的鱼道特点，营造良好的过鱼环境和突出滨水空间的游赏景观体验，本工程鱼道设计在尽可能还原河流的原始状态，创造良好的过鱼环境的基础上，采用仿生态鱼道设计。

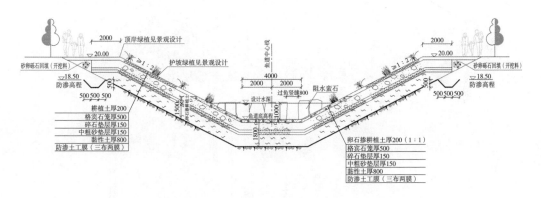

图 2-30　仿生态鱼道断面图（尺寸单位：mm）

七、机电设备

本项目设计采用BIM（Building Information Modeling，建筑信息模型）技术，在施工图三维模型的基础上对机电设备、管路、电缆桥架等进行精细化施工设计。应用BIM技术对电站机电设备进行精细化施工图设计；结合项目开展模型创建，三维模型深度符合相关标准要求。对电站机电设备、电缆桥架和管线等应用碰撞检测，提高施工效率，减少施工变更。所有明敷管路及电缆桥架，均设计可用于工厂订货的订货图和订货规格清单，在设备上留有铭牌或铭刻标识，成品运至现场后可通过标识迅速确定设备安装位置，既减少了施工过程中的材料损耗，又提高了安装效率。对于关键部位，提供精细化模型与现场实际安装情况的同角度照片对比，减少现场管路桥架冲突，既节省了投资，又降低了施工难度。

电站机电设备BIM模型总装图如图2-31所示，管路BIM精细化设计图如图2-32所示，电缆桥架轴侧图如图2-33所示。

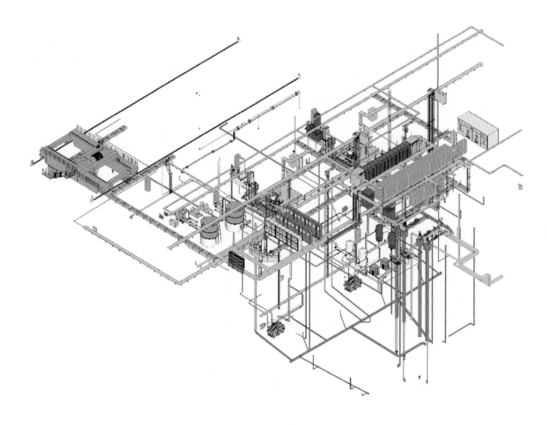

图 2-31　电站机电设备 BIM 模型总装图

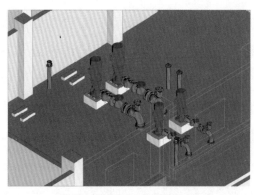

a) 排水泵房设备管路安装轴测图

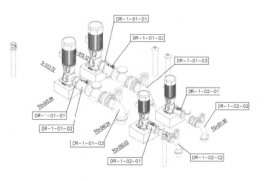

b) 排水泵房设备管路组装轴测图

图 2-32　管路 BIM 精细化设计图

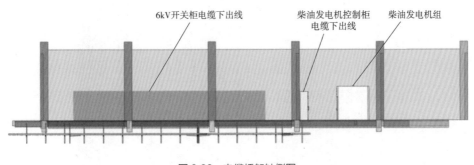

图 2-33 电缆桥架轴侧图

第五节　数字化设计

本项目设计融入BIM技术应用，创新了"内外业协同设计"模式，通过构建三维模型，基于同一模型数据进行动态剖切，自动生成平面、立面、剖面等二维图，再结合三维模型进行图纸成果校审，主体结构出图效率可比传统二维出图提高10%～25%。

在施工图设计阶段，由于水工混凝土结构钢筋图工作量大、设计烦琐，设计单位采用三维配筋RESTATION软件，对存在共性的构件进行配筋定制开发，实现一键式参数化建模和配筋，不存在共性的构件也可实现模型更改，以及配筋、出图联动更改。经统计，三维配筋软件在复杂结构配筋方面的效率比传统出图可提高10%～40%。

通过BIM三维可视化效果，对发电厂房进行全新规划，调整发电厂房各层布置，对内部进行二次装修设计，为建设单位决策提供重要参考。

通过自主研发PrpsdcBIM三维开挖辅助设计V1.0系统，直观展示设计意图，实现从开挖面到任意断面的一键式出图及工程量计算，开挖设计效率可提高20%～40%。如上游引航道为多个建筑物交叉界面开挖，传统二维纵横断面图纸难以直观表示，而开挖软件很好地解决了这一难题。

专业协同合作流程如图2-34所示，电站厂房BIM模型如图2-35所示，船闸BIM模型如图2-36所示。

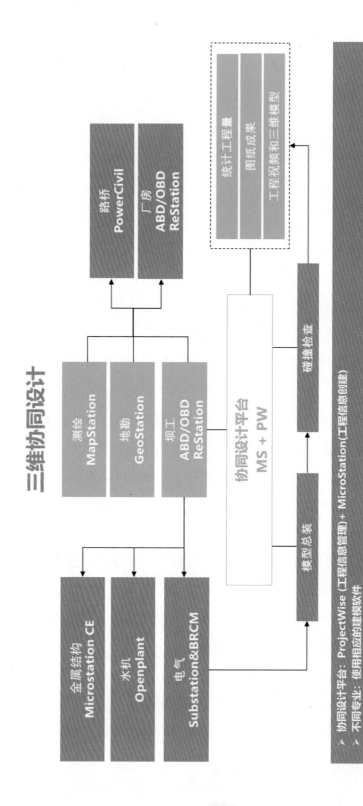

图2-34 专业协同合作流程

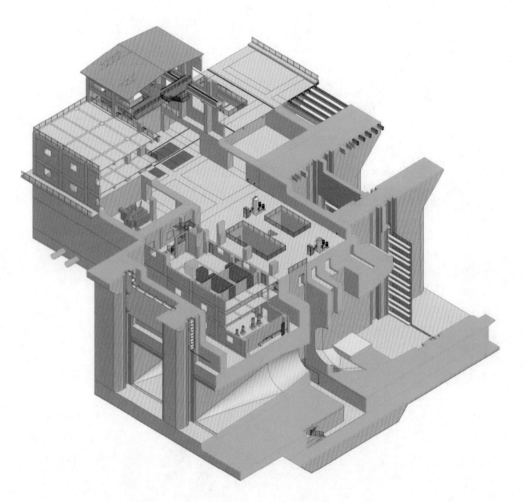

图 2-35 电站厂房 BIM 模型

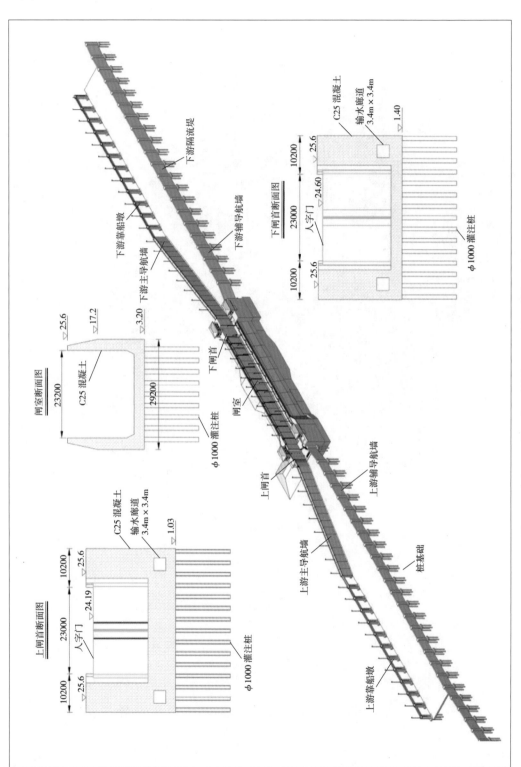

图 2-36　船闸 BIM 模型（尺寸单位：mm；高程单位：m）

第三章

项目管理

《交通强国建设纲要》提出：构建现代工程建设质量管理体系，推进精品建造和精细管理。这是对新时期交通基础设施建设质量安全管理工作的总要求。

信江航运枢纽项目办是由江西省港航投资建设集团牵头设立的一个临时管理机构，其中抽调的管理人员基本没有类似的工程建设管理经验，有公务员、事业单位、企业和临时外聘人员等，学历有博士、本科、大专和技校等，管理水平、专业能力和业务素质等参差不齐，要切实做好项目的示范创建工作，首要是转变管理理念、改变传统管理方式，在项目建设全过程实施精细化管理，以精细、精准、精确为管理导向，建立分工明确、责任清晰的标准化、规范化、程序化管理体系，处理解决由于管理粗放等带来的质量安全问题，从源头上管控质量安全隐患。

项目办通过强有力的实施精细化管理，狠抓精细化管理执行，在质量、安全、进度、环水保和费用管理上进行了有益探索、取得一定成效。

本章从质量、安全、进度、环水保和费用的精细化管理进行阐述。

第一节　管理模式和架构

一、项目办组织框架

本着精简高效、科学管理的原则，信江航运枢纽项目管理办公室（以下简称项目办）内设工程处、机电处、综合处、征迁协调处、安质处、财务合约处、纪检监察处7个部门；同时，为了加强项目现场管理，保障项目管理高效运行，下设八字嘴枢纽工程、双港枢纽工程、库区防护工程3个现场管理组。

二、现场管理组新模式

八字嘴枢纽工程、双港枢纽工程和库区防护工程3个现场管理组由项目办分管领导任组长，由相关处室派人参加，驻点到施工一线，其余人员负责提供服务保障和程序跟踪，极大地提升了施工现场发现、研究、协调、解决问题的效率。

现场管理组按照"日四级网格化管理、周四方联合巡查、月生产调度会"等模式运行，坚持工作任务清单化管理，全面加强与参建各方互联互动，形成参建各方与建设单位充分融合的全员、全域、全覆盖管理运行体系，为形成"开工即决战、起步即冲刺"的项目建设氛围奠定了坚实有力的基础。

三、网格化管理

项目管理点多面广线长，参建各方人员参差不齐，如何全面落实安全生产责任制，形成"人人有责，人人履责"的良好氛围？项目办设立现场管理组，领导及管理人员靠前指挥，加强联动共建，虽然深耕一线，依然面临问题发现快，但处置流程多、工作效率低、服务保障弱等问题。

北京市东城区首创的网格化城市管理模式得到了广泛的应用，网格化管理是遵循一定的原则将管理对象划分为若干网格单元，运用现代信息技术和网格单元之间高效联动机制，使各个网格单元之间能够进行信息的快速交流，透明地共享组织资源，从而达到整合资源、提高效率的现代化管理手段。

2019年初，项目办借鉴创新，制定了《信江航运枢纽项目网格化管理及星级区域考评办法》，在信江八字嘴现场管理组逐层搭建"分级管控、层层履职、一岗双责""横向到边、纵向到底""全领域、全方位、全过程、全覆盖"的工程建设网格化管理新模式。网格划分以项目办、总监办（建设单位、监理单位）、施工单位等为责任主体，根据项目实际，结合场站、驻地建设及永久主体工程，按照单位工程、功能分布将施工区域划分为若干网格，对网格内的安全、质量、进度、文明施工等实施动态管理，构建"一网四级，一级多格，一格多点"的网格化管理信息网络。

网格化管理实施"六步法"，具体如下。

第一步：制定工作目标。通过开展网格化管理工作，进一步落实项目综合管理主体责任和监管责任，有效防范事故的发生，确保项目人身和财产安全、平安百年品质工程创建要求和节点目标实现，促使项目各项工作实现"三个转变"（即安全从少数人抓向合力抓转变、从粗放式管理向精细化治理转变、从传统管理模式向信息化管理模式转变）。

第二步：网格区域划分。各单位根据实际情况进行网格化区域划分，实现区域全覆盖，各区域设置AB岗，施工单位将网格化责任图以书面形式上报总监办审核，项目办审批后执行，原则上各区域具体责任人不能为同一人。网格化地图和分区域网格化责任图按区域以颜色分类设置在施工现场显著位置。八字嘴航电枢纽项目网格区域划分如图3-1所示。

图 3-1 八字嘴航电枢纽项目网格区域划分

第三步：明确工作职责及内容。一级网格人员由各单位负责人组成，落实各单位安全管理职责，负责本区域网格化的组织；监督二、三、四级网格人员部署情况。二级网格人员由各单位分管领导和安全负责人组成，负责编制网格管理方案，落实并督促三、四级网格人员的安全管理职责和网格管理方案；监督三、四级网格人员部署情况；对所在区域进行定期、不定期的隐患排查和隐患分类、登记、销号，监督隐患整改情况；发现所在区域存在安全事故隐患的，应立即整改，情况严重的，应立即要求该网格区域停止施工，并及时报告一级网格负责人。三级网格人员由各单位大区域主管组成，落实网格管理方案；监督四级网格人员部署情况；对所负责的区域进行定期、不定期的隐患排查和隐患分类、登记、销号，监督隐患整改情况；发现所在区域存在安全事故隐患的，应立即要求施工单位整改，情况严重的，应立即要求该网格停止施工，并及时报告各单位一、二级网格负责人。四级网格人员由区域具体负责人组成，落实岗位安全管理职责和网格管理方案；每日对所在区域进行巡检，及时督促消除所在区域的隐患；组织区域内的安全技术交底；保证区域内施工人员防护用品的正确使用；对各类设备和支架等进行验收，完成现场发现的其他安全隐患整改工作；根据预警级别组织班前会、班后总结会，推行班组标准化，创建优秀班组；确保有效做好区域内的三防工作等。

第四步：建立网格化安全重点巡检清单。根据工程建设进度及实际需要，巡检清单包含但不限于如下内容：文明施工、临时用电、特种人员持证、临边、洞口防护、安全通道、交叉作业防护、脚手架搭设、特种设备日常维修、消防设施、其他所辖工区内的安全生产状况和需要协调解决的问题。

第五步：强抓具体工作措施落实。一级网格化负责人每周开展一次联合巡查，由监理单位负责记录并整理，并将巡检情况通过鲁班App（一种智慧工地软件）发起协作，整改负责人为施工单位一级网格化负责人；一级网格化负责人可定期、不定期进行巡检，发现的问题通过鲁班App发起协作，整改责任人为二级网格化负责人。二级网格化负责人每周至少对所挂点负责的区域进行一次安全巡检，并通过鲁班App发起协作，每次不得少于5条，整改负责人为三级网格化负责人。三级网格大区域主管人员每周至少对所负责的大区域内各施工点进行两次安全巡检，并通过鲁班App发起协作，每次不得少于6条，整改负责人为四级网格化负责人。四级网格区域具体负责人每日通过鲁班App巡检功能对本区域进行巡检，并发起协作，督促整改落实，每次不得少于3条，整改负责人为班组长或分包负责人。信息化第三方上海鲁班软件股份有限公司负责每周将发现的隐患及整改情况按区域进行汇总、分类，在每周五18时前进行通报，通报内容主要包括区域及负责人、发现的隐患数量、整改情况等。项目网格划分分工表及区域网格分配图如图3-2所示。

图 3-2　项目网格划分分工表及区域网格分配图

第六步：网格化区域五星考核评比。对网格化管理到位，施工现场安全文明施工，施工质量较好的四星、五星网格区域采取奖励措施；对施工现场安全文明施工，施工质量较差的一星、二星网格区域采取停工、整顿，处罚责任人等措施。

第二节　质量管理

质量管理是指确定质量方针、目标和职责，并通过质量体系中的质量策划、控制、保证和改进来使其实现的全部活动。"物勒工名，以考其诚，工有不当，必行其罪，以穷其情"。商鞅变法时，在兵器上刻下督造人的名字，秦朝开始实施物勒工名制度，汉承秦制，"物勒工名"制度逐渐成熟，并建立骨签档案。精雕细琢、精益求精的质量管理，自古有之。

《交通强国建设纲要》提出"构建现代工程建设质量管理体系，完成交通强国建设任务，打造一流交通基础设施，必须要有现代化工程建设质量管理体系作为支撑和保障"。为此，信江航运枢纽项目办加强顶层设计，对标交通运输部品质工程实施细则要求，在招标文件中明确了获得省级"品质工程"示范项目，争取交通运输部"品质工程"示范项目，力争"詹天佑奖""鲁班奖"等国家优质工程奖的高质量目标，对质量控制更加着眼于质量的量化指标和评判，就质量管理提出了主体结构钢筋间距和钢筋保护层厚度合格率不低于90%、主体结构混凝土外观质量A级评定不低于80%等6项具体要求。

目标明确后，项目办围绕"细节为王"项目质量管理理念，制定了《信江航运枢纽质量管理手册》，参建各方组建了质量管理组织机构，设置了首席质量官，逐步建立健全了信江质量管理体系，即信江项目办现场管理组联合巡检-专家顾问委员会定期咨询-监理单位首件N+管理-中心试验室质量预控-施工单位内部三检制的闭环式质量管理体系。

经过4年的实践，信江航运枢纽项目先后推行了工程首件制到首件N+示范制，由中心试验室检测处罚到巡查预控，由抓实体质量到内在外观质量同抓共促，由施工单位被动整改到主动追求"质量第一"，由传统工艺到工艺方法的改良创新等，信江航运枢纽项目质量精细化管理由探索走向创新。

一、质量管理目标

（1）混凝土关键指标质量控制均匀性高，主要构件混凝土强度（以28d龄期强度进行计算）标准差小于1.5MPa。

（2）主体结构钢筋间距和钢筋保护层厚度合格率不低于90%。

（3）主体结构混凝土外观质量A级评定不低于80%，B级100%。

（4）分项（单元）工程一次验收合格率达到98%以上，分部、单位工程一次性验收合格率达到100%，主体工程零缺陷，杜绝质量事故。

（5）力争"詹天佑奖""鲁班奖"等国家优质工程奖。

二、管理体系

（一）项目质量管理机构

为确保本项目品质工程创建活动顺利开展，结合本项目实际，信江航运枢纽项目成立"品质工程"创建工作领导小组，负责信江航运枢纽"品质工程"创建和考核工作。工作领导小组下设"品质工程"创建办公室，办公室设在安质处，由现场组管理组长兼任办公室主任，具体负责品质工程创建日常工作。

（二）项目质量管理职责

1. 项目办的质量管理职责

（1）负责推行"学习、服务、积极、健康"项目管理理念，培育以 "信义、信心、品质、品牌"为主要特征的"品质工程"文化。

（2）负责执行项目基本建设程序，执行"政府监督、法人管理、社会监理、企业自检"四级质量保证体系，并对建设项目工程质量负有管理责任。

（3）负责建立健全质量保证体系，制定质量管理制度，落实质量责任制。检查参建单位质量，保证体系及质量管理制度，并监督落实。

（4）负责接受质量监督管理机构对项目办质量管理的监督检查，并积极配合其工作。

（5）负责按水运工程质量监督通知书的要求，配合质量监督机构对工程质量进行监督检查。工程完工后，由质量监督机构对工程质量进行评定。

（6）负责监督、组织对质量问题的处理，接受与质量有关的投诉和举报，配合质量监督机构对质量事故进行调查和处理。

（7）工程开工前，负责对监理单位人员资质进行审查；施工过程中，负责定期对监理单位进行考评，如发现有不符合要求的监理人员，要求及时清退、更换。

（8）负责审核监理单位提交的监理规划和监理实施细则，督促监理单位按批准的监理规划和监理实施细则开展监理工作。

（9）负责检查监督监理单位落实巡视检查、旁站监理、工序验收、台账建立等质量管理。

（10）负责督促监理单位及时对完成的工程进行质量评定，组织交（竣）工验收。

（11）负责对工程监理（监测）、勘察、设计、咨询等单位的监管，以及对机电设备生产制造与验收的监管。

（12）负责组织并督促实施首件工程示范制、施工标准化等品质工程创建工作。

（13）负责检查监督材料准入制和材料质量管理的落实。

（14）负责审批施工单位的专业分包，对劳务分包进行备案，严禁工程转包及二次分包。

（15）负责审核工程计量，质量不合格的工程一律不予计量，未计量的工程不予支付。

（16）负责督促应用BIM、物联网、二维码等信息化管理手段进行质量闭环管理。

（17）负责按照《中华人民共和国档案法》等有关规定，建立健全项目质量管理档案。严格按照规定收集、整理、归档，定期或不定期检查施工单位、监理单位的质量记录资料，确保达到真实、规范、完整、痕迹化、可追溯的要求。

（18）负责组织施工质量管理检查、考核、质量竞赛等活动。

2. 设计单位的质量管理职责

（1）负责按照合同的要求做好勘测设计工作，并对设计文件负责。

（2）负责做好设计技术交底，按工作程序及时解答施工单位或监理单位提出的问题和质疑。

（3）负责配合项目办对施工图设计方案进行优化设计；对项目办提出的优化设计，设计单位必须执行，并按规定的时间及时完善设计，提交变更设计图纸。

（4）负责按照设计变更程序办理变更。

（5）负责监督施工单位按设计要求施工，如发现施工单位未按设计要求施工，尤其是施工方法不当、施工违规操作危及结构安全，应及时向项目办报告。

（6）出现质量问题，设计代表要迅速前往现场参与调查，负责查找原因，并协助进行技术分析，及时提供分析数据及处理方案。对结构有影响的质量事故，设计单位应立即组织人员进行结构计算，提出设计方案，对有关单位提交的技术分析报告和处理方案及时审核，及时认定，并对处理结果是否满足设计要求提出明确意见。

（7）负责接受质量监督机构对其资质与设计工作质量的监督检查。

（8）负责建立健全设计质量保证体系，加强设计全过程的质量控制，建立完整的设计文件的编制、复核、审核、会签和批准制度，明确各阶段的责任人，并对工程设计质量负责。

（9）负责制定设计单位"品质工程"创建实施方案，并认真落实。

3. 监理单位的质量管理职责

（1）负责按照合同要求组建监理工程师办公室及内部组织机构，建立健全监理工作质量保证体系，配备相应的监理人员。

（2）负责按监理规范、合同文件要求及工程实际情况，编制监理规划和监理实施细则，制定、执行监理质量控制程序和控制方法。

（3）负责制定监理单位"品质工程"创建实施方案，并认真抓好施工单位的标准化施工和品质化工程创建工作。

（4）负责对施工单位主要管理人员资质进行核查，如发现有不符合要求的人员，要求及时清退、更换。

（5）负责按规定建立试验室，进行独立抽检试验，加强对施工单位自检（含试验）的监督。

（6）负责对重点部位、重点工序、隐蔽工程等全程旁站监理。

（7）负责根据监理合同和项目办授权监督工程施工和设备监造，制止转包和违法分包工程行为。

（8）负责组织质量巡查，并下发整改通知，督促施工单位及时进行整改。

（9）负责定期检查并督促施工单位完善质量保证体系，检查并督促施工单位人员及设备按要求到位，对施工日、周、月、季报及时做出评价，编写监理日、周、月、季报。

（10）负责监督施工单位按有关质量标准、规范和规程施工，提出或审查设计变更。

（11）负责检查施工质量，及时纠正不符合工程设计要求、施工技术标准的施工行为。

（12）负责检查施工单位原材料、半成品、成品和施工工序的检验情况，防止未经检验和试验的产品或不合格产品流入下道工序或交付使用。

（13）负责对施工单位严重违反质量要求的施工行为下达暂停施工令，并及时上报项目办，监督施工单位整改到位。

（14）负责做好质量问题的现场取样及现场保护工作，保存好现场照片录像，做好原始记录，并及时上报项目办。分析质量问题，查找问题原因，提出处理意见。

（15）负责监督施工单位对项目办、监理单位的文件、规定、指令等的执行情况。

（16）负责对施工单位工程资料的真实性、规范性、完整性进行经常性检查。

（17）负责督促施工单位按照施工标准化、品质工程等要求落实各项措施。

（18）负责督促施工单位落实工程首件制。

（19）负责按照合同文件及品质工程的相关要求，做好监理范围内的品质工程有关工作。

（20）负责对工程进行质量评定，配合交（竣）工验收工作。

（21）负责工程质量事故的调查配合工作，监督、检查施工单位对工程质量缺陷和质量事故的处理。

4. 施工单位的质量管理职责

（1）负责建立健全施工质量保证体系，设立质量管理机构，按照合同要求配备人员。

（2）负责全面推行质量管理，制定并落实技术交底制、成品保护制、质量责任制等质量管理制度。

（3）负责在规定的时间内提交实施性施工组织设计、专项工程施工方案，报监理审查批复，并严格按设计图纸及批复意见组织施工。

（4）负责分包单位的管理，严禁以包代管，不得转包或者违法分包工程。

（5）负责对施工重点部位、高填深挖等区域做好施工监控，确保工程质量和安全。

（6）负责施工标准化、品质工程等相关方案和措施，全面推进各项工作的实施。

（7）负责落实各项工程首件制。

（8）负责组织对施工人员进行岗前培训，特殊工种作业人员必须实行持证上岗制度。

（9）负责配合监理单位组织的质量巡查工作，按整改通知及时进行整改落实。

（10）负责对施工中存在的质量隐患、不文明施工现象及时进行整改。

（11）负责对施工中出现的质量问题及时上报，查找原因，并提出初步处理方案。

（12）负责落实施工过程中的自检、互检、专检制度，提交监理验收的工程必须内部"三检"合格。

（13）负责向监理单位上报工程日、周、月报，由监理单位做出评价。

（14）负责缺陷责任期和保修期内的质量。

（三）项目质量管理制度

1. 基本管理制度

主要包括工程质量检查、质量教育培训、质量控制点、质量技术交底、质量考核、工程质量举报、工程质量奖惩、工程质量评估例会、首席质量官、试验室月例会等制度。

2. 程序控制类管理制度

主要包括首件N+示范制，"五不施工""三不交接"及工序"三检"中心试验室管理办法，质量通病治理管理办法，施工组织设计和重大专项方案论证、审查、审批、隐蔽工程及关键性工序影像管理办法，原材料和产品质量管理，材料供应商质量考核评价和清退，质量事故报告，图纸会审及设计变更管理等制度。

3. 标准化管理制度

主要包括质量关键人质量责任登记、混凝土外观质量分级评定验收、施工标准化实施细则、试验室标准化指南、两区三厂建设标准化、江西省重点水运工程两区三厂建设标准化指南等制度。

三、主要做法

（一）建立质量责任登记制度，设立首席质量官

项目办首席质量官为品质工程创建的总牵头人，设计、施工和监理单位均应设立首席质量官，负责建立健全项目质量管理体系，组织质量策划，开展质量改进、质量攻关、质量考核，强化质量文化建设，促进参建单位落实质量主体责任。另外，项目办通过BIM、电子档案管理平台和实名认证完善，建立责任人质量履职信息档案，每个分项从班组、监理到项目办人员自动生成质量责任登记表，实现质量责任可追溯。

1. 岗位设定

首席质量官是本项目质量管理工作的分管负责人，各参建单位组织机构管理层均应设置"首席质量官"岗位。建设、设计单位的首席质量官由项目负责人兼任，监理单位的首席质量官由副总监兼任，施工单位的首席质量官由总工程师、项目副经理等岗位分开设置。项目参建单位的质量管理、质量检验等相关业务工作部门，隶属首席质量官直接领导。

2. 岗位条件

首席质量官坚持"创新发展、协调发展、绿色发展、开放发展、共享发展"的理念，深入贯彻"交通强省""质量强省"的战略部署，建立健全项目质量管理体系，组织质量策划，开展质量改进、质量攻关，质量考核、强化质量文化建设，增强工程质量综合管理能力和竞争力，全面推进现代工程管理，全力打造品质工程。

3. 岗位职责

组织制定、落实工程质量管理大纲、年度质量工作计划、质量管理制度和质量保障措施；组织建立健全工程质量管理保证体系、责任体系并监督运行，规范工程质量管理行为，有效落实质量责任；组织实施"预防为主、持续改进、全员参与"的全面质量管理，落实合理工期管理控制，严格执行工程质量标准，加强质量统计分析，实现工程质量目标；组织开展工程施工过程质量控制，根据工程质量管理状况，开展质量隐患排查，深入实施质量通病治理、隐蔽工程影像管理等。

4. 岗位权限

向工程项目主要负责人提出加强工程质量工作的相关措施建议，参与质量管理决策；提出工程质量规划、计划和方案，并对组织实施情况进行考核、评价；组织监督检查工程质量工作开展情况及质量责任制贯彻落实情况；组织开展内部质量考核，对质量考核有"一票否决"权；实施质量奖励制度，推行先进质量方法，组织、评审QC（质量控制）成果或合理化建议等。

（二）开展中心试验室试点

项目中心试验室的特点是同时承担建设单位的第三方检测（为施工单位自检频率的5%左右，由第三方检测单位负责取样、送样）和监理单位的试验检测（按照监理规范规定的频率，由监理单位负责取样、送样），监理单位不设工地试验室，中心试验室作为独立第三方通过云服务和信息化流程，将试验公开化、透明化。化学室、混凝土室、土工室、胶凝材料室、集料室如图3-3~图3-7

所示。通过几年的改革试点，项目办进一步对中心试验室与监理服务33项内容进行了界面划分，明确了责任主体，同时提出了四严（严把原材料质量关、严把质量预警关、严把质量验收关、严把工程耐久关）、六化（打造标准化、打造专业化、打造品质化、打造信息化、打造品牌化、打造先锋化）建设目标。经参建各方共同努力和完善，发现这种模式相比传统管理模式具有五大优点。

图 3-3　化学室

图 3-4　混凝土室

图 3-5　土工室

图 3-6　胶凝材料室

a)

b)

图 3-7　集料室

1. 检测结果公正

监理单位不是专业的检测机构，检测水平参差不齐，且很多没有母体试验室。由专业试验检测机构设立的中心试验室（第三方检测单位）有母体检测机构的支撑，同时接受母体试验室和各方的监督管理，检测能力强，能够保证检测数据的科学、客观、严谨、公正。

2. 质量监督透明

监理试验工作的检测项目、频率、试验时间、检测结果通过中心试验室的工作变得公开，对监理单位的质量管理起到了监督作用。集中的试验检测工作，提供了统一的工作平台，建设单位利用大数据分析，实时掌握施工现场质量动态，利于发现质量问题。

3. 检测频率透明

中心试验室进行试验工作，可以通过试验项目单价和数量进行费用的结算，因此，监理单位的送样监督了中心试验室的试验数量；反之，中心试验室对监理单位的送样进行试验又监督了监理单位的抽样频率。两者能起到相互监督的作用，有利于试验检测工作的公正性。

4. 检测管理高效

设立一个中心试验室（第三方检测单位），一个驻地、一套设备和一批人马既服务于建设单位又服务于监理单位，既承担建设单位的质量检测和管理工作，又承担监理单位的质量检测工作，工作效率高，减少了工作交叉和重复，便于试验检测工作的统一管理，提高了项目建设的管理效率。

5. 检测能力专业

对采用新材料、新工艺等创新只有通过更加专业、实力雄厚的检测机构试验鉴定，判定是否符合国家标准和设计文件的要求，同时为完善设计提供更加权威性的工艺积累实践资料。

（三）全面落实首件 N+ 示范制

首件N+示范制就是把每一件都作为首件来实施，是在工程首件示范制的基础上，针对存在的缺陷和不足，不断完善方案，不断实施N件，如此往复，直至实现零缺陷目标。

贯彻落实项目品质工程示范创建目标，质量是最直接的表现，没有质量就没有品质工程。为此，项目办在借鉴浙江省一批优秀品质工程示范项目的经验上，制定了工程首件制。为确保项目的施工质量，以"先导试点"为原则，由项目办高位推动，将临建设施围堰防渗墙工程作为永久工程来控制质量。2018年8月19日，对于项目首件工程的"第一个首件"，参建各方严格制定和审查实施方案，从首件八大方面规范施工过程的工艺方法、工序流程、质量控制要点、安全防护示范和现场文明施工，并应用BIM制作模拟视频开展了技术交底，为后续围堰提前闭气奠定了坚实基础。2018年3月，项目办牵头组织实施了主体泄水闸底板第一个首件，通过召开首件碰头会，发现并总结了24处不足和下步提升要求，考虑距品质创建相关要求还有差距，为真正做到示范引领，发挥典型推动作用，一致决定进行第二次首件施工。在后续进行的7号、4号、8号等泄水闸底板施工中，按照2件、3件、4件及N件进行总结分析，从24处不足减少到6处，逐渐地，通过近一个月的磨合，首件N+变成了施工单位的主动追求。这不仅提升了工人的积极性，加快了备仓验仓，还加强了对现场的管控，如原来混凝土振捣和养生不到位的情况有了大幅改善，混凝土外观质量也有了较大提升。同时不断激发现场人员的微创新、微改造，如通过槽钢制作了钢筋笼调节专用支架，保障了钢筋骨架作业人员安全；设计了专用胎架，满足了承台钢筋间距要求等。最后，项目办还把钢筋加工厂、工地试验室日常规范管理也纳入首件N+管理范畴。首件N+示范制也被江西省交通质量监督局作为平安百年品质工程亮点在全省公路水运项目中推广使用。

1. 三检+模板+安全专检制

"三检制"落实直接决定了混凝土浇筑质量及备仓效率，为此，项目把抓好"三检制"落实作为首件N+第一关口，制定了工序质量交接检验收记录，每完成一道，经三方检验合格后进入下道工序。混凝土开仓前，制定了工序、模板质量交接检验收记录签字，混凝土振捣分区，仓面安全，浇筑前技术交底五大项浇筑前任务清单（图3-8），确保每道工序到位。项目办、总监办和施工单位通过开展首件N+日碰头会，针对存在的问题现场解决，填写首件N+问题清单，为后续开展首件N+周例会和月例会提供了数据支撑。同时，为保证每一仓混凝土浇筑过程安全，在混凝土开仓前实施安全专检，重点检查临时用电、临边防护、安全通道、夜间照明、人员是否穿戴发光衣等。在实施过程中发现钢模板清理是外观质量的关键，为此，就模板清理实施专项三检制，将模板清理分为打磨、刷油、覆盖薄膜保护三道工序，每道工序三方层层验收，确保模板清理到位。

图 3-8　首件 N+ 示范制浇筑前交底

2. 一线工人首件 + 积分制管理

为强化首件N+示范效果，项目办在主体工程一线作业人员进场后，按照工种划分，成立钢筋、模板、混凝土班组，主办技术员分别进行施工部位技术交底及施工质量知识培训。经过培训，项目对首件实施合格后的每名工人授予12个基础积分。按照划分的施工班组，每日安排生产任务时，对班组作业人员进行责任分区，每个一线工人在完成钢筋、模板、混凝土工序施工任务后，根据其工艺操作和质量行为等表现，由项目部专人进行考核，考核积分直接计入个人积分。各班组根据施工作业面大小及进度要求合理组织劳动力，钢筋、模板、混凝土工序施工过程中实行人员分区，记录不同区域的人员名单，形成可追溯性。班组成员开始现场作业后，项目部技术、生产人员巡视每个人的实际操作，根据其工艺操作水平及质量行为等表现进行打分，计入个人积分。通过一线工人日常表现考核，当基础分值低于8分时，由所在班组对其进行停工教育培训；当分值低于6分时，由项目部技术质量部对其停工培训，培训合格后方可上岗。项目部定期组织培训教育，增强各工种作业人员理论知识，通过继续教育的一线人员，将获得加分。针对考核分值较低的作业人员，提供回炉学习的机会，通过教育使其达到现场施工操作水平。为加强混凝土工程施工质量，引起各施工班组对钢筋、模板、混凝土工序质量的重视，提升项目质量管理水平，施工质量管控不到位的班组成员，将直接予以清退。

3.混凝土振捣分区+专人养护

在首件N+示范总结中，项目办发现有些问题反复出现。比如水运工程中大体积混凝土多、仓面大，混凝土外观气泡、蜂窝麻面、砂线等质量通病是个大问题，这均与混凝土振捣、养护水平和人员的责任心有很大关系。为此，项目办将混凝土振捣和养护作为重点，将大体积混凝土仓面设计为若干块，每人负责一块，并挂设责任牌，拆模后针对振捣质量优劣进行奖惩，并对每仓混凝土设置专人养护，在现场挂设养护牌，每日养护结束后经项目部和总监办验收签字。通过有针对性的管理，反复出现的问题得到了控制，因振捣、养护出现的通病得到了根本解决。

（四）全面开展质量通病治理

根据《水运工程质量通病防治手册》，针对船闸、电站底板及墙面渗漏水，混凝土振捣、养护，混凝土外观缺陷，钢筋加工、钢筋连接，预埋件位置偏差，隐蔽工程验收不规范，土坝夯实达不到设计要求，金属结构机电设备的焊接、腐蚀锈蚀，临时用电的安装使用等通病进行治理。对钢筋保护层厚度合格率不高，混凝土外观蜂窝、麻面，大体积混凝土结构存在有害裂缝，土坝夯实达不到设计要求等重点通病制订专项治理方案，并保障措施。

1. 钢筋保护层厚度合格率不高

（1）全面推广应用先进数控等自动化高精度加工设备实现钢筋加工数字化（图3-9）。

图 3-9　采用自动化钢筋加工设备

（2）利用焊接机器人，运用大体积混凝土自身纵横制作定位筋，创新形成了大体积混凝土钢筋制作安装定位工艺（图3-10），确保钢筋保护层间距、合格率达到90%以上。

图 3-10　焊接机器人焊接大体积混凝土定位筋

（3）钢筋安装采用钢筋骨架加工定型胎架及钢筋梳形板，控制钢筋间距，确保钢筋间距达到90%以上的合格率。

（4）使用规范、统一生产的高强度钢筋保护层垫块（图3-11），加强钢筋保护层工前、工后检测，确保钢筋保护层合格率达到90%以上。

图 3-11 统一使用高强度钢筋保护层垫块

2. 混凝土外观蜂窝、麻面

（1）通过采用高品质的水泥及外加剂优化配合比，严控混凝土级配和砂石含泥量，加强混凝土的振捣工艺，不允许出现蜂窝，麻面、砂斑面积不大于0.5%。

（2）实行模板准入制。施工单位建立模板准入制度，模板进场后，必须会同监理单位进行确认验收。原则上除二期混凝土门槽等周转次数少或有预留小距离孔洞的部位可以使用木模外，其他部位一律使用钢模。船闸、泄水闸、流道、胸墙以上等高大结构物必须采用强度高、刚度好、稳定性强的钢模，单块模板面积不小于9m²，钢模面板厚度不小于5mm。外露面单块模板面积不小于1m²。模板与模板间、模板与埋件间接缝必须处理，可采用贴双面胶带、刮灰、泡沫胶等方法；永久外露面（含过流面）采用定位锥或接安螺栓；通过贴双面胶与拧紧螺栓，保证模板底部与已浇筑混凝土面贴合紧密；止水穿过模板时，在模板上增加止水定型围图抵住铜止水U形槽，保护铜止水。船闸、水闸、电站厂房宜采用移动模架、整体大模板。船闸输水廊道宜采用整体移动模架标准化施工工艺。

（3）安装、拆除模板时设置作业平台，杜绝危险作业，不得使用变形或者对混凝土外观有影响的钢模。模板使用前进行抛光处理，无凹痕、弯曲和其他缺陷。模板按要求安装，并使用专用脱模剂或使用透水模板布，接缝处采用压橡胶条等防漏浆措施，确保混凝土表面平整、色泽均匀、边角分明，混凝土拆模时间严格按照招标文件里的要求执行。混凝土外观如图3-12所示。

图 3-12　混凝土外观

（4）混凝土夏季养护采用自动计时喷淋养护设备，冬季采用"两布一膜"覆盖保温养护。构筑物曲面与垂直面可挂设花管喷淋养护，闸墙、闸墩高度较高的结构部位，可采用水幕喷淋养护。

（5）二期混凝土施工时宜使用快易免拆除模板网，加强先后浇筑混凝土连接性能。

3. 大体积混凝土结构存在较多有害裂缝

（1）施工前合理设计分段，合理设置水平施工缝，按要求配置构造配筋，施工中准确下料、规范平仓，严控混凝土浇筑间歇时间，施工后控制混凝土内外温差，科学养护。

（2）优化配合比。优选原材料，把握材料的优质性、供料的稳定性、材料的代表性及各材料间的适应性。对粗算出的混凝土配合比进行试验、验证，并对配合比进行调整。

4. 土坝夯实达不到设计要求

通过对压路机安装数据采集设备，使数据与BIM平台实时链接，从而全面掌控压实设备碾压遍数和轮迹，提升土坝压实质量。

5. 金属结构焊接通病

（1）严格遵守焊接材料（焊条、焊剂）的选用、保管、烘焙、使用制度，谨防因焊条自身原因导致的焊接通病。

（2）根据材料等级、碳当量、构件厚度、施焊环境等，选择合理的焊接工艺参数和线能量，如焊前预热、焊后缓冷，采取多层多道焊接，控制一定的层间温度等。

（3）在进行焊接施工时，正确选取坡口尺寸，合理选用焊接电流和速度，坡口表面氧化皮和油污要清除干净，封底焊清根要彻底，运条摆动要适当，密切注意坡口两侧的熔合情况。

（4）采用合理的热处理方式，以消除内应力、去氢和淬硬组织回火，改善接头韧性。

6. 金属结构涂装质量通病

（1）涂装前严格按涂料产品除锈标准要求、设计要求和国家现行标准的规定进行除锈。

（2）对残留的氧化皮应返工，重新作表面处理。

（3）经除锈检查合格后的钢材，必须在表面返锈前涂完第一遍防锈底漆，若涂漆前已返锈，则需重新除锈。

（4）涂料、涂层厚度、涂层遍数均应符合设计要求。

（5）涂装厚度监测应在漆膜实干后进行，检验方法按规范要求执行。

（6）对超过干膜厚度允许偏差的涂层应补涂修整。

7. 金属结构埋件施工前复测

电站、水闸、船闸工程尤其是闸首、电站金属结构埋件、管件较多，由于金属结构安装与土建施工精度要求不同，且金属结构机电等施工单位与土建主体的不同，所以经常在安装过程中出现偏差。在金属结构埋件安装前对已施工主体结构的平面位置与尺度进行复测，以确认实际安装位置，保证土建与金属结构的精度协调。同时在闸首浇筑前，施工、监理单位应认真复核闸首土建与金属结构机电的相关部位的高程、位置、尺度，杜绝安装时才发现专业图纸之间的矛盾、错误。

8. 进行工程设计优化

参建单位通过考察学习等方式对现有已完工或在建项目施工过程中发现的设计问题进行总结分析，鼓励监理和施工单位积极对原有设计缺陷进行优化，对提出合理化建议且成效显著的，在目标风险金考核中予以奖励。

（五）升级改造场站、驻地建设

1. "分拣式"智慧钢筋加工厂

八字嘴东大河主体工程钢筋需求量约1.7万t，加工时间相对集中，大部分要求在枯水期内完成，钢筋加工车间日均生产量约为1500根（60t），按照传统模式钢筋加工管理难度大，由于人工下料依靠经验，无法做到最优，钢筋浪费量大，工作量大，过程烦琐，而钢筋结构难以精确掌握，且钢筋量大导致工程量统计困难。同时，项目混凝土浇筑方量大，八字嘴东大河主体工程有50万m^3混凝土，西大河有60万m^3混凝土，单日高峰超过4000m^3。

如何破解钢筋加工难题？项目办应用BIM技术解决施工痛点，打造"分拣式"智慧钢筋加工厂。首先，研发智慧钢筋加工系统，以CAD和Revit技术为基础实现钢筋快速建模、数据统计，出单优化以及自动化加工。工程前期应用此系统进行快速钢筋建模，建模完成后即可由模型数据直接生成钢筋下料单，工人只需在数控设备输入任务号就可直接获取下料数据，最后直接进行钢筋加工。其次，装设钢筋分拣装置，用于钢筋锯切套丝机打磨线成品分级存储，其主要作用是将钢筋锯切套丝机打磨线加工后的成品，通过自动分拣传送设备，到达设置的存储位置，实现仓储空间的自动分割设置。最后设置三级储料槽，每个三级储料槽有三个料仓，每1m设置一个三级储料槽，共14m，当上级运输轨道定位完成后，指定料仓的挡料杆会提前升起，上级运输轨道翻料，钢筋可直接滑入料仓，实现自动分拣。智慧钢筋加工系统实现了由钢筋识图至半成品出厂全流程的信息化管理，整个加工流程全部自动化操作，钢筋利用率达到99.2%以上，钢筋的自动分拣最终实现了钢筋的仓储式管理。

2.“ETC式”智能混凝土拌和厂

如何破解混凝土拌和系统生产、运输过程中生产效率低的难题？首先，从车辆管控和拌和楼混凝土生产源头着手，通过数据对接，配置自动识别系统及车辆调度系统，有效简化车辆调度界面，以便直观、简洁地看见每辆混土运输车的使用情况和运行状况，与此同时，优化系统使站内自动化生产系统和混凝土运输车完美结合，调度人员能够从生产和运输两方面对拌和站做统一的运营管理。其次，为确保拌和楼生产的混凝土质量，项目在原有拌和系统上安装料位计及智能上料系统，在粉料罐增加料位计，接入地磅系统，根据料位情况判断出最合理的“上灰”位置，实现拌和站从进料到出料全过程的智能化管理。然后引进多功能清扫车，及时清理地面积尘和空场尘土，回收料重新进入筛分系统，集料经级配筛分后进入料仓，废料进入三级沉淀池，从而实现废料回收再利用。最后，通过增加碎石设备，在筛分上料皮平台后方设置碎石系统，毛料经碎石机破碎后，由皮带传送直接进入上料平台，在破碎系统中预设冲洗设备，对破碎毛料进行预处理，并设置石粉沉淀池一座，污水经管路流入筛分主污水排放沟内。拌和站智能调度系统内配置智能混凝土生产指挥调度中心，4台拌和站组建为一个系统，统一配比管理、调度管理、车辆管理、生产管理、数据管理，实现了混凝土生产、混凝土运输自动化控制，使混凝土拌和系统的生产效率提高20%以上。

（六）科技创新助推质量提升

项目办在成立之初就以“项目可用、管理可行、成果可期”为目标，着手制定科技创新实施方案并将其纳入招标文件，明确要求各参建单位必须完成发明、微创新、开展QC创建及课题研究等目标任务。仅BW1标就必须完成发明、微创新等获实用新型专利不少于三项，QC成果获全国行业优秀奖不少于三项，BIM 应用获省部级奖不少于三项，课题研究获省部级奖不少于三项，工法获省部级奖不少于三项，使科技创新成为甲乙双方共同追求的目标。

已完成科研课题清单见表3-1，已完成QC成果清单见表3-2，已评选"三微改""四新技术"应用清单见表3-3。

已完成科研课题清单　　　　表 3-1

序号		课 题 名 称
1		八字嘴航电枢纽工程水域鱼类栖息地特征及生态调度研究
2		八字嘴航电枢纽貊皮岭鱼道生态水力特性研究与应用
3		八字嘴航电枢纽貊皮岭鱼道过鱼效果评估
4		八字嘴枢纽运营期节能降碳技术及应用研究
5		信江流域智慧航运枢纽智能决策关键技术研究
6	科研课题	BIM 技术在信江流域航电枢纽的应用研究
7		信江航运枢纽施工总体部署及关键节点的 BIM 推演仿真技术研究
8		抛填型饱和粉质黏土夹淤泥质土围堰稳定性分析及防护关键技术研究
9		强透水堰基砂粒体围堰稳定性评价及防护关键技术研究
10		BOTDA 分布式光纤传感技术在大坝全寿命周期安全管控中的应用研究
11		江西省水运工程品质工程创建管理体系及关键技术研究
12		砂砾石地层塑性混凝土防渗墙成槽成墙施工技术研究

已完成 QC 成果清单　　　　表 3-2

序号		成 果 名 称
1		提高船闸工程钢筋安装合格率
2		提高钢筋直螺纹套筒连接接头合格率
3		提高高压旋喷桩防渗墙取芯合格率
4		墩身模板翻模段加长提高模板接缝质量
5	QC 成果	提高钢护木安装质量
6		提高钢筋挤压套筒连接接头合格率
7		围堰组合防渗施工工艺的研究（国家级）
8		提高钢筋笼制作一次验收合格率（省部级）
9		提高混凝土立柱钢筋保护层合格率
10		提高塑性混凝土防渗墙工程首件 N+ 一次评定通过率

续上表

序号		成果名称
11	QC 成果	提高塑性混凝土防渗墙工程首件 1+N 一次评定通过率
12		提高装配式钢筋桁架楼承板施工质量验收合格率
13		提高 ALC 条板安装裂缝质量验收合格率

已评选"三微改""四新技术"应用清单 表 3-3

序号		成果名称
1	"三微改"	无动力旋转式清扫器在拌和站人字花纹输送带上的应用
2		电箱改造——航空插头
3		一种可伸缩变形的插入式混凝土振捣排架
4		秤砣型垫块的运用
5		六角块装卸的工具改造
6		一种便携式电焊机保护装置
7	"四新技术"应用	基于 BIM 的智慧钢筋加工系统
8		装配式道路在航电枢纽工程中的应用
9		高强塑料中空模板
10		双轮铣地下连续墙深搅设备在库区防渗墙中的应用
11		装配式减压井工艺
12		机器人焊接技术的应用
13		钢筋桁架楼承板的应用
14		导航墙液压滑模施工工法
15		一种新型围堰垂直组合防渗体系
16		闸室移动式高大钢模板龙门架设备

为了进一步加强对项目科技创新的专业指导，2019年8月，项目办通过公开招标形式确定由江西省交通科学研究院对项目办科研课题进行全面组织与管理，建立监督制度、管理机制和考核机制，共同推进完成科技项目。为了保证更好地完成科研课题研究和成果推广应用，项目办邀请了江西省交通科学研究院、南京水利科学研究院、中国地质大学（武汉）、交通运输部规划研究院、华东交通大学、南昌工程学院、江苏中路工程技术研究院有限公司、中水珠江划勘测设计有限公司、中交水运规划设计院有限公司等10余个国内科研院校作

为技术支撑单位，在经费、人员、设备和工程配套等方面有了坚实基础和技术保障。同时，为了抓好工作落实，项目办出台了《信江航运枢纽科研项目管理办法实施细则》，按照工程管理模式对科技创新进行管理，采用周报、月报、月度任务清单等手段对科研进展进行调度，每个季度进行考核。对于考核不合格的科研项目，核减相关经费。

2019年9月，八字嘴航电枢纽工程通过交通运输部科技司组织的可行性论证答辩，在全国64个申报项目中脱颖而出，入围了最终20个评审答辩项目。2020年10月，经交通运输部相关专家现场查勘，最终突出重围，成为全国唯一一个被纳入交通运输部科技示范工程项目的航电枢纽项目。

技术创新要覆盖提升工程质量、保证工程安全、改善施工条件、加快建设进度、解决建造难题各方面，大力发展先进、实用、高效技术。正是在项目科技创新氛围的引领下，聚焦工程的安全性和耐久性，各参建单位掀起了"比学赶超"的良性比拼高潮，大大激励了施工企业加强新技术融合的进程，通过新技术、新工艺、新材料、新设备解决了一个又一个质量、安全等难题。

为攻克防浸没这个一直困扰库区项目的难题，打造库区防渗墙施工"滴水不漏"亮点，BW3标项目部经过充分调查论证，在全国交通行业和全省水利行业率先采用德国宝峨双轮铣深层搅拌设备（图3-13）进行防渗墙施工，立志打造"固若金汤""滴水不漏"的库区工程。实践证明，运用德国进口宝峨双轮铣

图3-13　双轮铣深层搅拌设备

设备施工的双轮铣深层搅拌防渗墙，具有节能环保优、施工精度高、成墙进度快、墙体功效佳、地层及场地适应性强的显著特点，防渗墙平整美观、均匀连续、质量可靠，防渗止水和支护效果优异，既可彻底解决库区防渗问题，又可极大提升库区防渗墙施工文明形象，具有较高的经济和社会价值。这项技术在经过电排站基坑截渗验证后，已圆满完成了库区15万m²防渗墙施工任务，在西大河围堰防渗处理中也得到了很好的应

用，形成了一套可行的施工工法，并荣获江西省省级工法。

减压井的施工是防浸没处理的另一大难题。为有效解决传统现浇、砖砌施工模式存在的质量、进度等缺陷，项目办想了很多办法，花了大量精力，通过深入讨论、大量研究、多地考察，最终形成了装配式施工的初步构想。最终，项目部将减压井分解成相应构件，在预制厂进行工厂化生产，然后在现场装配施工。预制构件生产采用钢筋滚焊成型、混凝土浇筑芯模振动等先进工艺，发挥了工厂化生产效率高、质量易控的优势。现场施工拼装工序少、速度快、安全风险少、农业用地占用时间短，提高了经济效益和社会效益，开创了库区工程装配式施工先河。装配式减压井如图3-14所示。

为解决大体积混凝土钢筋间距质量通病，BW1标项目部尝试过弹线、量间距，但是效果都不好。本项目从细节出发，最后找到了采用定位筋保证钢筋间距合格的办法，但是，一开始利用人工焊接钢筋定位筋，发现焊接工序烦琐、安全隐患较大、质量参差不齐、投入人工较多等问题，项目办、监理单位、施工单位会同作业班组，群策群力，采用焊接机器人，运用大体积混凝土自身纵横向钢筋制作定位筋，创新形成了大体积混凝土钢筋制作安装定位工艺，有效治理了水运工程大体积混凝土钢筋保护层和间距合格率低的质量通病。在江西省交通质量监督局综合检查中，主体结构钢筋间距、钢筋保护层合格率达到100%，这与钢筋定位筋的全面推广使用密不可分，在创新大体积混凝土钢筋制作安装定位工艺方面取得了重大突破。钢筋制作安装定位如图3-15所示。

图 3-14 装配式减压井

图 3-15 钢筋制作安装定位

在八字嘴船闸建设中，项目办围绕"智能港口、智能航保、智能船舶、智能航运监管和智能航运服务"五大要素，构建江西全省"一网一图一中心两平台"的智能航运体系，依托信江高等级航道整治工程，打造感知航道，发展"航道数据中心+智能管理中心"模式，建设航道数据中心、航道运行管理平台、航道公共信息服务平台等系统。通过建设信江智慧航道，实现航道信息采集自动化、航道维护管理数字化，推进航道管理由传统模式向智能化转型，为航运企业运输决策、船舶航行安全等提供实时、精确、便捷的航道服务，打造国内内河"智慧航道"建设的样板工程。

四、管理成效

（1）混凝土关键指标质量控制均匀性高，主要构件混凝土强度（以28d龄期强度进行计算）标准差2.3MPa。

（2）主体结构钢筋间距和钢筋保护层厚度合格率均为90%以上。

（3）主体结构混凝土外观质量A级评定为85.7%，B级100%。

（4）分项（单元）工程一次验收合格率达到99.1%，分部、单位工程一次性验收合格率达到100%，主体工程零缺陷，杜绝质量事故。

第三节 安 全 管 理

安全管理是以安全为目的，进行有关安全工作的方针、决策、计划、组织、指挥、协调、控制等职能，合理、有效地使用人力、财力、物力、时间和信息，为保证生产顺利进行，防止伤亡事故发生而进行的各种活动的总称。

美国斯坦福大学心理学家菲利普·辛巴杜于1969年进行了一项试验，他找来两辆一模一样的汽车，把其中一辆停在加利福尼亚州帕洛阿尔托的中产阶级社区，而另一辆停在相对杂乱的纽约布朗克斯区。停在布朗克斯的那辆车，他把车牌摘掉，把顶棚打开，结果当天就被偷走了。以这项试验为基础，政治学家威尔逊和犯罪学家凯琳提出了"破窗效应"理论,认为:如果有人打坏了一幢建筑物的窗户玻璃,而这扇窗户又得不到及时的维修,别人就可能受到某些示范性的纵容去打坏更多的窗户。久而久之,这些破窗户就给人造成一种无序的感觉,而在这种公众麻木不仁的氛围中,犯罪就会滋生。

"破窗效应"可以说明这样一个道理:任何一种不良现象的存在,都在传递着一种信息,这种信息会导致不良现象的无限扩展,同时必须高度警觉那些看起来是偶然的、个别的、轻微的"过错",如果对这种行为不闻不问、熟视无睹或反应迟钝、纠正不力,就会纵容更多的人"去打坏更多的窗户",极有可能演变成"千里之堤,溃于蚁穴"的恶果。因此,就安全工作来说,今天对这个安全隐患不重视、不排除,那么明天其他人对类似的安全隐患就会视而不见,总有一天会发生安全事故。

平安百年品质工程创建重点在"平安百年",项目办秉持以人为本、本质安全的管理理念,以创建省级"平安工地"示范项目、部级"平安工程"冠名项目和打造省级安全生产优秀班组为总目标,以全面实施施工安全标准化,确保工程不发生产安全责任事故,安全零伤亡为具体目标,制定了《信江航运枢纽安全管理手册》,建立健全安全生产管理体系和管理制度。

有了体系和制度,如何抓好落实?项目办推出四级网格化管理模式,把工地按作业区域划分成若干网格,把管理人员按职责大小分成不同层级,采取每个网格都有人、每个层级都有人,压实安全管理责任,并对网格化区域引进星级评定考核来提升管理实效。

"安全成则诸事兴,安全败则诸事衰",安全工作只有0分和100分,没有中间状态。

"高高兴兴上班,平平安安下班",信江项目各参建单位在醒目位置都设立了亲情墙,布置了工人们的贤惠妻子、可爱儿女照片,等待他们平安归来。山东日照一位工人妻子拿着丈夫获得的年度"安全之星"奖状露出了灿烂的笑容,村支部书记亲自将她丈夫在项目上获得"金头盔"的表彰信递给她时,也露出了自豪的神情。

安全工作没有完成时，安全管理一直在路上。

一、安全管理目标

（1）实施施工安全标准化，确保工程不发生质量事故或较大及以上生产安全责任事故，以及其他在社会上造成严重影响的事件。

（2）历年平安工地考核得分均值不小于90分。

（3）创建省级"平安工地"示范项目，力争创建部级"平安工程"冠名项目。

（4）牢固树立"四个意识"，履行"一岗双责"，落实"两个责任"，不发生因严重违纪受到党纪、政纪重处分或因严重违纪涉嫌违法立案审查的情形。

二、管理体系

（一）项目安全管理机构

安全生产组织机构是安全生产责任制度的组织落实体系。项目办、总监办、参建单位层层建立安全生产组织机构，把安全生产管理责任落实到人。项目办负责人是安全生产的第一责任人，总监办总监理工程师是安全生产监督管理的第一责任人，参建单位项目经理是安全生产的第一责任人。

强化组织领导，夯实各方责任。本项目成立安全生产领导小组、八字嘴航电枢纽项目安全生产领导小组和双港航运枢纽项目安全生产领导小组。信江航运枢纽项目安全生产领导小组组长由项目办主任担任，副组长由项目办副主任担任，监理、勘察设计、施工等单位项目负责人和项目办分管项目的副处长为小组成员。领导小组办公室设在项目办安质处，分管安全的副主任为领导小组办公室主任。

八字嘴航电枢纽项目、双港航运枢纽项目安全生产领导小组组长由项目办分管副主任担任，副组长由监理、勘察设计、施工等单位项目负责人和项目办分管项目副处长担任，监理单位分管安全副总监、参建单位分管安全的副经理、安全总监、项目办分管项目管理的工程师为小组成员。领导小组办公室设在安质处，主任由分管项目安质处副处长兼任，负责日常安全生产监督管理。

各总监办成立安全生产领导小组，负责对所管辖标段安全生产的监督管理和技术指导，由总监理工程师任组长，为安全生产第一负责人，分管安全的副总监任副组长，为安全生产主要责任人，并指定两名专业监理工程师为专职安全监理，负责日常安全生产的监督管理工作。

各参建单位成立安全生产领导小组，负责标段安全生产管理，由项目经理任组长。按照法律及招标文件规定数量设置成立安全生产管理机构和专职安全员。项目经理和分管安全生产的副经理为第一负责人和主要负责人。

施工现场应设置专职安全员。参建单位所辖工区（队）应有专职安全员，现场施工员要管安全，工区（队）负责人是本工区（队）安全生产第一负责人，分管安全的副职领导是主要负责人。

（二）项目安全管理职责

1. 项目办安全生产领导小组职责

（1）贯彻落实国家、行业有关安全生产方针政策、法律法规和技术标准。

（2）制订安全生产指标和安全工作计划。

（3）落实项目安全生产条件。

（4）规范施工安全管理程序。

（5）定期召开项目安全生产领导小组会议，部署安全生产管理活动。

（6）开展安全检查评价。

（7）定期组织应急演练。

（8）督促落实企业安全生产责任。

2. 勘察设计单位的安全职责

（1）勘察单位应按照法律、法规和工程建设强制性标准进行勘察，提供的勘察文件应真实、准确，满足建设工程安全生产的需要。

（2）勘察单位在勘察作业时，应严格执行操作规程，采取措施保证各类管线、设施和周边建筑物、构筑物的安全。

（3）设计单位应按照法律、法规和工程建设强制性标准进行设计，防止因设计不合理导致生产安全事故的发生。

（4）设计单位应考虑施工安全操作和防护的需要，对涉及施工安全的重点部位和环节在设计文件中注明，并对防范生产安全事故提出指导意见。

（5）采用新结构、新材料、新工艺和特殊结构的建设工程，设计单位应在设计中提出保障施工作业人员安全和预防生产安全事故的措施建议。

3. 总监办的安全职责

（1）对参建单位的安全施工进行监控管理。

（2）按照《公路水运工程施工安全标准化指南》《江西省重点公路水运工程"平安工地"建设活动达标标准》要求建立健全安全管理制度，建立动态安全监理台账。

（3）建立内部安全生产管理体系并确保责任落实到人。

（4）制订本项目的安全生产监理大纲和监理计划、实施细则。

（5）督促检查参建单位建立健全安全生产管理体系、落实安全生产管理制度。

（6）推进安全生产标准化工作。

（7）审查参建单位制定的重点部位、关键设备和工序的安全操作规程。

（8）对参建单位的《施工组织设计》开工报告和分项工程开工报告中的安全生产措施进行审查；对水上、高空等高危作业专项施工方案中的安全生产保障措施进行审查和检查。

（9）检查现场施工过程中的安全生产情况，及时制止违反安全生产管理规定或可能出现安全隐患的行为。

（10）审查参建单位安全生产费用的使用情况，落实安全生产费用清单化管理。

（11）履行法律、规章、监理合同规定的其他安全生产职责。

（12）所监理标段内发生的安全事故要及时报告项目办，督促参建单位按规定时限向上级主管部门如实报告。

（13）参与、协助上级部门和项目办对所监理标段内发生的安全事故开展调查处理工作。

（14）负责审查参建单位专职安全管理人员和特种作业人员资格，对不称职和不合格的人员，责令其更换；审查特种设备是否按照规定进行检验检测、是否取得合格证书、是否在产权所在地办理使用注册登记。

（15）定期对本监理标段进行"平安工地"考核评价和监理自评工作。

（16）积极参加项目办组织的安全活动。

4. 施工单位的安全职责

（1）按照《公路水运工程施工安全标准化指南》《江西省重点公路水运工程"平安工地"建设活动达标标准》要求建立本单位安全生产管理保证体系，包括建立组织机构、制定规章制度等。

（2）大力推进一线施工班组标准化、安全生产标准化、首件安全防护设施标准化等制度。

（3）配备满足合同文件要求的专职安全生产管理人员，各工区和特殊工种应设立专职安全工程师和安全员。

（4）严格执行先培训后上岗制度，加强对从业人员的安全生产教育培训，确保其考核合格后上岗作业，积极开展安全活动；生产班组每天组织召开班前会（岗前安全生产技术交底）。

（5）施工中定期和不定期组织安全检查，召开安全生产工作会议，表彰先进，批评和处罚违反劳动纪律安全的施工行为。

（6）建立《施工现场安全风险分级管控制度》，定期开展安全生产风险评估和危害辨识工作，按照国家有关规定及时排查安全生产风险，并将安全生产风险区分为不同等级严格管控；建立危险源排查及处理台账；主体工程四周按照要求封闭施工，实行施工现场安全风险分级管控。

（7）各施工方案中应制定明确有效的安全生产措施和安全生产应急预案。

（8）制定并落实重点部位、关键设备和工序的安全操作规程，严格按各项安全操作规程施工。

（9）制定并落实各危险工种、工序安全生产技术交底制度。

（10）做好本单位的消防安全工作。

（11）向作业人员提供必需的安全防护用具和安全防护服装，书面告知危险岗位的操作规程、存在的危险因素、防范措施及应急处置，并确保其掌握相关内容和违规操作的危害。

（12）特种设备使用前，应通过技术监督部门的检验检测，取得安全合格证，进行注册登记和备案。建立健全特种设备管理制度和安全质量技术档案，定期进行自查与安全监检后的整改工作。特种作业人员必须持证上岗。

（13）及时报告本标段发生的各类安全事故。

（14）积极配合项目办和上级安全部门对安全事故的调查和处理。

（15）协调当地水利部门做好特殊时段的防洪防浸没应急预案。

（16）履行法律、规章、承包合同规定的其他职责。

（三）安全管理制度

1. 基本管理制度

基本管理制度主要包括安全例会制度，安全检查制度，安全教育培训制度，安全技术交底制度，安全生产责任制考核与奖惩，劳务用工全员实名制管理办法，消防安全管理制度，临时用电管理，防台、防汛安全管理，特种设备及特种作业人员管理，劳保用品安全管理，职业安全卫生等制度。

2020年江西省交通运输防汛应急综合演练在信江项目工地开展，如图3-16和图3-17所示。

2. 程序控制类管理制度

程序控制类管理制度主要包括首件安全防护设施示范制、"平安工地"建设管理办法、危险性较大的分部分项工程专项方案编制和管理、风险分级管理及隐患排查治理、安全生产费用保障和使用管理、特种设备及特种人员管理、安全生产事故责任追究、安全监理规划和监理细则编制与审批制度等制度。

图 3-16　2020 年江西省交通运输防汛应急综合演练在信江项目工地开展（一）

图 3-17　2020 年江西省交通运输防汛应急综合演练在信江项目工地开展（二）

3. 标准化管理制度

标准化管理制度主要包括安全防护设施标准化实施细则、网格化及星级区域考评管理办法、一线班组标准化、工点标准化、安全内业资料标准化指南、安全吹哨人、产业工人培训基地管理办法等制度。

三、主要做法

（一）推行安全首件防护示范制

项目首件安全防护设施示范制由总监办负责牵头，成立由各参建单位相关人员为成员的首件安全防护设施示范制领导小组，负责落实首件安全防护设施示范制，实施程序分为方案编制、方案审批、实施验收、总结推广、考核奖惩五步。实施范围为所有安全防护设施工程，包括临边、洞口、操作平台、交叉作业、大钢模板作业、基坑马道、安全通道、脚手架、临时用电安全防护等。如西大河一枯时，就将泄水闸底板区域的临时用电安全防护，作为安全防护首件示范制的试点工点，主要围绕配电箱"两级保护"的规范要求深化提高，在二级分配电箱上加装漏电保护器，使得总配电箱、分配电箱、开关箱均设置漏电保护器，达到"三级保护"，提升了整体用电安全性能。并且创新引进了双道箱门配电箱、航空防爆工业插头、新型绝缘挂钩等新型设备，真正做到施工现场用电安全可靠。同时为保障现场电气施工作业安全规范，配电箱全部张贴专属二维码，通过扫码检查，形成巡检报告，使得巡检记录和频率一目了然。随后各参建单位各工点纷纷效仿，形成标准化。

自"安全防护设施首件示范制"开始实施以来，按照"定标准、抓首件、树典型、强推广"要求和"安全防护设施验收后方可开工"原则，一批标准的安全防护设施逐步推出，如标准化安全通道和梯笼的使用，为工人提供了可靠的安全通道；一体化模板作业平台将爬梯设置在每一层作业平台的内部，形成了一个闭合的安全作业空间等，有效推进了标准化，使项目向着安全型工地迈进。

临时用电、临边防护、动火作业、安全通道、安全标志标牌、实名制通道、产业工人培训基地、班前讲评台、移动式照明如图3-18~图3-26所示。

图 3-18　临时用电

图 3-19　临边防护

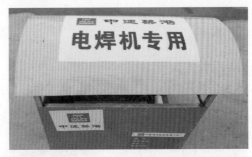

图 3-20　动火作业

图 3-21　安全通道

图 3-22 安全标志标牌

图 3-23 产业工人培训基地（一）

图 3-24 产业工人培训基地（二）

图 3-25 班前讲评台　　　　　　　　　　图 3-26 移动式照明

（二）打造安全生产标准化

参建单位贯彻执行公路水运工程安全生产法律法规和标准规范，结合一线施工班组标准化，重点做好班组安全生产标准化建设。重点做好"一个强化"，强化班组安全生产基础建设；"两个创建"，创建安全标准化班组，创建标准化管理班组长队伍；"三个推动"，推动安全生产标准化班组进程，推动树立班组规范管理示范典型，推动建立班组安全标准化考核制度的目标管理工作。真正实现过程中"零"事故、"零"违章、"零"缺陷的安全施工作业目标。

"工程是由一个个班组干出来的，安全也是由一个个人员按规程作业来保障的。"班组作为生产一线最小的基层单位，在项目建设全周期中起到以点带线、以点带面的推动示范作用。

八字嘴航电枢纽项目为枯期围堰，工人更换比较频繁。"我以前就是这么干的"，工人登高不系安全绳、攀爬钢筋进入仓面等习惯性违规，要从根本上解决问题。只有把工人的习惯培养好，才能提高班组的整体素养。为此，项目办从2018年开始全方位、全过程推行一线班组标准化（图3-27），通过制定《信江航运枢纽项目一线班组标准化指南》，在各工点成立划分班组，强力推行6S管理，对班组实施准入和清退制，特别是要求每个班组将当日的班前会和班后会动态发至钉钉工作群，同时加强专人对每日的班组进行考核评比。与此同时，项目办通过设立产业工人培训基地、实行全员二维码实名制管理、制定安全教育积分制考核、打造温暖安全文化等进一步夯实一线班组标准化建设。

1. 设立产业工人培训基地

为进一步提升工人专业素质和技能水平，项目办统一设置了产业工人培训基地，所有标段新进场工人进场前必须通过安全培训考核，建立了一套从网上培训申请到二维码领用上岗的七个标准化培训流程，即培训申请、登记、体检、VR体验、培训考试、领取劳保用品、领取个人工作信息二维码。工人进场前提前3d递交产业工人入职培训申请表（图3-28），利用钉钉报总监办审核批准，通过后报项目办备案。备案人员持本人第二代身份证到登记大厅进行实名制登记，信息录入完成后领取体检表和VR体验卡。健康体检包括一般检查（图3-29）和专项检查。一般检查包括身高、体重、体重指数及血压；专项检查由施工单位定期安排专业医疗机构进行，包括内科、外科、血常规、尿常规、肝功能三项、心电图或根据工人工作岗位特性需进行的其他针对性检查。VR体验包括实景和VR虚拟体验。实景体验以实景模型、图片展示、案例警示、亲身体验等方式进行；VR虚拟体验通过虚拟现实技术及互联网信息技术在安全教育及训练中应用，包括灭火器使用、触电感触等。安全教育培训采用多媒体安全培训工具箱，根据不同工种定制培训教材；工人经培训、考试合格后方可进入下一流程，不合格者可继续参加学习、考试直至合格，方可到劳保用品室签字领取相应劳保用品。领取个人工作信息二维码，内含姓名、工种、所属班组、联系方式、紧急联系人及联系电话、特种作业证书、培训教育考核、安全积分等信息，由施工单位在人员培训合格后3d内统一制作完成后下发，统一张贴在安全帽上。不同颜色的二维码区分不同的工种，如红色代表电工或电焊工，蓝色代表特种设备操作工，紫色代表架子工，黑色代表普工。

图 3-27　一线班组标准化建设

图 3-28　入职登记领取培训申请表图

图 3-29　入职体检——一般检查

2. 安全教育积分制

项目办模仿交通车辆管理方式制定了安全教育积分制管理制度，首先工人通过教育培训考试合格达到12分后可以上岗工作，然后由各级网格员对平时现场安全违规进行扣分，扣分情况与班组权益等相关内容一并张贴公示在班组宿舍、食堂等醒目位置。累计积分低于6分时，由施工单位对其停工培训，每观看1h教育视频增加一分，直至满足12分要求后方可再上岗；累计积分为0分时，直接解除劳动合或不再续签劳动合同；超出积分可在积分超市兑换相应生活用品。为了更好地推行这一举措，项目办自主研发了安全积分制管控平台，按个体防护、作业人员管理类、行为类、临时用电、起重作业等进行分类，制定积分细则，通过扫描人员安全帽上的二维码进行安全积分奖励和扣分，可按不同标段、时间、网格化工作区域、违规类别等智能筛选安全积分奖励和扣分情况，及时显示扣分人员、扣分时段。每月25日前按标段统计所有管理人员、作业人员的积分情况，进行排名；出现相同积分时，遵循四个优先的原则处理，即未被扣分的优先，提出合理化建议加分的优先，积极有效参与应急救援与处置加分的优先，发现、报告并主动消除作业场所安全隐患加分的优先。

3. 班组"安全之星"评比

为创建"比学赶帮超"的积极氛围，项目办推行月度"安全之星"评比，评选出优秀班组、"安全之星""金头盔""黄马甲""红黑榜"，数量根据标段实际制定。"安全之星"原则上奖励一线班组安全工作表现优秀的成员，有突出贡献的各项目部管理人员也可参加；"金头盔"原则上奖励班组安全、质量管理优秀的班组长，其他人员不参与评比；"黄马甲"原则上仅奖励班组优秀安全员；"红黑榜"按季度进行评比，由项目经理部按照规则，对工作中有优异表现或者突出贡献的班组、人员自主评选，评选主体为一线班组及成员，奖励在月（季）度例会中以现金形式发放、表彰。为了打造安全温暖文化，对获得"安全之星""金头盔""黄马甲"奖励的人员，项目办还通过邮寄表彰信给村委会/家属，给工人送姜汤、拜工人为师，开展工匠劳动竞赛比武等系列活动，增强班组人员获得感和幸福感。

4. 班组准入及清退制

项目办要求各参建单位对施工分包队伍实行准入制。班组所属单位在中标单位《合格分包商名录》中的，可直接进入施工现场施工，或者分包商未在该名录中，但其近三年未发生安全环保事故、未出现重大质量问题且分包资质符合承建施工内容要求、安全生产许可证在有效期内的，也可进入施工现场施工。对考核允许进场的班组需下达正式文件，明确班组人员，任命班组长。同时，对施工管控不到位的班组进行清退班组帮扶制度，通过帮扶仍未达到一线班组标准化要求的，及时清退。

（三）实行工点标准化

2019年初，双港航运枢纽项目率先试行"工厂工点化"。首先把试点放在施工相对简单的上下游引航道，"工厂工点化"就是想象把工厂搬到现场，在现场全部画好网格，每个网格都有摆放要求，让现场像工厂一样整洁规范。2020年，项目办到祁婺高速公路项目参加公路水运品质工程现场会，不谋而合的是他们正在推行高速公路工点标准化。通过交流学习后，项目办立刻组织参建各方深化讨论制定了《信江航运枢纽工点标准化实施方案》。简而言之，工点标准化就是施工标准化现场布设的具体化，是结合具体施工现场人机料规范化管理的进一步细化，如针对上下游引航道的工点标准化就分为施工便道、机械设备、临边防护、灌注桩、结构、临电、临时用气管理部分，全部用图例示范。现场工人拿着图，就能清晰地知道什么节点该怎样安全规范施工，简洁易懂，便于操作。

项目工点标准化结合航电枢纽工程分部分项来划分工点，分为电站厂房、船闸、泄水闸和上下游引航道工点标准化分册，每个分册中按施工时间先后顺序又分为不同工点、不同要求。项目办针对航电枢纽施工将现场网格区域划分为若干工点，因地制宜制定工点标准化布置图，统一标准，对设备、机具摆放进行功能分区，对钻机、配电箱、电焊机、照明灯具、导管、气瓶等进行合理放置、固化，作业区内设置施工平面布置图、各类施工参数牌、安全宣传栏等，作业区域外设置安全围挡，摆放导向牌、警示标志、施工告示牌，现场人员较为集中区域设置休息凉棚、员工休息室等，休息区搭设规整，并配有垃圾桶，垃圾统一收集统一处理，创造安全文明施工标准化并进行必要的地面硬化，使现场施工更加文明，管理更加规范。实施过程中，各参建单位对工点标准化实施方案深入学习，施工单位根据实施方案要求对不同类型工点进行场地清理、平整、硬化、功能分区、设施设备摆放、安全维护、安全警示、作业人员保护、作业环境改善等的系统规划。同时，各施工单位结合本公司企业文化、宣传布置现场，形成现场整洁、形象统一、标准统一、施工有序、安全可靠的标准工点。每种类型的工点开工前需报现场监理布置情况进行审核批准，批准后方可进行实施，每种类型的工点实行"首件"管理，现场监理联合施工单位进行验收，并对验收结果进行总结，优化提升后续开展的同种类型工点。在后续施工的工点需按照要求常规化布置，并形成常态化巡查机制，发现不满足工点标准化要求的，督促整改落实。施工现场工点标准化布置如图3-30所示。

永临结合是工点标准化推行中的一大重要举措。如在八字嘴西大河一枯期施工现场，参建人员为抢抓现场形象及黄金施工期，同时为应对后期施工中施工条件差、文明施工形象不佳等问题，讨论将引航道底板先行硬化，这样一来，施工一线将"变身"为干净、整洁的施工区域，告别在泥土上作业。在硬化的施工区域，所有常用设备统一朝向，统一布设，划分作业区域，梳理所有材料、设备、工具，清除杂物，设置标牌。

在工点标准化实施一段时间后，项目办对现场的机械设备也细化了工点标准化布设要求，规范设置机械设备标志牌，采用统一编号，并通过推广使用机械设备二维码技术，更加快速便捷地对进场的使用设备和特种设备进行身份识别，查验设备检验记录和合格证、驾操人员培训和相关证件信息。

图 3-30　施工现场工点标准化布置

（四）探索本质安全

项目办在加强本质安全方面积极探索，将提升新技术、新工艺视为完善施工过程的重要追求。

1. 一体化装配式钢模板的应用

2019年初，东大河引航道分水墙墩柱高度15.6m，当时采用传统模板施工工艺，支模难度较大，支撑体系较为复杂，同时存在较大的安全隐患。正值东大河整体施工收尾，项目办在东大河施工总结会上就提出，西大河引航道各部位浇筑将高度更高、方量更大，建设过程中可否采用一体化装配式钢模板进行施工，以解决以上问题。国家早在2009年颁布的《危险性较大的分部分项工程管理办法》中对高大模板做了如下定义：水平混凝土构件模板支撑系统高度超过8m，或跨度超过18m，施工总荷载大于15kN/m²，或集中线荷载大于20kN/m的模板支撑系统等。各项理论证明，采用装配式钢模板进行引航道墩柱浇筑能有效降低施工难度、加快施工进度、降低危险系数。于是，在2021年初，经项目办、设计单位、监理单位和施工单位等参建各方的共同推动，3月在西大河一枯期引航道施工中推广应用装配式模板，经过近大半年的使用及洪水季的时间考验，西大河二枯期正式全面应用装配式钢模板施工。一体化装配式钢模板应用如图3-31所示。

图 3-31　一体化装配式钢模板应用

一体化装配式钢模板的应用，解决了以往普通模板的使用效率不佳、混凝土浇筑质量低下、安全操作空间有限等问题。项目充分结合BIM技术对模板装配进行模型计算，通过实际数据得知，一体化装配式钢模的应用为西大河提高了80%的施工效率、节约了15%的模板数量，并且使安全系数得到了长足提升。钢模板拆项步骤如下所述。

第一步：吊车听从指挥，卡环固定后，钢丝绳绷直；第二步：侧面：拆除板面连接螺母；第三步：拆除第三排中段螺母、垫片，保留下部螺杆支撑，并拆除调节丝杠；第四步：拆除第二排螺母、垫片以及螺杆；第五步：拆除第一排中段螺母、垫片以及螺杆；第六步：拆除第三排两端和第一排两端螺母、垫片以及螺杆；第七步：模板吊离；第八步：拆除第三排下部螺杆。

2. 闸室施工的移动模板架应用

双港航运枢纽项目在全施工过程中，采用了多个全省"第一"的施工工艺，而在工程建设中如何提升建筑物的耐久性和外观成了不少工程人的使命。2019年，项目办在双港船闸施工前，就考虑后期运营中"过闸量大"的因素，难免出现船只对闸墙的磕碰、划伤等情况，综合参建各方的意见，提出了"提升外观质量、减少运营成本"的施工理念，积极采用全钢板护面进行船闸闸墙保护，减少后期维护难度、降低成本及施工难度等。"外观有了，安装也要跟得上才行。"参建各方积极建言献策，2020年5月开始搭建大型移动模板架进行闸墙钢护面的吊装和支撑，同年7月搭设完成。采用该大型移动模板架进行钢护面吊装、辅助钢筋绑扎及混凝土浇筑，在大大减少施工分缝数量、提升整体施工性的同时，最大限度地降低了施工作业频率和安全风险，并比计划工期提前了整整5个月。采用移动模板架施工工艺后，整个闸室墙采用的全钢板护面结构，外美内优，解决了传统混凝土闸墩被船磨损无法修复的缺陷，减少了运营维护和模板施工量，整个施工过程既安全又经济。闸室施工的移动模板架应用如图3-32所示。

3. 库区工程的装配式减压井应用

党的十八大以来，建筑业改革发展取得了许多重大成就，并在生产方式变革上推行装配式建造，加快了传统建筑业转型升级步伐。项目从装配式道路到装配式建筑，在从无到有、从有到优的过程中涌现了库区首创的"装配式减压井"，左岸库区减压井489个，井口高程19.5～20.5m，岸线长度约12km，点多面长是制约库区减压井安全平稳铺设的重要因素，因此减压井施工对整个库区工程至关重要。传统的现浇、砖砌施工模式，现场施工难、安全文明形象差，存在不少安全隐患，也在其他项目有过深刻的教训，工期进度往往成为制约库区如期完成的关键。为此，参建各方进行了反复思考、多方考察和方案论证比较，以求提升质量、效率、安全、文明施工和经济效益，才有了装配式减压井的施工构想。方案于2019年7月初步成型，次月项目办为此组织设计、监理、施工等参建单位，带着大量数据前往各大厂家进行走访调研，为项目量身定制装配式减压井，在库区项目中开创了装配式应用的先河。同年10月，第一个装配式减压井基座一次性成功安装到位，随后使用起重机以"搭积木"的方式将管节依次吊至井内，完成减压管安装。据初步计算，采用装配式工艺，较传统浇筑方式，可有效减少混凝土用量36.4%，减少人工约90%。这样一来，减压井作业人员在基坑内的人数和时间大大缩减，大大降低了施工安全风险。

图3-32 闸室施工的移动模板架应用

（五）常态化安全生产隐患排查治理

根据项目总体、专项等风险评估报告，秉承"隐患就是事故"的理念，项目高度重视隐患排查治理工作，采取多种安全检查方式，如日常检查、专项检查、领导带班巡查、周联合巡查、月度综合检查等，创新多种管理模式开展隐患排查治理，如安全吹哨人、每日网格化App巡检等，同时借助信息化平台，按时间、类型、部位、环节分类，通过大量的安全隐患数据采集、数据整理及大数据分析掌握安全隐患实际情况，同时了解安全隐患发生的规律并进行预判，实时开展专项安全治理活动，达到提高安全管理水平的目的，保障安全生产。

第四节　进度管理

进度管理是在保证工程建设要求和目标等相关条件的前提下，对工程项目通过组织、计划、协调、控制等方式进行进度控制，实现预定的项目进度目标，并尽可能地缩短建设周期的一系列管理活动的统称。

"耽误一天就可能耽误一年！"这是老一辈水运建设者常挂在嘴边的一句至理名言。

八字嘴航电枢纽项目采用枯期围堰施工，每年4—9月围堰、基坑过水，一个枯水期的有效施工工期不足7个月，两个枯水期就要完成50多万m³的混凝土浇筑，进度压力巨大。双港航运枢纽工程虽采用常年围堰施工，但因采用欧洲银行资金，前期程序非常复杂，招标完成后项目开工比原计划晚了近6个月，错过了施工的黄金季节，恰又在土方施工阶段遇上58年一遇的连续雨天，导致工期异常紧张。

施工进度按时完成既是目标任务，又是经济效益，水运工程如果耽搁了工期就意味着再增加一期围堰施工，仅经济损失至少按亿元级来计算。如何做好进度管理，特别是加强进度的精细化管理尤为关键。

"开工即决战"，这是所有参建人员的共识。项目办在招标阶段就制定各阶段任务目标，设立进度目标风险金，纳入合同管理，并制定红黄绿牌预警制、限时办结制、末位淘汰制、项目管理人员绩效考核办法，按阶段节点进行考核奖惩。同时，项目各参建单位制定月度任务责任清单，明确每日进度任务、第一责任人、分管领导及完成时间，通过日联合巡查，加强与各单位的沟通、协调，做好主体土建各工种和专业间的协调，施工过程中的人、机、料及构件之间的协作，做到问题解决不过夜。

2019年11月，在八字嘴东大河二枯期关键时刻，项目办主要领导带头在一线蹲点，相关业务处室负责人入驻现场，以关键线路上的关键工作为核心，以月度任务清单为抓手，将施工计划分解到每一天、每一个仓面，根据施工计划每日召开碰头会进行调度。同时运用BIM等信息化手段，在模型上录入施工计划和实际完成时间，由系统每日给主要管理人员发出预警信息，并通过模型实施施工推演，测算人、料、机搭配，优化资源配置，为项目办科学决策提供参考依据。

2020年，面对突发新冠肺炎疫情，项目办不等不靠，敢于担当，就疫情防控及复工安排召开了45次视频调度会议，特别是2月4日、7日在各标段主要管理人员视频会议上要求参建各方坚定信心，按照2月9日工人返岗提前安排好人员、车辆、居家隔离、信息登记等工作部署，并完成返岗人员安排计划表和复核工作。余干县委县政府大力支持，开通绿色通道，2月12日，进场人数达到236人，25日，进场人数达到1089人。特别是自2月14日起，协作单位办理好山东省第一张省际包车复工通行证，24日，两辆从河南信阳回来的包车在当地警车一路引领下把工人安全送至工地。疫情下人员迅速到位，八字嘴航电枢纽工程成为江西省第一个实质性复工项目。

2020年7月，双港航运枢纽工程所在地鄱阳县遭遇了超历史洪水，为了将工期影响降到最小，项目办对当前围堰情况进行了科学分析，果断定下了"保围堰"目标，组织党员突击队等人员采取多种形式对围堰加高加固。后来随着上游水位不再上涨，围堰极有可能坍塌，项目办邀请各标段专家、地方防汛办人员反复论证，创新施工工艺，通过在风险最低下游围堰处开口，采用碾压混凝土溢流道对围堰进行注水，开展主动注水"保大堤"，从而将受灾损害降至最低，为后续迅速复工打下扎实基础。

一、进度管理目标

（一）主要节点

1. 八字嘴航电枢纽东大河

第一阶段（完成围堰闭气）：

（1）2018年9月27日前，完成枯期围堰（河床段）截流合龙。

（2）2018年10月28日前，完成一枯期围堰闭气。

第二阶段（完成主体结构基础）：

2019年5月27日前，完成船闸、泄水闸、发电厂房主体结构多年平均水位（4.4m）以下混凝土浇筑。

第三阶段（完成主体结构）：

2019年8月29日前，完成二枯期围堰闭气。

第四阶段（通航发电）：

2020年12月28日前，船闸具备通航条件。

2. 八字嘴航电枢纽西大河

第一阶段（完成围堰闭气）：

（1）2020年10月9日前，完成围堰合龙。

（2）2020年10月28日前，完成围堰闭气。

第二阶段（完成主体结构基础）：

2021年4月30日前，完成主体基础混凝土浇筑。

第三阶段（完成主体结构）：

2021年8月18日前，完成二期围堰闭气。

第四阶段（通航发电）：

（1）2022年8月31日前，船闸具备通航条件。

（2）2022年12月31日，具备交工验收条件。

3. 八字嘴左岸库区

第一阶段（完成施工准备）：

2019年5月10日，完成施工准备工作。

第二阶段（泵站工程具备正常挡排水条件）：

2020年3月10日，所有泵站工程具备正常挡排水条件。

第三阶段（合同交工）：

2020年12月30日，具备交工验收条件。

4. 八字嘴右岸库区

第一阶段（完成施工准备）：

2019年5月31日，完成施工准备工作。

第二阶段（泵站工程具备正常挡排水条件）：

2020年6月30日，完成泵站工程，具备正常挡排水条件。

第三阶段（合同交工）：

2020年12月31日，具备交工验收条件。

5. 双港航运枢纽

第一阶段（完成围堰闭气）：

（1）2019年6月16日，围堰合龙。

（2）2019年10月13日，围堰闭气。

第二阶段（完成主体结构基础）：

2020年9月5日，完成主体结构底板混凝土浇筑。

第三阶段（完成主体结构）：

2021年8月9日，完成主体结构。

第四阶段（合同交工）：

2021年12月20日，具备交工验收条件。

（二）建设历程

1.八字嘴航电枢纽东大河（表3-4）

八字嘴航电枢纽东大河建设历程　　　　　表 3-4

序号	时　　间	进　　度
1	2018 年 12 月 10 日	项目进行基坑换填首次混凝土浇筑
2	2019 年 2 月 12 日	电站厂房进入主体结构施工阶段
3	2019 年 5 月 22 日	召开全省公路水运品质工程现场观摩会
4	2019 年 5 月 27 日	电站厂房进口段 5a-2 混凝土浇筑完成，一枯顺利收官
5	2019 年 8 月 29 日	二枯围堰完成闭气
6	2019 年 10 月 9 日	泄水闸闸墩开始浇筑混凝土，即泄水闸进入上部结构施工
7	2019 年 11 月 8 日	船闸闸室首仓闸墙混凝土开始浇筑
8	2020 年 3 月 7 日	泄水闸完成首个溢流面施工
9	2020 年 5 月 14 日	泄水闸最后一个闸墩封顶，标志着泄水闸主体施工完成
10	2020 年 6 月 5 日	泄水闸 12 孔门叶全部吊装完毕，泄水闸具备泄洪条件
11	2020 年 10 月 21 日	船闸人字门全部拼装完成，为实现年底通航目标奠定坚实基础
12	2020 年 12 月 28 日	八字嘴航运枢纽东大河项目举行通航仪式，标志着 2020 年信江具备三级通航条件的重要节点如期实现
13	2021 年 10 月 14 日	东大河通过交工验收

2.八字嘴航电枢纽左岸库区（表3-5）

八字嘴航运枢纽左岸库区建设历程　　　　　表 3-5

序号	时　　间	进　　度
1	2019 年 1 月 15 日	项目部临时驻地建成入住
2	2019 年 2 月 6 日	BW3 标品质工程启动活动在驻地召开
3	2019 年 6 月 4 日	防渗墙平台填筑开始施工
4	2019 年 12 月 26 日	大埠电排站主泵房结构封顶
5	2020 年 3 月 16 日	电排站穿堤管涵完成施工及回填
6	2020 年 5 月 15 日	抬田完成全部施工
7	2020 年 8 月 16 日	通过水下工程部分交工验收
8	2020 年 12 月 24 日	召开全省库区现场观摩会
9	2021 年 6 月 16 日	标段交工预验收完成
10	2021 年 10 月 14 日	标段交工验收完成

3. 八字嘴航电枢纽右岸库区（表 3-6）

八字嘴航运枢纽右岸库区建设历程　　　　　　　　　　　表 3-6

序号	时　间	进　度
1	2019 年 4 月 9 日	开始大临建设，2019 年 5 月 25 日完成联合验收并投入使用
2	2019 年 10 月 15 日	河埠台田开始首件施工
3	2020 年 4 月 27 日	杨埠村电排站泵房房建 30.3m 高程封顶
4	2020 年 10 月 30 日	信河坪圩库岸加固抛石压脚施工完成
5	2020 年 10 月 31 日	下南源电排站泵组安装完成
6	2020 年 12 月 17 日	杨埠村电排站房建工程施工完成
7	2021 年 4 月 30 日	BC1 标总监办对 BW4 标熊家提灌站完成试运行，并通过该分部工程验收
8	2021 年 6 月 20 日	沿江路道路工程施工完成，并通过该分部工程验收
9	2021 年 8 月 20 日	沿江路高边坡防护工程施工完成，并通过该分部工程验收
10	2021 年 10 月 14 日	八字嘴航电枢纽 BW4 标等各标段顺利通过合同交工验收

4. 八字嘴管理区工程（表 3-7）

八字嘴管理区工程建设历程　　　　　　　　　　　表 3-7

序号	时　间	进　度
1	2019 年 7 月 18 日	小临施工完成并入驻
2	2019 年 10 月 8 日	所有单体桩基础施工完成
3	2019 年 12 月 31 日	船闸、枢纽办公楼及宿舍楼四栋单体钢结构封顶
4	2020 年 6 月 23 日	主体结构验收完成
5	2020 年 7 月 10 日	样板房施工完成
6	2020 年 10 月 29 日	被住房和城乡建设部评为《装配式建筑评价标准》范例项目
7	2020 年 12 月 28 日	枢纽管理区正式入驻
8	2021 年 6 月 28 日	交工预验收完成
9	2021 年 10 月 14 日	交工验收完成

5. 双港航运枢纽工程（表 3-8）

双港航运枢纽工程建设历程　　　　　　　　　　　　表 3-8

序号	时　间	进　度
1	2018 年 11 月 16 日	下达开工令，正式开工，进行导流明渠开挖，回填围堰
2	2019 年 5 月 23 日	70m 导流明渠通航验收通过，标志一期 70m 导流明渠具备通航条件，导流明渠通航
3	2019 年 6 月 16 日	下游围堰合龙
4	2020 年 1 月 18 日	第一块闸室底板（12 号）浇筑，进入船闸主体施工阶段
5	2020 年 3 月 29 日	泄水闸第一块底板（1 号）浇筑，进入泄水闸主体施工阶段
6	2020 年 6 月 23 日	江西省交通运输厅组织召开全省交通运输系统防汛应急演练观摩会
7	2020 年 9 月 5 日	主体底板浇筑完成
8	2020 年 12 月 26 日	首个泄水闸工作闸门安装完成
9	2021 年 4 月 21 日	泄水闸工作闸门全部安装完成
10	2021 年 9 月 1 日	蓄水安全鉴定完成

6. 双港管理区工程（表 3-9）

双港管理区工程建设历程　　　　　　　　　　　　表 3-9

序号	时　间	进　度
1	2020 年 6 月 10 日	小临建设完成并入驻
2	2020 年 11 月 15 日	管桩施工完成
3	2021 年 1 月 8 日	所有单体基础施工完成
4	2021 年 3 月 30 日	主体钢结构施工完成
5	2021 年 6 月 10 日	砌体（二次结构）施工完成
6	2021 年 7 月 5 日	主体结构验收完成
7	2021 年 8 月 24 日	样板间施工完成
8	2021 年 9 月 18 日	外墙真石漆施工完成

二、主要做法

项目办高度重视建章立制工作，坚持以制度管人管事，在进度管理上主要制定了目标风险金管理办法、红黄绿牌预警制、工作任务清单制、问负责制、施工进度计划管理办法、工程调度管理办法等制度。

（一）实行任务清单调度制

项目办在招标文件中明确了关键节点完成时间，制定红黄绿牌预警制、限时办结制、末位淘汰制、项目管理人员绩效考核办法，并按阶段节点制定项目重大工作任务进行调度。项目办主要领导负总责，同时实行任务清单调度。工作任务清单由年度、月、周组成，年度任务清单于年初提交，月度任务清单每月上报至项目办，周任务清单由项目办现场管理组收集后上报，主要内容为各参建单位进度关键线路，并对计划进行细化、量化，明确工作计划完成时间、第一责任人、分管领导及实际完成时间、工作未完成原因和下一步工作措施。项目办组织总监办每周及月底召开工作任务清单调度会，对未完成的工作进行分析、研究、制定措施、明确下一步完成时间，并对工作任务完成情况进行红黄绿牌预警公示，根据制度规定按黄牌经济处罚、两次红牌实行末位淘汰强力确保各项目标落地。据统计，目前已通过发放红、黄牌，对两名项目经理、一名党工委负责人和多位技术骨干进行了撤换，并对30余人次实施了经济处罚和黄牌警告。

（二）建立日、周、月报制度

项目办制定了工作信息日、周、月报制度，各参建单位应按制度要求及时反馈进度、质量和安全动态，并通过微信群、BIM平台实际进度和计划对比、工作动态分析、无人机拍摄等及时跟进工程进展。

日报：要求施工单位、监理单位在20时前报送当天工作完成情况及存在的主要问题，项目办现场组在每日21时前将相关信息汇总报至项目办。

周报：要求施工单位周五20时前向监理人提交本周工作完成情况以及下周工作安排，监理人周五20时前将工作情况报送项目办现场组，项目办现场组21时前将相关信息汇总报至项目办。

月报：要求施工单位23日前向监理人提交进度月报，详细统计工程进展、材料、设备、影响因素、采取措施、质量、安全等情况。

（三）开展进度目标考核

为了实现进度目标奖惩，提升各参建单位完成进度目标的积极性，项目办在主要施工及监理标段设置管理目标风险金，制定了《目标风险金考评细则》。主体标按招标控制价的3%设立，其中2%由发包人承担，1%由施工单位承担（在签订合同协议前以现金形式提交）。监理标按招标控制价的5%设立，其中3%由发包人承担，2%由监理单位承担。目标风险金的40%用于进度考核奖惩。在进度考核上，项目办根据不同时期工作重点不同将标段合理划分为若干重要阶段，如主体土建标段按照围堰闭气、基础完成、主体结构完成和通航发电划分为四个阶段，围堰闭气阶段又将大小临建设、建章立制作为本阶段考评重点，考评采取阶段考核和月度检查相结合的模式，依据打分情况获取进度目标风险金对应的金额。

品质工程目标风险金分配见表3-10。

品质工程目标风险金分配表　　　　　　表 3-10

标　段	组　成	占　比	阶段考核/奖项	占　比
BW1标	品质工程	50%	第一阶段	20%
			第二阶段	30%
			第三阶段	30%
			第四阶段	20%
	进度管理	30%	第一阶段	20%
			第二阶段	30%
			第三阶段	30%
			第四阶段	20%
	专项科技创新	20%	QC成果	经项目办审核后，给予相关奖励
			BIM应用	
			课题研究	
			工法	
			发明、微创新	
			部级"平安工程"冠名	
			部级"品质工程"示范	
			技术创新	

标 段	组 成	占 比	阶段考核/奖项	占 比
BW2标	品质工程	50%	第一阶段	20%
			第二阶段	30%
			第三阶段	30%
			第四阶段	20%
	进度管理	30%	第一阶段	20%
			第二阶段	30%
			第三阶段	30%
			第四阶段	20%
	专项科技创新	20%	QC成果	经项目办审核后,给予相关奖励
			BIM应用	
			课题研究	
			工法	
			发明、微创新	
			部级"平安工程"冠名	
			部级"品质工程"示范	
			技术创新	
BW3标	品质工程	50%	第一阶段	30%
			第二阶段	50%
			第三阶段	20%
			—	—
	进度管理	30%	第一阶段	30%
			第二阶段	50%
			第三阶段	20%
			—	—
	专项科技创新	20%	实用新型专利、课题研究、工法	经项目办审核后,给予相关奖励
			QC成果	
			部级"平安工程"冠名	
			部级"品质工程"示范	
			技术创新	

续上表

标　段	组　成	占　比	阶段考核/奖项	占　比
BW4 标	品质工程	50%	第一阶段	30%
			第二阶段	50%
			第三阶段	20%
			—	—
	进度管理	30%	第一阶段	30%
			第二阶段	50%
			第三阶段	20%
			—	—
	专项科技创新	20%	实用新型专利、课题研究、工法	经项目办审核后，给予相关奖励
			QC 成果	
			部级"平安工程"冠名	
			部级"品质工程"示范	
			技术创新	
BW8 标	品质工程	50%	第一阶段	10%
			第二阶段	40%
			第三阶段	30%
			第四阶段	20%
	进度管理	30%	第一阶段	10%
			第二阶段	40%
			第三阶段	30%
			第四阶段	20%
	专项科技创新	20%	BIM	经项目办审核后，给予相关奖励
			课题研究	
			工法	
			发明、微创新等	
			部级"平安工程"冠名	
			部级"品质工程"示范	
			四新技术	
			技术创新	
			鲁班奖、詹天佑奖及国家优质工程奖	

续上表

标 段	组 成	占 比	阶段考核/奖项	占 比
SW1 标	品质工程	50%	第一阶段	20%
			第二阶段	30%
			第三阶段	30%
			第四阶段	20%
	进度管理	30%	第一阶段	20%
			第二阶段	30%
			第三阶段	30%
			第四阶段	20%
	专项科技创新	20%	QC 成果	经项目办审核后,给予相关奖励
			BIM 应用	
			课题研究	
			工法	
			发明、微创新	
			部级"平安工程"冠名	
			部级"品质工程"示范	
			技术创新	
BG1 标	品质工程	80%	第一阶段	20%
			第二阶段	35%
			第三阶段	20%
			第四阶段	25%
	专项科技创新	20%	实用新型专利、安装工法、QC 成果、课题研究	经项目办审核后,给予一定奖励
			技术创新或机电安装通病治理	

为树立榜样的引领示范作用,项目办根据各关键节点工期,经常性组织劳动竞赛,竞赛领导小组根据项目管理人员绩效考核办法、目标风险金管理办法和安全质量文明督察情况,对劳动竞赛中的协作队伍和职能部门、党员工作队等进行综合考核,对每月实际目标完成情况进行考评,分竞赛中期和竞赛结束后两阶段进行总结表彰。过程中,项目办上下做好动员和宣传,各参加单位组建党员突击队,细化竞赛计划目标,瞄准分解的工作任务,各协作单位按照实施方案确定的关键节点和各项任务,将"竞赛目标"层层分解并传达到各一线施工班组,塑造竞赛中绩效突出、成绩优异的协作队伍和个人典型榜样,带动全

体参建人员保质保量完成竞赛目标。

（四）实现数字进度控制

项目办开发BIM进度管控平台，以船闸、泄水闸、电站厂房主体结构物的分层分块为基础，实现基于时间维度的施工进度模拟和实际进度查看，要求将BIM模型关联资料作为验收的基本条件和构件是否完工的依据，施工单位必须当日上传已完工构件的相应信息（如质检资料、施工照片、责任人等），每天实时更新工程形象进度，通过BIM平台用不同的颜色显示进度滞后情况并导出进度分析对比表，同步短信推送，实现进度预警（图3-33），让参建人员随时了解项目实际进度和计划进度的差别，为工程进度控制提供有力保障。

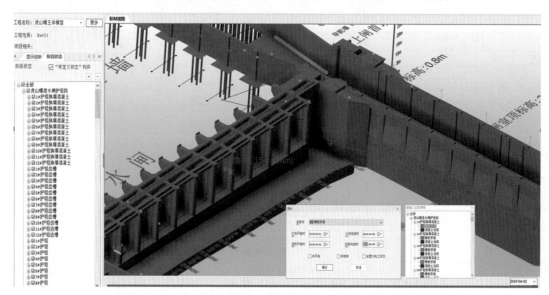

图 3-33　进度预警

第五节　费用管理

工程费用管理是工程建设管理的重要组成部分，指在确保工程质量、工程进度以及施工生产安全的条件下，通过有效管理措施，使工程实际费用控制在批准的投资限额以内，并确保投资安全。为更好地推进项目实施和节约投资，项目办招标采用大标段划分项目，经反复讨论研究，标段由原先的56个调整为46个，综合吸取以往项目的经验和教训，结合本项目工程特点，合理制定招标文件，科学确定评标办法，从而达到更好地控制投资的目的。项目办还引进专业造价咨询服务，对工程预算、清单核查、设计变更、索赔、工程竣（完）工结算进行审核，严格执行计量支付、设计变更、索赔等相关管理办法，遵循程序合规、依据充分、结果准确、费用合理的原则开展日常合同管理，同时强调计量支付与实施同步，力争做到工完账清。

一、费用管理目标

通过费用管理，控制项目投资，确保项目工期、质量、安全达到合同要求；确保项目合同签订、费用支付、设计变更、工程索赔符合程序要求，减少合同争议。

二、管理体系

（一）费用管理职责

编制和审核项目总体用款计划，确定项目投资阶段和总体控制目标，在工程实施过程中定期进行实际投资额与合同额、概算值比较，找出偏差并分析产生偏差的原因，采取有效措施加以解决或控制，保证投资目标的实现。

1. 项目办职责

（1）编制项目总体用款计划、确定项目投资的阶段和总体控制目标，保证资金按时到位。

（2）审定月度、季度、年度工程用款计划。

（3）审核总监办提交的工程计量支付报表。

（4）根据合同及支付证书向承包人支付工程款。

（5）参加项目联合核验计量子目的核验工作。

2. 总监办职责

（1）编制工程用款计划，制订保证投资的阶段和实现总体控制目标的措施。

（2）审查承包人提交的月度、季度、年度工程用款计划。

（3）审查承包人编制的工程计量台账。

（4）对非隐蔽工程的计量定期进行核查。

（5）审查承包人提交的计量支付报表。

（6）监管承包人的工程款使用，定期抽查承包人工程款的使用情况。

（7）在工程实施过程中定期进行实际投资额与合同额比较，找出偏差并分析产生偏差的原因，采取有效措施加以解决或控制，保证投资目标的实现。

（8）负责配备具有相应资格的工程造价人员，在工程实施过程中按照上级文件要求填写各类基础数据表，切实做好工程决算资料的收集、整理和分析工作，确保工程决算文件的编制真实、准确、完整。

3. 设计单位职责

设计单位要做好项目的投资目标管理，服务于项目的整体利益。

（二）项目费用管理制度

项目费用管理制度主要包括分包管理实施细则、财务管理制度、农民工工资管理办法、合同管理办法和合同签订、费用支付审批、成本管理考核、成本管理奖惩办法等。

（三）工程合同标段一览表（表 3-11）

江西信江航运枢纽工程合同标段一览表　　　　表 3-11

项　目	标段	中标单位
江西信江八字嘴航电枢纽主体土建工程	BW1	中交第一航务工程局有限公司
江西信江八字嘴航电枢纽西大河主体土建工程	BW2	中交第一航务工程局有限公司
江西信江双港航运枢纽工程左岸库区防护工程	BW3	江西省路港工程有限公司

续上表

项　　目	标段	中 标 单 位
江西信江八字嘴航电枢纽工程项目右岸库区防护工程	BW4	中国水利水电第十一工程局有限公司
江西信江八字嘴航电枢纽工程进场道路工程施工	BW7	湖南省涟源市交通建设工程公司
江西信江航运枢纽工程项目房建工程装配式设计施工总承包	BW8	中建钢构有限公司、中信建筑设计研究总院有限公司
江西信江八字嘴航电枢纽主体土建工程	SW1	中建筑港集团有限公司
江西信江航运枢纽工程项目机电设备安装与调试	BG1	广东省源天工程有限公司
江西信江八字嘴航电枢纽工程水轮发电机组采购	BG2	天津市天发重型水电设备制造有限公司
江西信江八字嘴航电枢纽工程项目电站厂房金属结构制造	BG3	中国水利水电第十二工程局有限公司
江西信江八字嘴航电枢纽工程项目泄水闸金属结构制造	BG4	中国水利水电第十二工程局有限公司
江西信江八字嘴航电枢纽工程项目船闸金属结构制造	BG5	中国葛洲坝集团机械船舶有限公司
江西信江航运枢纽工程船闸鱼道启闭机及其附属设备采购	BG6	江苏武进液压启闭机有限公司
江西信江航运枢纽工程项目移动式门机、固定卷扬机、桥式起重机及其附属设备采购	BG7	新乡市起重设备厂有限责任公司
江西信江航运枢纽工程项目电气一次设备采购	BG8	山东泰开成套电器有限公司
江西信江航运枢纽工程项目电气二次设备采购	BG9	北京中水科水电科技开发有限公司
江西信江八字嘴航电枢纽工程项目接入系统及通信工程	BG10	正泰电气股份有限公司
江西信江航运枢纽工程项目水力机械辅助系统设备采购	BG11	云南善友经贸有限公司
江西信江八字嘴航电枢纽工程项目库区电气设备采购	BG13	湖南长高高压开关集团股份公司
江西信江航运枢纽工程项目安全监测设备采购及安装	BG14	中国电建集团华东勘测设计研究院有限公司

续上表

项　　目	标段	中　标　单　位
江西信江八字嘴航电枢纽工程项目库区泵组及其配套设备采购	BG15	江苏航天水力设备有限公司
江西信江八字嘴航电枢纽工程库区金属结构制造	BG18	中国葛洲坝集团机械船舶有限公司
江西信江双港航运枢纽工程项目泄水闸金属结构制造	SG1	中国水利水电第八工程局有限公司
江西信江双港航运枢纽工程项目船闸金属结构制造	SG2	广东省源天工程有限公司
江西信江八字嘴航电枢纽项目施工监理	BC1	浙江华东工程咨询有限公司、广州华申建设工程管理有限公司
江西信江八字嘴航电枢纽项目施工监理	BC2	四川二滩国际工程咨询有限责任公司、江苏科兴项目管理有限公司
江西信江八字嘴航电枢纽工程项目环境保护监测与咨询服务	BC3	江西省环境保护科学研究院
江西信江航运枢纽工程项目水土保持监测与咨询服务	BC4	江西省水土保持科学研究院
江西信江航运枢纽工程项目建设征地移民安置监督评估服务	BC5	中国电建集团华东勘测设计研究院有限公司
江西信江八字嘴航电枢纽工程项目工程保险	BC6	中国人民财产保险股份有限公司江西省分公司
江西信江双港航运枢纽、八字嘴项目施工监理	SC1	江西交通咨询有限公司
江西信江航运枢纽工程项目环境保护监测与咨询服务	SC2	江西省交通运输科学研究院有限公司
江西信江航运枢纽工程项目工程保险	SC3	中国平安财产保险股份有限公司江西分公司
信江八字嘴航电枢纽工程和双港航运枢纽工程勘察设计	SJ	中交水运规划设计院有限公司、中水珠江规划勘测设计有限公司
信江双港航运枢纽和八字嘴航电枢纽工程可行性研究报告和项目建议书编制技术服务	GK-JYS	中交水运规划设计院有限公司、中水珠江规划勘测设计有限公司
信江八字嘴航电枢纽工程和双港航运枢纽工程审查咨询服务	SJSC	中交第二航务工程勘察设计院有限公司、湖南省水利水电勘测设计研究总院
信江双港航运枢纽和八字嘴航电枢纽工程水土保持方案编制技术服务	SB	中水珠江规划勘测设计有限公司

续上表

项　目	标段	中标单位
信江双港航运枢纽和八字嘴航电枢纽工程环境影响评价服务	HP	中交第二航务工程勘察设计院有限公司
江西信江双港、八字嘴项目造价咨询服务	ZJZX	广东华联建设投资管理股份有限公司
江西信江航运枢纽项目BIM+智慧管理平台建设	ZHGL	上海鲁班软件股份有限公司、江西锦路科技开发有限公司
江西信江航运枢纽项目物联网智慧工地管理系统建设	WLGL	江西通慧科技股份有限公司
江西信江航运枢纽工程项目第三方检测	JC1	苏交科集团检测认证有限公司
江西信江航运枢纽工程项目施工及竣工结算阶段造价咨询服务	ZJZX2	江苏富华工程造价咨询有限公司
江西信江航运枢纽工程项目科研课题技术咨询服务	KYKT1	江西省交通科学研究院
江西信江航运枢纽工程项目全过程档案整理咨询服务	DAZL	江西省慧信档案技术有限公司

三、主要做法

（一）争取欧洲投资银行贷款

八字嘴航电枢纽工程投资概算43.86亿元，工程设计充分遵守自然环保原则，水力发电为绿色可再生能源，与欧洲投资银行的环保、节能、降碳宗旨高度契合。为有效缓解八字嘴项目的融资压力，项目办充分利用项目优势，积极争取获得了欧洲投资银行贷款批准，成为江西省内第一个获得欧洲投资银行贷款支持的水运项目。欧洲投资银行贷款金额2亿欧元，占项目概算的34%，且贷款期限长达25年，贷款利率仅为国内商业贷款的60%，提款效率高，为项目建设的顺利实施、降低投资等提供了强有力的保障。

（二）实行大标段制

大标段的设置一是便于项目办的管理，减少了标准化建设的重复性投资，摊低了管理费成本。二是引进了实力较强、施工经验丰富、管理团队优秀的施工单位，这些单位非常重视项目的履约管理，重视社会信誉和社会责任。为此，项目办创新了中标约谈澄清会模式，由项目办主任带队，主动上门到中标法人单位宣讲项目理念、建设标准和目标。2018年6月，在BW1标法人单位中交第一航务工程局有限公司（以下简称中交一航局）总部天津，通过首次约谈会，双方主要领导一拍即合，形成把BW1主体土建标打造为全国水运标杆项目的共同目标。为此，在主要领导调度下，BW1标也改变原有分公司承建模式，明确由中交一航局总部直管，从全局层面调配人员、物资。这个标段也成了中交一航局主要领导挂点项目。三是有利于推进标准化施工。大标段模式下，建设规模大、资金多，能集中力量建设标准化。4年来，项目办要求各参建单位增加一次性投入，采取更有效、更经济和更现代的管控手段，全面推行工艺标准化、施工标准化和管理标准化，同时把在全国其他项目，如港珠澳大桥、深中通道等项目中一些好的做法、先进的工艺、先进的设备、先进的理念在项目进行推广使用。

（三）引进全过程造价咨询服务

为规范基本建设程序，保障建设资金安全合理使用，本着"专业的人做专业的事"理念，项目办引进了施工期及竣工造价咨询服务。项目造价咨询包括工程预算、清单核查、设计变更、索赔、工程竣（完）工结算审核，对工程造价进行监控以及提供有关工程造价信息资料、咨询等业务。造价咨询服务按照"事前评估，事中控制"原则，对咨询事项进行审查，并出具审核意见。经过3年多的实践，目前已经完成造价咨询服务的设计变更立项76项、设计变更费用文件48项、清单核查报告26项、单价审核余额3000项、其他审核意见20项，大大核减了合同费用，有效提高了设计变更和清单核查工作程序的合规性、工程量计算的准确性、单价确定的合理性、变更依据的充分性及审核结果的可靠性。

（四）优化电子计量支付

项目大力推行电子计量支付，通过对各参建单位的信息登记、清单录入、表格设计、流程设定、资料挂接等流程，建立协同、整合、高效的线上费用审批程序。为了优化流程，项目办将电子计量和电子档案直接关联起来，把施工过程质检、试验等支撑资料挂接在系统模块中，各使用单位能准确、快速地审核各计量子目的计量条件，大大提高了审批工作效率。同时，程序设定自动提醒、催办功能和各审批节点时限，超过24h未审核将自动流转至下一级审批人员，并将该层级未及时审批人员情况发送给其主管领导；审核意见具有可追溯性，有利于规范审批，降低廉政风险。截至目前，项目已完成线上支付332期，整个计量支付流程平均审核完成时间为7天，最大限度地实现了计量支付的自动、高效、安全、廉洁。

第六节　绿色环保管理

对标平安百年品质工程创建要求，项目提出"以生态为要，全面落实绿色发展理念更有力"思路，制定了《信江航运枢纽环水保管理办法》，从环水保设计阶段把关，将相关环水保条款和要求细化到合同文件中，实行清单制管控，并引进环水保第三方专业机构，使环水保管理与工程建设管理同步，全过程实施水土保持工程监理制度，对水土保持措施的实施进度、质量和资金进行监控管理，并定期接受水行政主管部门的监督检查。

一、绿色环保管理目标

（1）建设国内一流仿生态鱼道，打造园林式景观枢纽。

（2）水土流失总治理度不低于97%，林草植被恢复率不低于99%。

（3）将节能管理纳入工程建设的全过程，有效控制施工过程中的能耗。

（4）科学合理地设计电气主接线方案。

（5）工程建设期间不发生重大环境污染或生态破坏等在社会上造成严重影响的事件。

二、管理体系

（一）项目环水保管理机构

工程施工期环境管理程序如图3-34所示。

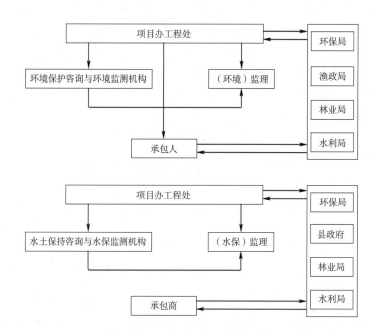

图 3-34　工程施工期环境管理程序

（二）项目环水保管理职责

项目办工程处是项目办实施环水保管理的职能部门，要求监理单位、施工单位及环水保监测单位设专人、专岗、专职负责环水保工作。

1. 项目办环水保工作职责

（1）贯彻、执行国家和江西省各项方针、政策和法规。

（2）根据《项目管理大纲》相关内容，具体落实信江建设项目环境影响报告书和水土保持方案报告书中所提各项措施及有关要求。

（3）检查各参建单位的工作情况，监督各项环保措施的落实。

（4）做好施工期工程监理方案的实施。

（5）具体组织编制项目环境保护与水土保持计划。

（6）参与审查工程设计（变更设计），做到工程设计切实为环境保护与水土保持服务，合理选用环境保护与水土保持工艺、设备和材料。

（7）会同有关部门组织开发、推广应用环境保护与水土保持新技术、新工艺。

（8）总结交流环境保护与水土保持技术和经验，组织广大职工开展环境保护与水土保持合理化建议活动。

2. 总监办环水保监理职责

（1）健全环水保监理责任制，按照法律、法规和工程建设强制性标准进行监理，对工程环水保生产承担监理责任。

（2）总监理工程师对监理项目的施工环水保监理负总责，并根据工程项目特点，明确监理人员的环水保监理职责。

（3）执行环水保生产各项管理制度，按制度定期召开工地例会或环水保监理专题会议，针对环水保监理单位、施工单位环水保生产管理的薄弱环节，提出整改意见，并督促落实。

（4）落实监理人员环水保生产教育培训制度，对全体监理人员进行环水保教育培训。

（5）根据有关法律、法规、规章和工程建设强制性标准、监理规范的要求，编制包括环水保监理内容的项目监理计划及环水保监理实施细则，明确环水保监理的范围、内容、工作程序和制度措施，以及人员配备计划和职责等。

（6）按照法律、法规和工程建设强制性标准及监理服务合同实施监理，对所监理工程的施工环水保生产进行监督检查。

3.施工单位环水保工作职责

（1）贯彻国家环水保的方针政策、法律法规，结合公司发展规划，建立长效机制，制定环水保方针目标和控制指标。制定分级责任制，指导开展各项环水保工作。

（2）组织建立健全本单位的环水保工作管理体系。

（3）组织建立健全本单位突发环境事件应急预案。

（4）审定本单位环水保规划和规章制度，审定突发环境事件应急预案，审定环水保分级责任考核结果。

（5）审定全年环水保工作的计划和完成情况，包括环水保教育培训、环保投入等工作。分析环水保形势，提出防范要求，审核整改措施计划，检查督促落实。

（6）按照分级责任制的要求，履行环水保管理职责，有效开展环水保各项工作，并定期向上级主管部门汇报环水保工作情况，确保环水保目标的实现。

（7）严格按照"四不放过"原则，对环水保事故有关责任部门和责任人提出处理意见。

（三）项目环水保管理制度

项目环水保管理制度主要包括环境保护管理办法、水土保持管理办法、环水保例会、宣传教育、工作交底、再生利用管理、节能减排管理、工作记录、文件审核、工作例会、工作报告、函件往来等。

三、主要做法

（一）坚持生态设计

项目在设计中落实"尊重自然、顺应自然、保护自然"的理念，推行生态环保设计和生态防护新技术，合理设计围堰、抬填区、弃渣场，通过优化设计减少耕地、林地资源占用，积极推行粉煤灰、矿渣等工业废料的综合利用，加强对自然地貌、原生植被、耕植土等方面的保护，在八字嘴西大河建设国内一流仿生态鱼道，打造园林式景观枢纽。

（二）注重资源节约

项目大力推广"新材料、新技术、新工艺、新设备"四新技术，制定了《信江项目禁止和限制落后技术目录》，通过优化施工用地方案，最大限度地减少对耕地和基本农田的占用，施工单位在开采前将剥离的耕植土妥善堆存保管，砂石料全部就地取材，使用本工程开挖料，导流明渠开挖料、废弃混凝土和生产粗、细集料用于便道施工和加固上下游围堰。另外，项目特别注重永临结合，如八字嘴航电枢纽工程进场道路与枢纽建成后管理区道路相结合、八字嘴东大河观景平台与后续旅游景观规划相结合、场地绿化与花园式枢纽相结合等。

（三）施工绿色环保

项目要求各参建单位对施工场地进行提前规划，对场站、施工便道根据施工标准化要求进行硬化，对裸露地面进行全面植被绿化，对基坑边坡采用绿色密目网进行覆盖。如八字嘴东大河航电枢纽通过在施工现场设置4台PM2.5监测仪器，对施工道路进行洒水；配备专用洒扫车，对道路进行清扫降尘，主体基坑、拌和站采用雾炮降尘，施工中配备冲洗车和排水设备，基坑内采用装配式水沟，做到污水定点排放，拌和站筛分系统采用泥浆高效旋流净化系统和"沉淀、回收、污泥干化"的废水处理工艺，实现废水回收、污泥干化、零排放的绿色环保要求。此外，在系统四周修建排水沟，将污水排入沉淀池，回收再利用，确保工地周围无施工污染，并加强现场环水保细节管控，采取多层级自然砂石净化后排放。项目还在各标段着力打造花园式工地（图3-35），通过点、线、面的结合，尽量保留原有八字嘴岛上的大树，工地现场采用品种多样、色彩丰富的乔木、灌木、草皮搭配，呈现高低错落、疏密有致的层次感，使工程绿化与原生态绿化自然交融。

图 3-35　花园式工地

（四）推进节能减排

项目加强施工现场施工人员环保意识，建立机械设备管理制度，强化机械设备的节能降耗，如通过BIM应用优化程序提升钢筋利用率到99.2%等。在八字嘴和双港枢纽施工现场道路及办公生活区域采用太阳能路灯照明，在节约能源的同时节省线路线缆投入的损耗，对现场照明灯安装时控开关，节约电力能源，在施工现场优先选用变频技术控制的大型设备，有效降低能耗，进一步改善电能质量、降低电能损耗、挖掘发供电设备潜力，项目参建单位对用电系统采用集中无功补偿装置。

第七节　信息化管理

信息化管理，顾名思义，就是要将信息技术渗透到项目管理业务活动中，提高工程项目管理的绩效，包括对工程信息资源的开发和利用，以及信息技术在建设工程管理中的开发和应用。信息化管理一般具有节约项目管理成本、提高工程项目管理水平作用，项目信息化应用正是基于其他项目的建设发展而来。

在建设前期，项目办多次组织前往上海、深圳、浙江、江苏等沿海地区调研信息化应用，同时邀请在信息化领域有影响力的专家及公司上门授课。在杭州华东院交流学习时，对其基于BIM技术实施的全过程生命周期的应用颇有感触，在返回项目办的过程中，项目办调研组讨论提出了项目信息化建设目标即数字建造，指通过BIM技术应用，结合GIS和物联网，在建造中将原材料信息、试验数据、施工过程中的质量检验和评定资料、计量支付和变更管理数据、责任人和相关人信息等与BIM模型永久关联，形成工程模型大数据。

在招标策划阶段，项目办主动谋划，在招标文件中明确要求要有专门的信息化人员及具有特色的信息化应用，在实施的过程中，项目办多次组织各单位信息化人员进行讨论，最终形成项目信息化应用方案。同时针对信息化应用体系不成熟、考核难的特点，项目办制定信息化考核管理制度，从流程上形成管理闭环，确保信息化管理能真正落地。

在土建主体标段刚进场时，BIM应用等工作相对滞后，各个单位沟通不畅，严重影响工作效率。基于这个情况，项目办统一安排各单位信息化人员联合办公，建立统一建模标准，形成标准化的工作流程。经过一段时间的磨合，建立了工作机制，统一了BIM模型建模标准，全方面策划了项目的BIM应用，如钢筋下料系统、金属结构预埋件管理、分层分块进度管控等。4年以来，项目信息化应用做了不少尝试，从BIM应用、科技创新等方面逐步获得行业认可。本项目在2018年被江西省交通运输厅列为第一批BIM应用试点项目，并主要参与制定了《江西省公路水运工程BIM技术应用管理导则》等地方标准。八字嘴航电枢纽项目被列为"交通运输部科技示范项目"，示范的主要内容中信息化占40%，基于信息化应用的网格化安全管理被交通运输部评为"平安交通创新案例"，并通过信息化管理平台全面推行一线班组积分制考核奖惩，为深化一线班组标准化管理提供了可复制、可推广经验。"岁月不居，时节如流"，信息化工作虽不会像实体工程建设那般轰轰烈烈，能时刻看见工程建设的进展，但它犹如春雨一般，润物细无声，悄悄改变项目人员的管理习惯，全面提升项目管理效率。

一、信息化管理目标

总体目标：按照"互联网+智慧建造"发展新思路，通过BIM技术和物联网技术应用，建立三维信息化设计BIM模型，并基于BIM模型、GIS（地理信息系统）技术、物联网和感知网络等建立项目管控平台，以分项工程为精细化管控对象，以虚拟施工为技术手段，进行项目质量、安全、进度、成本、档案等可视化、集成化、协同化管理，实现工程项目的降本增效，推进工艺监测、结构风险监测预警、隐蔽工程数据采集、质量安全检查、远程视频监控等技术在工程建设中的整合应用，打造江西省水运工程BIM技术应用样板（表3-12）。

BIM 应用方案分解表　　　　　　　　　　　　　　　　表 3-12

序号	智慧管理	工作内容	应用价值
1	智慧控制中心	物联网智慧控制指挥中心、智慧电子沙盘、智慧应急预警	建设智慧管理平台，明确各参与方在 BIM 协作过程中的职责和义务，循环沟通，定期协调，明确自身在 BIM 工作中的重心与位置
2	智慧设计协同管理	基于 BIM 的图纸审查、模型碰撞检查	将设计图纸中错、漏、缺的问题汇总成详细的报告，预知设计图纸中的错误，减少返工
3	智慧进度管理	查询与统计、进度偏差展示	编制经济合理的进度计划，及时监测计划进度，采取必要的措施进行调整和纠偏，保证实现最优工期
4	智慧质量管理	智慧质量巡检、智慧质量验收、智慧质量追溯、智慧首件模拟、智慧物资管理、质量虚拟样板间	记录质量问题，形成汇编资料，疏理经常出质量问题的模块，便于监控、整改，规避质量问题，达到节约成本的目的
5	智慧安全管理	智慧安全定位、智慧安全巡检、智慧安全交底、智慧安全体验、智慧安全监测、智慧设备管理	运用现代的安全管理原理、方法手段，分析和研究各种不安全因素

续上表

序号	智慧管理	工作内容	应用价值
6	智慧合约管理	智慧计量管理、智慧合同管理	实物量统计与合同管理，实现信息的可查找和追溯，并提取报表
7	智慧内业管理	智慧工程资料管理	存储、管理工程进展过程中的数据，实现数据准确、数据不丢失，为竣工验收及后期运维做好保障
8	智慧航道管理	智慧船闸调度系统、智慧远程监视系统	通过BIM+物联网系统，集成船闸调度系统、锚地远程视频系统，实现船舶自动过闸报到

具体目标：

（1）创造实际效益。通过BIM技术与现场工程管理相融合，提前制定相关预案，大大提升沟通水平，实现降本增效。

（2）数据集中管理。建立BIM管理平台，把项目参建各方纳入统一的协调管理体系中，完成各项规划应用，建设过程中发生的信息、资料形成结构化数据库，做到信息可追溯，数据能闭环，并最终能与运维阶段相结合。

（3）形成航运枢纽工程类专项应用。针对船闸、泄水闸、导流明渠、围堰机电金属结构设备等航运枢纽工程专属特点，应用BIM技术实现各专业管理亮点，总结形成一套航电、航运枢纽特色化的BIM应用经验。

（4）形成示范效应。以本项目为试点，全面打造水运BIM应用亮点，打造水运BIM技术应用样板，在江西省行业内起到示范效应。

二、管理体系

（一）项目信息化管理机构

项目成立信息化工作领导小组，项目办主要领导任组长，项目办分管领导、各参建单位主要领导任副组长，信息化管理工程师、各参建单位分管领导为成员，并建立日、周、月例会制度，考核奖惩管理办法，同时明确各方工作职责，全面保障和推进项目BIM+物联网应用。

（二）信息化管理工程师管理职责

（1）负责组织制定项目信息化相关制度，定期检查贯彻落实情况。

（2）负责检查、指导、协调、考核参建单位信息化工作开展情况。

（3）负责落实BIM+智慧管理平台及物联网智慧工地应用、维护、协调及服务工作，组织召集BIM工作推进会，审核BIM工作小组日常工作。

（4）负责审核参建单位信息化工作实施方案和年度计划，协调物联网智慧工地管理系统现场施工、维护，组织解决整个实施过程中的技术问题。

（5）负责项目信息化相关课题和奖项申报工作。

（6）负责项目信息化工作的内业整理。

（7）完成项目办及处室领导交办的其他工作。

（三）项目信息化管理制度

项目信息化管理制度包括信息化管理日报制度、BIM+物联网应用考核办法、江西信江航运枢纽项目建模标准、BIM+物联网应用实施标准。

三、主要做法

（一）基于 BIM 技术的精细化施工

1. 基于 BIM 技术的基坑设计

本项目为超大基坑，且主体结构复杂、基坑断面复杂、排水体系复杂，同时工期紧张，需要在工程前期综合考虑基坑开挖、施工道路和排水系统设计。为此，项目通过BIM技术建立三维模型，将基坑深化设计、道路设计以及排水系统设计协同起来，采用模拟推演等提前解决施工交叉、图纸缺漏和考虑不周等问题。相对于传统二维基坑设计具备如下优势：

（1）基坑采用 Revit 软件建立基坑模型能够更加全面、直观地反映基坑内容，避免出现设计错漏等问题。

（2）将基坑模型设计道路与传统二维平面图对比，可直观体现道路的位置及地形情况，又可实时统计道路开挖工程量，使道路设计更加科学便利。

（3）将土方模型与进度计划模型匹配，可直观反映土方开挖过程，通过进度推演，能够更加科学地优化开挖方案，同时可直接指导现场施工，及时了解各阶段工程进展状况。

2. 装配式模板

通过BIM应用可将模板设计思路进行系统化处理，并结合受理计算公式，写入Revit插件，实现该种模板的自动化配置，形成装配式模板设计模式，也为后续工程提供了快速模板设计工具，大大降低钢材用量（图3-36）。相对于传统二维模板设计，具备如下优势：

（1）效率更高，每面墙的模板设计能在几秒钟之内完成，并直接生成加工详图。

（2）节约模板用量，施工单位可结合进度计划，使模板配板更加优化，避免前后浪费。

（3）标准化程度更高，装配式模板设计使效率提高了80%，模板节约了15%，同时充分保障了模板的使用安全性。

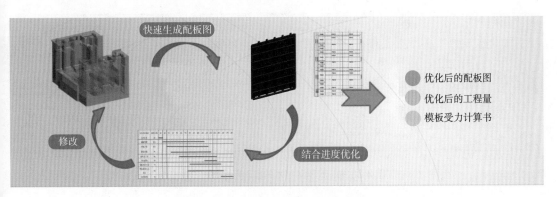

图 3-36 利用 BIM 进行装配式模板设计

3. 仓面设计

通过BIM技术结合模板设计（图3-37），辅助解决混凝土分层、分块浇筑的优化、仓面设计和多浇筑面资源调配等难题，使得现场混凝土浇筑方案设计最优，确保混凝土施工过程的合理性与经济性，避免大体积混凝土分层分块不合理而产生温度裂缝，保证施工混凝土施工质量。

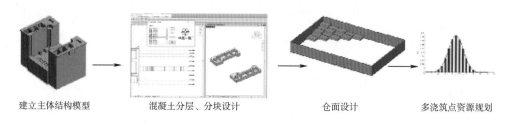

建立主体结构模型   混凝土分层、分块设计   仓面设计   多浇筑点资源规划

图 3-37 利用 BIM 进行仓面设计

4. 自动化钢筋加工系统

施工单位自主研发了基于 BIM 技术的自动化钢筋加工系统（图3-38），该系统可以进行快速钢筋建模，建模后即可由模型数据直接生成钢筋下料单，通过三维模型逐步校准，钢筋尺寸、用量计算更为准确，并预先做好钢筋保护层控制设计。相比传统下料方式，三维模型可反映出更多的空间信息，保证钢筋下料尺寸精确无误，得出钢筋加工最优解。东大河航电枢纽仅用15d完成主体结构全部钢筋模型的绘制工作，速度较传统钢筋建模提升5倍，钢筋综合利用率可达 99.2%，相比传统工程减少了4%左右的钢筋损耗。

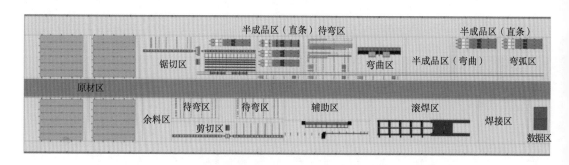

图 3-38 基于 BIM 技术的自动化钢筋加工系统

5. 数字金属结构制作安装

金属结构安装和土建施工往往存在交叉和冲突，项目对整个金属结构施工设计进行建模，充分利用BIM模型对金属结构预埋件进行碰、漏、错设计优化，并在施工前组织参建各方进行可视化交底和验收。同时利用BIM平台自定义添

加属性的特点，结合二维码技术，实现构件尺寸、质量、材料信息、安装和验收等的全过程管理，保证金属结构的区域化、信息化管理，实现安装和预埋件的无差别对接，并对已进场的金属结构（如人字门、平面定轮钢板门等）张贴二维码，施工时在现场扫码即可获取图纸设计、生产制造和运输过程中的相关信息。数字金属结构制作安装如图3-39所示。

a) 厂房预埋管道模型创建

b) BIM技术辅助图纸交底

c) 构件自动生成二维码

d) 电站厂房渗漏排水主管安装

e) 电站厂房预埋管道现场验收

f) 查看、添加信息

图 3-39　数字金属结构制作安装

6. 临时驻地、场站建设规划设计

项目办要求各参建单位临时驻地、场站建设提前提交设计方案，同时按照图纸利用BIM建立三维模型，对平面功能区域、平面尺寸、立面高度等参数进行整体布局规划，并将绿化、水沟、停车场、内外面细部装修等渲染出效果图、视频供专家评审参考，修改完善后再利用三维模型及漫游视频进行交底，其中双港航运枢纽土建SW1标重点打造了徽派建筑风格，八字嘴库区BW4标借用已建成房屋打造江南特色小镇，八字嘴库区BW3标则重点借由小桥流水连廊设计独成一派等。利用BIM进行小临规划如图3-40所示。

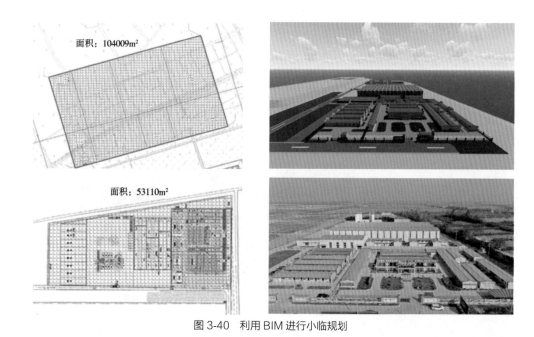

面积：104009m²

面积：53110m²

图 3-40 利用 BIM 进行小临规划

7. 基于 P6 的进度管理 BIM 平台

项目各施工单位采用进度管理平台进行生产调度，建立内置标准工序集，通过Revit软件建立工程模型，包括混凝土、钢筋、模板等全部信息，利用信息提取板对BIM模型内的信息进行提取并汇总，由软件自动套用标准工序集，快速准确地计算各工序的工期、资源以及逻辑关系，并将全部信息自动录入P6数据库，根据现场实际情况调整并修改资源设置，同时利用P6软件强大的进度管理功能，编制进度计划指导现场施工，根据现场反馈的进度、资源等数据，通过PDCA循环（戴明环）及时调整进度安排，确保工期节点如期完成。基于P6的速度管理BU平台流程如图3-41所示。

8. 无人机航测

在超大深基坑施工过程中，人工测量往往难以实现对不规则地形数据的快速采集。项目采用无人机倾斜摄影技术对基坑土方、砂石料等进行方量测量，可对不规则物体快速测量，实现土方日出工程量的精准统计，从而精细控制土方开挖，同时还可对混凝土集料进行精细控制，避免因材料准备不足造成窝工。与传统技术相比，运用三维倾斜摄影技术，直接经济成本可下降0.5%～1.0%。

数据对比情况如图3-42所示。

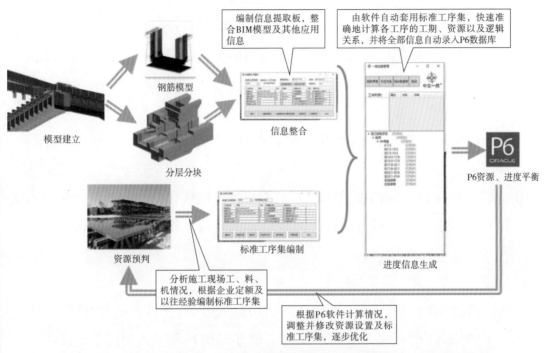

图 3-41 基于 P6 的速度管理 BU 平台流程

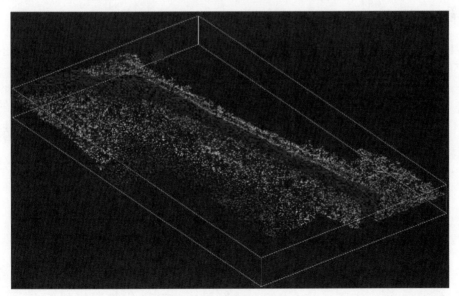

图 3-42 数据对比情况

9. 延时摄影

项目在施工现场安装了延时摄影机，及时记录建造景象，直观掌握各施工节点的形象进度，同时每月安排无人机对施工现场进行全景航拍，经整理后形成了全过程电子影像档案，为后续航运项目提供宝贵的视频资料，为后续水运工程建设提供参考借鉴。

10. 装配式钢结构 BIM 深化

项目管理区房建工程为钢结构装配式建造，其部品类别、施工工艺要求等与传统项目存在较大差异，且专业交叉多，项目通过BIM全专业建模，预演排版优化，特别是将钢结构精细化建模、ALC墙板建模优化，墙洞预留、机电管线综合排布等问题前置于设计阶段，减少后期的排改工作量，为房建装配式建造打下扎实基础。

11.BIM+VR/AR

项目通过BIM+AR结合，以BIM模型为基础，结合最新的AR增强现实技术，进行现场AR增强施工前技术交底。辅导班组长和工人利用手机微信扫一扫，AR识别相关图纸，自动从云端抓取相应图纸的三维模型，形象地展示出相关构件建成后的状态，使施工技术人员对图纸的理解和掌握更加容易。同时采取了VR虚拟现实交底，让技术人员沉浸式体验工程项目完工后各个部位的构件形态、构件基础属性信息，直观地感受项目基本情况。

在八字嘴和双港枢纽现场都建立了VR安全体验馆，设置了近乎真实的模拟触电、坍塌、高处坠落、车辆伤害、淹溺、机械伤害等20多项不同场景的安全体验，所有参建人员进行入场安全教育时必须全程接受沉浸式体验，充分认识到灾害的危害性，并掌握相关的安全防范知识和正确的救援措施。

（二）基于 BIM 平台的信息化管理

1. 数字建造

通过 BIM 技术应用，结合GIS和物联网，在建造中将原材料信息、试验数据、施工过程中的质量检验和评定资料、计量支付和变更管理数据、责任人和相关人信息等与 BIM 模型永久关联，形成工程模型大数据。数字建造如图3-43所示。

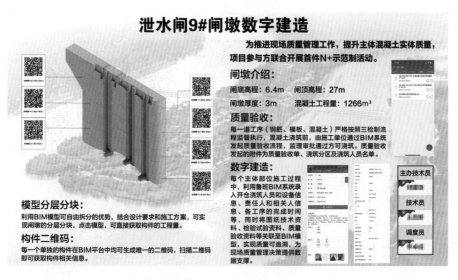

图 3-43 数字建造

2. 质量监管

以 BIM+物联网技术为抓手，实现质量验收流程化（首件工程 N+示范制），质量巡检信息化。通过BIM、电子质检体系和实名认证完善建立责任人质量履职信息档案，每个构件从班组、监理到项目办人员自动生成质量责任登记表，包括质量验收、材料产地批号和试验室检测数据，全部与构件关联，实现质量责任可追溯、质量验收全过程数字化。目前质量验收通过手机端发起线上验收协作2200多条，采用线上质量验收的方式，大大提高了现场一次验收率。质量监管如图3-44所示。

3. 安全管理

着力推行网格化安全管理，实现手机App安全巡查，人员积分制管理，配电箱、设备二维码管理，VR安全教育等功能，通过BIM技术为项目建设系上"安全带"。推行一线班组标准化，设立产业工人培训基地，实行全员实名制管理，信息合格准入后统一发放不同工种二维码，目前已制作人员二维码10803个；推行安全教育积分制，通过安全培训，达到 12 分以上方可上岗，平时发现安全违章进行相应扣分，6分以下必须重新回炉学习培训。利用手机端实行网格化安全巡检。现场安全隐患问题由线上发起，并限时整改，审核通过完成闭合，目前已发起问题整改协作5421条，均已完成整改。

图 3-44　质量监管

4. 进度管理

项目每月25日前通过BIM平台分层报送下月施工进度计划，每日18时前利用手机端进行实际进度录入，BIM平台通过不同的颜色显示进度滞后情况（其中银色代表计划进度；蓝色代表已完工；绿色代表按时完工；黄色代表滞后1~3d；橘色代表滞后3~5d；红色代表滞后5d以上；紫色代表提前完工）并导出进度分析对比表，同步短信推送，实现进度预警，随时显示项目实际进度和计划进度的差别，并生成进度分析报告，便于项目调整施工方案，提高现场进度管控，合理调整施工计划及资源投入。

（三）物联网智慧工地系统

1. AI 视频分析

八字嘴和双港施工重点区域和主要路口一共设置监控点37处，每个监控设备均植入本项目独立开发的AI程序算法，可自动分析安全行为，如是否佩戴安全帽、安全绳和口罩，现场物品堆放是否满足安全文明施工要求，如果出现违规行为，可自动识别并预警，将预警分析结果发送到各区域网格员，网格员通过现场及AI识别平台处理，智能识别、事件自动分类、自动取证、智能预警，使现场管理部门将更多的精力投入到处置过程中，大大提升了项目管理要求、提高违规事件处置效率、降低人工成本。截至目前，AI智能预警48次（其中未佩戴安全帽28次，疫情期间未佩戴口罩10次，未佩戴安全绳10次），均第一时间通过手机App或钉钉信息推送至现场安全员，并整改闭合。AI智能识别平台如图3-45所示。

图 3-45 AI 智能识别平台

2. 施工工地环境监测

八字嘴和双港枢纽一共设置了5处监测点，实时采集现场温度、湿度、风向、扬尘等环境数据，通过无线传输设备将数据实时传输到智慧工地管理平台；根据现场情况设置温度、风度等指标阈值，接近或超过阈值时系统将及时自动预警，现场网格员到现场核实情况并及时处理。超过阈值时，系统会发出报警提示（施工期间PM2.5超标11次，核实后已组织人员第一时间安排了洒水降尘）。环保监测流程如图3-46所示。

图 3-46　环保监测流程

3. 试验机远程数据采集监控

通过传感技术、移动通信技术、互联网技术应用，实现试验过程中试验数据的采集，并上传监控平台，从源头保证试验数据的真实性；参建各方人员能够及时掌握水泥、混凝土和钢筋的检测质量以及马歇尔试验数据、软化点试验数据、针入度试验数据等沥青各大指标，同时，通过平台可以查询、统计、分析、追溯各工程项目工地试验室的试验检测数据，根据试验检测标准进行数据分析，对不合格数据进行短信报警。试验机远程数据采集拓扑图如图3-47所示。试验机数据如图3-48所示。

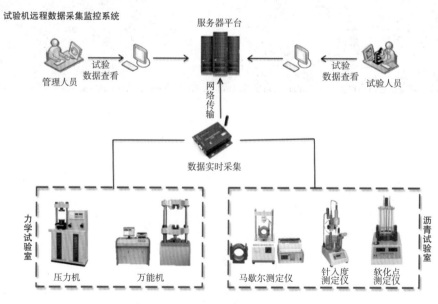

图 3-47　试验机远程数据采集拓扑图

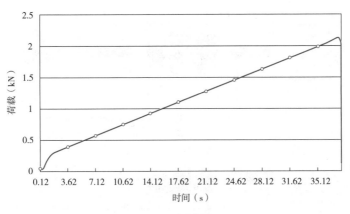

图 3-48　试验机数据

4. 拌和站生产质量监控

项目施工单位的拌和站均安装监控系统，系统自动采集每盘混凝土浇筑部位、强度等级和出料时间，自动分析每盘混凝土配合比，对不合格数据通过钉钉推送相关人进行整改，同时实现拌和站混凝土生产数据汇总，为后续施工提供决策参考。拌和站生产质量监控系统拓扑图如图3-49所示，该系统功能如图3-50所示。

标段	样品编号	试验日期	上传日期	桩号及部位	配合比编号	样品规格	设计强度	龄期(天)	强度取值(MPa)	达到设计强度百分比(%)	合格判定	查看详情
BW1	YP-XJ-BW1-KY-2020042921-1	2020-06-28	2020-06-29			150.0×150.0×150.0	C25	60		159.6	-	查看 打印 取样
BW1	YP-XJ-BW1-KY-2020042918-2	2020-06-28	2020-06-29			150.0×150.0×150.0	C30	60		174.3	-	查看 打印 取样
BW1	YP-XJ-BW1-KY-2020042918-1	2020-06-28	2020-06-29			150.0×150.0×150.0	C30	60		166.0	-	查看 打印 取样
BW1	YP-XJ-BW1-KY-2020042915-3	2020-06-28	2020-06-29			150.0×150.0×150.0	C25	60		161.6	-	查看 打印 取样
BW1	YP-XJ-BW1-KY-2020042915-2	2020-06-28	2020-06-29			150.0×150.0×150.0	C25	60		175.6	-	查看 打印 取样
BW1	YP-XJ-BW1-KY-2020042915-1	2020-06-28	2020-06-29			150.0×150.0×150.0	C25	60		170.8	-	查看 打印 取样
BW1	YP-XJ-BW1-KY-2020042912-7	2020-06-28	2020-06-29			150.0×150.0×150.0	C25	60		171.6	-	查看 打印 取样
BW1	YP-XJ-BW1-KY-2020042912-6	2020-06-28	2020-06-29			150.0×150.0×150.0	C25	60		155.2	-	查看 打印 取样
BW1	YP-XJ-BW1-KY-2020042912-5	2020-06-28	2020-06-29			150.0×150.0×150.0	C25	60		166.8	-	查看 打印 取样
BW1	YP-XJ-BW1-KY-2020042912-4	2020-06-28	2020-06-29			150.0×150.0×150.0	C25	60		164.4	-	查看 打印 取样
BW1	YP-XJ-BW1-KY-2020042912-3	2020-06-28	2020-06-29			150.0×150.0×150.0	C25	60		170.4	-	查看 打印 取样
BW1	YP-XJ-BW1-KY-2020042912-2	2020-06-28	2020-06-29			150.0×150.0×150.0	C25	60		158.0	-	查看 打印 取样
BW1	YP-XJ-BW1-KY-2020042911-1	2020-06-28	2020-06-29			150.0×150.0×150.0	C30	60		163.6	-	查看 打印 取样
BW1	YP-XJ-BW1-KY-2020042909-2	2020-06-28	2020-06-29			150.0×150.0×150.0	C30	60		159.7	-	查看 打印 取样

图　3-49

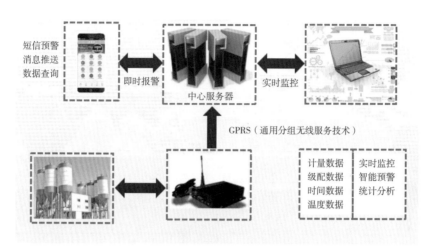

图 3-49　拌和站生产质量监控系统拓扑图

图 3-50　拌和站生产质量监控系统功能

5. 试验检测云系统

项目试验室关键试验检测数据（如混凝土试件抗压强度、水泥胶砂抗压抗折强度、钢筋拉伸试验数据）实现自动采集与传输，所有报告、记录在系统内自动生成，一经采集无法更改，试验报告通过网上审批签发，同时项目办、中心试验室母体和质量监督局各领域专家定期对现场报告数据进行复核，确保检测结果真实有效。试验检测云系统流程如图3-51所示。

6. 试验室盲样管理

试验取样后填写样品委托单，试验室接样人通过唯一性样品编号标识样品，同时向试验人员下发仅包含样品规格、检测参数的试验委托单，试验人员在检测过程中仅需对样品编号予以确认，无法获得具体的送检单位、工程部位等信息。试验室盲样系统流程如图3-52所示。

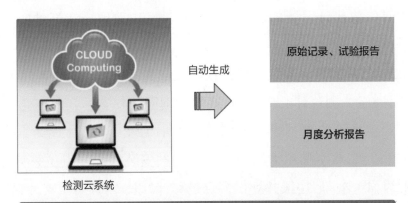

图 3-51　试验检测云系统流程

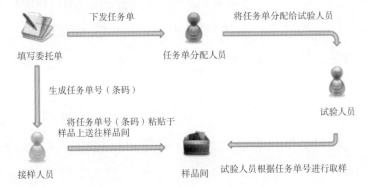

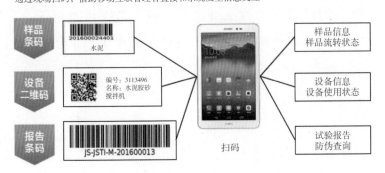

图 3-52　试验室盲样系统流程

7. 自动化安全监测

为了确保整个施工过程中坝体安全，项目安装钢筋计、五向应变计、无应力计、温度计、渗压计、测缝计、多点位移计、表面位错计等对坝体变形、裂缝、渗流进行监测。

截至2020年5月20日，安装完成的仪器数量为：①双港段：泄水闸共安装埋设多点位移计8组、测缝计8支；船闸共埋设钢筋计48支、五向应变计23组及无应力计23支、温度计12支、测缝计3支、渗压计12支，总计137支（组），报送施工月报13份。②八字嘴东大河段：泄水闸共安装埋设多点位移计4组、渗压计6支、测缝计10支；厂房段共埋设多点位移计2组、渗压计4支、钢筋计6支、五向应变计3组及无应力计3支；船闸共埋设渗压计12支、测缝计3支、钢筋计16支、五向应变计8组及无应力计8支、左岸土坝共埋设渗压计3支，总计88支（组），报送施工周报115份、施工月报27份。③八字嘴西大河段：泄水闸共安装埋设多点位移计4组、渗压计9支、测缝计7支；厂房段共埋设多点位移计2组、渗压计4支、测缝计2支；船闸共埋设渗压计12支、钢筋计8支、五向应变计8组及无应力计8支，总计64支（组）。

8. 双轮铣数字化指挥系统

在西大河航电枢纽防渗墙施工中，项目施工单位研发使用了双轮铣数字化智慧系统。该系统通过数字化模块实现制浆系统自动化操控，引入精密传感、图像识别、移动端App等技术"增智增慧"，通过数据加密传输至云端，将实际施工的数据自动引入检验批，自动生成记录及评定表格等，实现精细施工参数监测，大幅提高了资料编制效率和数据准确度，确保数据可查可溯，成本核算科学高效。与传统双轮铣防渗墙施工相比，减少了技术人员和资料员50%的工作量，大幅提升了工作效率和现场设备管理水平。

（四）电子档案管理平台

电子档案数智管理平台由三大业务子系统［计量支付管理、质量管理（内业资料填报）、电子档案管理］和一个数字认证签字系统组成。平台以档案价值为核心，以信息资源整合与共享（计量支付管理和质量管理数据）为基础，将工程建设过程中生成的、有价值的重要档案信息资源借助信息技术进行数字化的收集、管理和提供利用，实现建设项目档案管理智能化、信息化。

1. 计量支付管理

计量支付管理主要包括合同管理、计量支付、变更管理等；通过对各参建单位的信息登记、合同审批、计量支付全过程信息化收集，依托云计算及移动互联网技术、大数据分析、电子签章，建立起协同、整合、高效的动态工程造价管理体系，按设定的业务流程（图3-53）进行线上申报、审批，生成有效的PDF格式电子文件（图3-54），作为档案的基础资料，以便归档。同时实现计量清单与质检资料管理互通（图3-55），系统通过验证质检资料的签批情况判定是否给予计量，对资料不齐全的系统自动判定不予计量。截至目前，上线应用单位58家（八字嘴项目及双港项目）已在线上累计计量近40亿元。

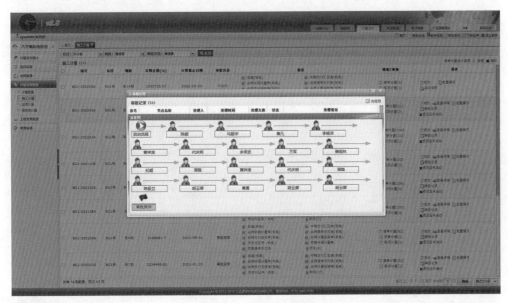

图 3-53 计量支付流程图

2. 质量管理

通过向江西省内外项目调研、学习，结合实际情况，项目组织各参建单位讨论制定、规范统一了信江航运枢纽项目施工管理表格、信江航运枢纽项目船闸工程质检表格、信江航运枢纽项目泄水闸工程质检表格、信江航运枢纽项目围堰工程质检表格、信江航运枢纽项目电站厂房质检表格等用表。通过系统将传统的纸质报送转换成线上填报，按设定的业务流程进行线上申报、审批，解决文件在各单位部门之间来回等候审批、盖章等烦琐工作，通过平台电子签章功能，自动生成合法有效的PDF文件，并同步完成电子档案资料的收集工作，以便归档。截至目前，累计完成表格模板1089份，累计上线审批质检表格93341份。质量管理截图如图3-56所示。

图 3-54　自动生成的电子文件

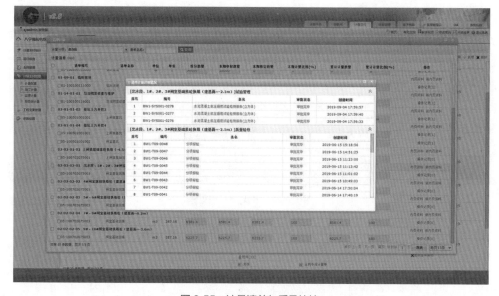

图 3-55　计量清单与质量挂接

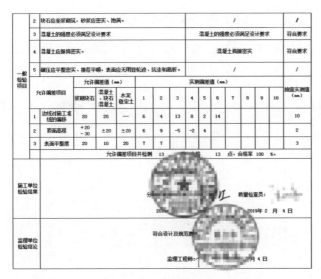

图 3-56 质量管理截图

3. 电子档案管理

项目组织开展了电子档案管理试点，通过电子档案管理实现与各业务系统（如计量支付系统、质量管理系统、试验系统等）对接，建设过程中产生的各类文件经过电子签章后，快速进行分类整理、案卷编制、收集组卷、归档管理，自动生成封面、卷内目录、脊背、备考表、案卷目录、档案号，最终以电子档案形式长期保存，全过程无纸化，保证电子档案的真实性、完整性、可用性。档案管理截图如图3-57所示。

（五）钉钉办公管理系统

项目参建单位多、分布面广，项目在日常管理中通过建设"钉钉"移动办公平台，建立完善了项目线上组织人员架构，编录了平台通讯录，利用"钉钉"强大的平台功能有效地解决了参建单位多、分布面广的信息沟通、网络考勤和事项督办等难题。

1. 行政办公移动化

项目通过定制开发，利用平台审批模块，对考勤、请假、外出、出差、公文流转、公车使用等申请流程进行线上审批，实现有序定时提醒、紧急事项催办，由原来的 PC 端沟通变成了PC+移动端无缝衔接，使工作信息有效沉淀，永久保存，实现了项目沟通扁平化，大大减少了行政人员的统计工作，提升了工作的督办效率。

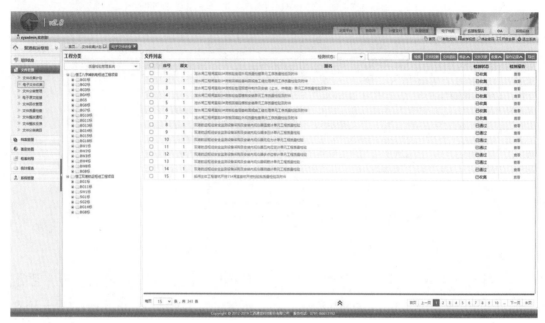

图 3-57　档案管理截图

2. 上传下达

通过平台的上传下达功能，将各类指令、通知、公告等消息发布后，工作发起方可以随时查看发出的信息是否已读，并支持电话、短信、应用内三种"DING一下"的通知方式，让每个事项完成办理100%闭环，全面提升了项目管理人员的执行力。

3. 考勤管理

利用平台"钉钉"考勤管理，各参建单位在系统中设定考勤打卡时间、人员、区域和频次，形成考勤统计报表。项目建设方可实时掌控参建方关键岗位到岗履约情况，并对主要人员在岗进行有效履约监管。

第四章

项目施工

为抓好施工工艺这个源头，信江项目在招标阶段就制定了《信江项目禁止和限制落后技术目录》，明确了专项方案清单和审批流程，要求各参建单位必须严格做到规范、及时。项目主要分项工程实行首件工程示范制，通过 BIM 模型和动画模拟直观展示施工工艺和流程，形成标准化施工工艺。项目办积极推进工艺创新，在双港航运枢纽项目创新了滩洲土"水上翻填法＋陆填堤心"围堰填筑技术，在船闸施工中采取了浮式系船柱一期直埋工艺。在八字嘴航电枢纽项目泄水闸闸墩上部创新了"无外支撑悬臂式牛腿支模"工艺，在溢流面施工中采取了"A 型开敞式驼峰堰滑模"工艺，临时道路采用装配式快速循环预制路面技术；在管理区房建项目施工中采用装配式钢结构技术；在库区防渗墙施工中引进了德国宝峨双轮铣设备，采用了双轮铣深层搅拌技术；采用焊接机器人和纵横定位筋相结合，创新了大体积混凝土钢筋制作安装定位工艺等。

"他山之石，可以攻玉"。项目办以"走出去，请进来"的方式，前往国内优质工程进行实地考察、调研，不断总结提炼，提出了具有信江特色的工程理念。比如，2018 年 10 月，前往广东清远抽水蓄能电站调研后，对电站管路安装进行了思考和优化，提出了基于 BIM 的装配式机电安装技术的工程应用，通过 BIM 三维精细化设计，实现了管道和电缆桥架预制生产，现场整体拼装；2019 年 3 月，赴江苏考察调研后，在双港航运枢纽项目采用了闸室墙全钢护面工艺，并应用了移动式高大钢模板龙门架等。

这些工艺的优化和创新进一步提升了项目施工质量，夯实了品质创建举措。2019 年，项目以"智慧建造、生态绿色"为主题，作为唯一的水运工程项目入选交通运输部科技示范工程；2021 年，入选交通运输部平安百年品质工程创建示范项目（第一批清单）。

本章重点介绍项目的施工工艺特点，按照工程性质分为临时工程、主体工程和附属工程，具体从主要结构及其形式、施工组织、施工主要特点及方法、施工关键要点等方面进行阐述。

第一节　临时工程

一、导流明渠

导流明渠也叫明渠导流，是在施工基坑的上下游修建围堰挡水，使原河水通过明渠导向下游的施工导流方式。

信江八字嘴航电枢纽项目导流明渠按Ⅶ级航道标准修建，通航水深不小于1.5m，转弯半径不小于100m，明渠总长度约550m。BIM图如图4-1所示。

信江双港航运枢纽项目导流明渠按Ⅲ级航道标准修建，导流明渠位于双港航运枢纽西侧，明渠长2710m、底宽120m、底高程8.00m，通航水深不小于3.2m，转弯半径不小于480m。BIM图如图4-2所示。

图 4-1　信江八字嘴导流明渠 BIM 图

图 4-2　信江双港导流明渠 BIM 图

（一）主要结构及其形式

信江八字嘴航电枢纽项目导流明渠（图4-3）按Ⅶ级航道标准修建，梯形断面结构，顶面宽度200m（端部220m），底面宽度70m（端部90m），1级边坡坡比1:2，2级边坡坡比1:2.5，明渠总长度约550m。1级护坡采用六角块防护，平台位置采用充砂袋防护，2 级护坡及护底采用软体排防护。

信江双港航运枢纽项目导流明渠（图 4-4）为梯形断面结构，导流明渠底宽 120m，坡比 1:3，从原地面（约 +15.0m 高程）开挖至 +8.0m 高程，开挖深度约 7.0m。明渠开挖土方用于填筑围堰。

图 4-3　信江八字嘴导流明渠实景图　　　　图 4-4　信江双港导流明渠实景

（二）施工流程

信江八字嘴、双港导流明渠施工流程如图 4-5、图 4-6 所示。

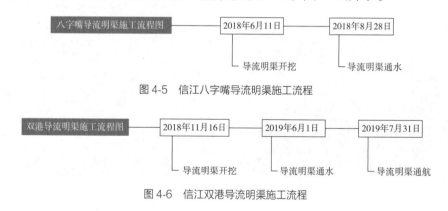

图 4-5　信江八字嘴导流明渠施工流程

图 4-6　信江双港导流明渠施工流程

（三）施工主要特点及方法

1. 水陆联合开挖

水陆联合开挖：第一阶段利用挖掘机对导流明渠 +15m 高程以上进行陆上开挖；第二阶段利用挖掘机和链斗船对导流明渠进行水陆联合开挖，先开挖后支护,将开挖工序提前,以缓解本工程枯期围堰填筑施工时的进度压力。水陆结合避免了陆域交叉施工的影响,也解决了水位对开挖的影响,合理分配水域陆域开挖方量,达到机械最大化利用。

2. 软体排护坡护底工艺

软体排是利用土工织物按一定尺寸缝制成的排布,是土工合成材料在江河岸坡、丁坝护底(护脚)中常用的一种结构形式。软体排覆盖在水流冲刷处,既能削减冲击能量,又可利用土工织物的反滤作用,使覆盖面下的土粒不被水流冲走。软体排的上层为反滤土工布层,下层为机织布层,上下两层之间缝制成若干单元体,每一单元体周边充砂,形成具有主肋和辅肋的框格形状,其主肋垂直于水流方向,辅肋顺着水流方向。由于复合土工布软体排具有很好的柔性,在施工过程中可自动调节整体的形状,具有很好的防护功能。排布展开、肋袋充砂如图 4-7、图 4-8 所示。软体排施工如图 4-9 所示。

图 4-7　排布展开

图 4-8　肋袋充砂

图 4-9　软体排施工

1）施工工艺流程

施工工艺流程如图 4-10 所示。

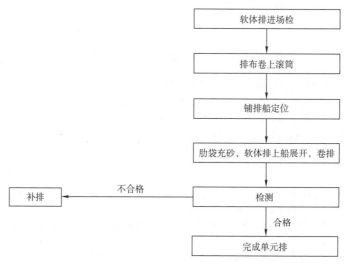

图 4-10　施工工艺流程

2）工艺控制重点

（1）加工质量控制。

①把好材料关。软体排加工的原材料主要是土工织物，其物理性能随机性较大。加工前要严格查验材料的出厂合格证及自测报告、随机抽样的复试报告及外观质量，并严格按照技术规格书验收技术指标，确保土工织物的各项技术指标达到要求。

②把好加工关。软体排接缝是排体的薄弱点，应对接缝的结构形式、缝纫针的大小、针距、缝纫线的质量按设计要求及规范要求严格控制。对软体排受力敏感部位，采取相应的加强措施，从结构上、加工上着手，为软体排铺设提供可靠保证。

③把好检验关。除对软体排的结构形式、外形尺寸进行验收外，还要重点检测软体排受力敏感部位的加工质量，如绑扎圈、加筋环处的加强结构、加筋带的规格及间距、拼缝的结构形式等。

（2）软体排铺设。砂肋软体排头部 5m 范围内采用加密袋装砂肋，前三排砂肋间距 0.5m，后面四排砂肋间距为 1m，保证排头在设计位置能起到排头固定作用。为确保排尾沉放准确，沉放时要用绳将丙纶加筋圈穿好，并在铺排船上将绳的尾端固定好。当水深较大时，要适当增加加筋圈的个数并增大尾绳的直径，以能确保尾部拉直。放完尾部时，要慢慢拉出尾绳，以免拉动或拉翻排尾。选择在流速较小时进行施工。圆弧等特殊段落施工应采取重叠铺设的方式，保证最小的搭接宽度不小于 2m。

3. 一次建渠，东西大河结合使用

采用一次建成导流明渠施工方式。一期拦断东大河，上游来水通过导流明渠和西大河流向下游；二期拦断西大河，通过导流明渠和已建成的东大河闸孔过流、船闸通航。这样一次建成导流明渠，有利于保证东大河和西大河干地施工，使施工简便，投资减少，同时利用原河道及导流明渠通航，无须断航或助航。导流明渠如图 4-11 所示。

图 4-11　导流明渠

项目在可行性研究阶段进一步优化施工导流方案，导流时段采用枯水期 9 月至次年 3 月，导流标准为 10 年一遇的设计标准，导流方式采用明渠导流、一次性拦断河道施工。2018—2022 年，经过四个汛期的运行，八字嘴项目导流明渠过流能力完好，满足导流及通航要求，导流明渠在项目建设过程中发挥了极为重要的作用。

（四）施工关键要点

（1）导流明渠开挖涉及水下作业，属于危险性较大的分部分项工程。

（2）导流明渠通水是施工围堰合龙的前提条件。

（3）导流明渠、钢栈桥及两侧通道需同时施工，通水前确保道路具备通行条件。

二、围堰

围堰是指在水利工程建设中，为建造永久性水利设施，修建的临时性围护结构。其作用是防止水和土进入建筑物的修建区域，以便在围堰内排水、开挖基坑、修筑建筑物。

围堰按其所使用的材料可分为土石围堰、混凝土围堰、钢板桩围堰、草土围堰、袋装土围堰等，按与水流方向的相对位置可分为横向围堰、纵向围堰，按导流期间基坑淹没条件可分为过水围堰、不过水围堰。

八字嘴航电枢纽项目围堰采用过水围堰。东大河围堰总长 3803.9m，西大河围堰总长 4806m。堰体采用砂卵砾石及中粗砂进行填筑，防渗采用"复合土工膜＋高喷防渗墙"结构，迎水面护坡采用模袋混凝土护面。为确保围堰及基坑的安全，在下游围堰设置非常溢洪道。

双港航运枢纽项目围堰为斜坡式结构，堰顶高程 21m，顶宽 8.0m，两侧坡比均为 1∶3。围堰迎水面采用充砂袋护坡，护坡下方用 300g/m² 的短纤针刺非织造土工布排水反滤。

信江双港围堰断面图如图 4-12 所示。八字嘴东、西大河围堰如图 4-13 所示。

信江双港围堰平面图

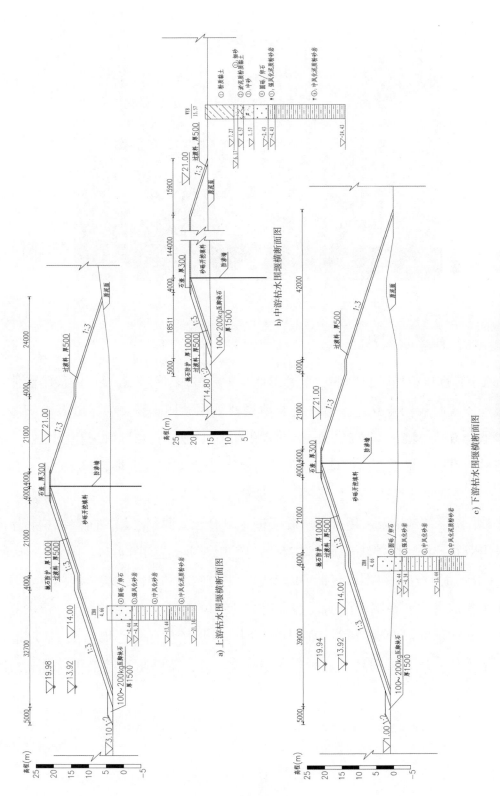

图 4-12 信江双港围堰断面图（尺寸单位：mm）

图 4-13　八字嘴东、西大河围堰

（一）主要结构及其形式

八字嘴航电枢纽项目围堰由上游围堰、下游围堰、江心岛及岸滩段防渗体系构成（图 4-15、图 4-16）。堰体主要填筑料采用砂卵砾石、中粗砂及中细砂，围堰堰顶高程 24.5m、顶宽 7.0m，迎水侧坡比 1:2.25，基坑侧坡比 1:2.25。为便于尽快形成干地施工，戗堤截流布置于围堰上游侧，戗堤顶高程 17.5m，顶宽 13m，戗堤迎水侧坡比 1:2.25，基坑侧坡比 1:2。

围堰防渗结构主要采用"高压旋喷桩 + 复合土工膜斜心墙"防渗结构，岸滩段采用双轮铣深层搅拌法水泥土防渗墙。监测仪器布置如图 4-14、图 4-15 所示。

双港航运枢纽项目围堰包括上游围堰、下游围堰和纵向围堰。堰体主要填筑料采用粉质黏土，在围堰两侧设置马道，迎水侧高程 14.0m、宽 4m，背水侧高程 14.0m、宽 8m。围堰 19.5m 高程以上堰体采用粉质黏土心墙防渗，19.5m 高程以下堰体及堰基采用高压旋喷防渗墙防渗，高压旋喷防渗墙采用双排全封闭高压旋喷防渗墙。

（二）施工流程

信江八字嘴、双港围堰施工流程如图 4-16、图 4-17 所示。

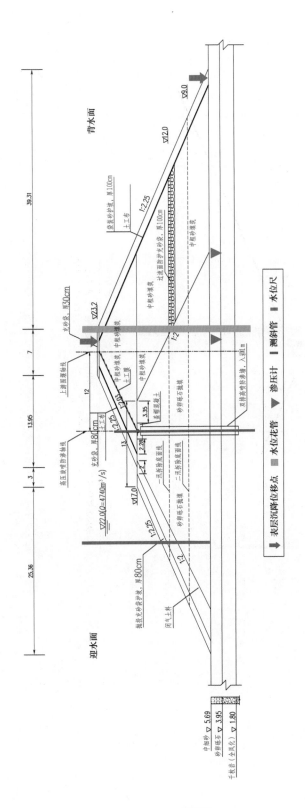

图 4-14　信江八字嘴上游围堰监测点布置图（尺寸单位：m；高程单位：m）

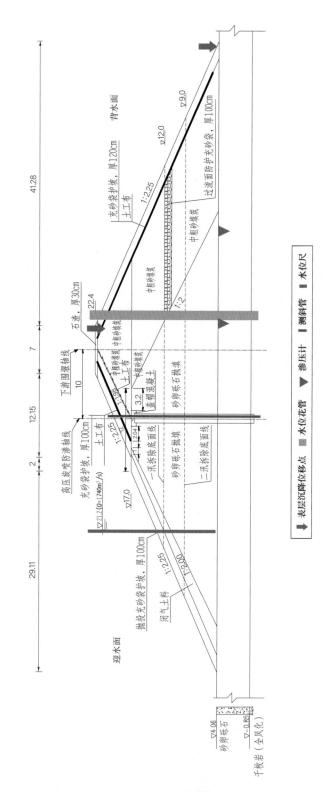

图 4-15　信江八字嘴下游围堰监测点布置图（尺寸单位：m；高程单位：m）

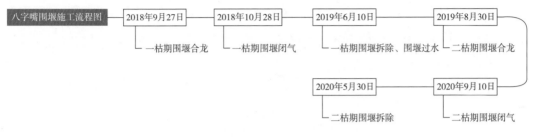

图 4-16 信江八字嘴围堰施工流程

图 4-17 信江双港围堰施工流程

（三）施工主要特点及方法

1. 高压旋喷防渗墙 + 复合土工膜心墙组合防渗体系

采用"高压旋喷桩防渗墙 + 复合土工膜心墙"组合防渗体系进行施工（图 4-18），施工快捷、成型快，有效地缩短了围堰闭气工期，能够为后续施工创造有利条件。高压旋喷桩工艺适合在砂卵石底层进行桩的施工，能够形成稳定的复合防渗墙，桩径小、密实度高，承压能力强、防渗效果好，可以缩短工期，大大降低施工成本，复合式土工膜具有较高的伸长率，在一般正常工作情况下复合土工膜能够承受由坝体引起的水平拉伸变形和竖向剪切变形，跟无膜情况相比较，复合土工膜抑制了坝体的应力和变形，不仅起到防渗作用，而且对坝体的应力变形有很大的改善。

1）高压旋喷桩施工工艺流程

施工工艺流程如图 4-19 所示。

2）高压旋喷桩施工工艺控制重点

（1）钻机就位钻孔。根据现场放线移动钻机，使钻杆头对准孔位中心，同时保证钻机达到设计要求的垂直度，钻机到位后必须进行水平校正，使其钻杆轴线垂直对准钻孔中心位置，保证钻孔的垂直度不超过 1%。在校直纠偏检查中利用铅锤（高度不得低于2m）从垂直两个方向进行检查，若发现偏斜，需重新调整。钻进成孔，孔径为150mm，平面位置偏差不得大于50mm。

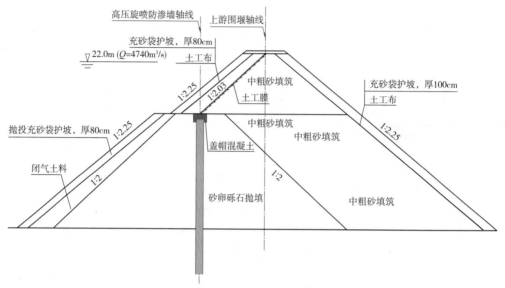

图 4-18　围堰高压旋喷防渗墙 + 复合土工膜（斜）心墙示意图

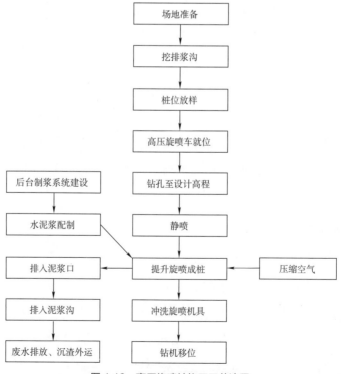

图 4-19　高压旋喷桩施工工艺流程

（2）静喷、提升。钻孔后，在孔底进行静喷，确定施工技术参数。

（3）高压喷射注浆。

①施工前预先准备废浆处理池，施工过程中应将废弃的冒浆液导入或排入废浆池，沉淀凝结后集中运至场外存放或弃置。

②施工前检查高压设备和管路系统，其压力和流量必须满足规范要求。注浆管及喷嘴内不得有任何杂物，注浆管接头的密封圈必须良好。

③做好每个孔位的记录，记录实际孔位、孔深和每个钻孔内的地下障碍物、注浆量等资料。

④当注浆管贯入土中，喷嘴达到高程要求时，即可按确定的施工参数喷射注浆。喷射时应先达到预定的喷射压力，注入量正常后再逐渐提升注浆管，由下而上喷射注浆。

⑤每次旋喷时，均应先喷浆、后旋转和提升，以防止浆管扭断。

⑥配制水泥浆时，水灰比要求按设计规定执行，不得随意更改；在喷浆过程中应防止水泥浆沉淀，使浓度降低。每次投料后拌和时间不得少于 3min，待压浆前将浆液倒入集料斗中。水泥浆应随拌随用。

⑦当喷嘴提升至设计桩顶下 1.0m 深度时，应放慢提升速度至设计高程。高压喷射灌浆过程中，若发生严重漏浆或因渗流量大造成浆液流失严重，要采取相应措施处理，直至孔口正常返浆后才能继续提升。

（4）冲洗机具。高压喷射注浆完毕，应迅速拔出注浆管彻底清洗浆管和注浆泵，防止被浆液凝固堵塞。

3）土工膜施工工艺流程

施工工艺流程如图 4-20 所示。

4）土工膜施工工艺控制重点

（1）盖帽混凝土。盖帽混凝土结构断面尺寸为 2.3m × 0.8m，高压旋喷桩桩顶伸入盖帽混凝土结构内 0.3m。采用 C20W6 混凝土浇筑，模板采用竹胶板，按照 12m 一段施工。先浇筑侧向齿槽 30cm 厚混凝土，

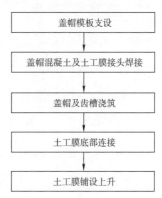

图 4-20 土工膜施工工艺流程

待土工膜接头条对中就位后，从接头条两侧均匀下料浇筑顶部 50cm 厚混凝土，并振捣密实，按照 12m 一段设置分缝浇筑，分缝处设置一道橡胶止水带。

（2）土工膜铺设。土工膜铺设随着堰体同步上升，先施工中粗砂，压实后整平，覆盖土工膜，再铺上层中粗砂，反复至堰顶高程。土工膜的铺设采取"之"字形折线上升，上升坡比为 1∶1.6，每层厚度 50cm。复合土工膜埋入盖帽混凝土的长度为 1m，两侧垫层填料采用小型振动碾碾压密实。为改善膜体受力条件，适应堰体变形变位，沿铺设轴线每隔 100m 设置土工膜伸缩节，伸缩节折叠后重合部位的长度为 0.5m。

（3）土工膜焊接。土工膜接头采用焊接，两施焊件搭接长度不得小于 30cm。在正式施工前进行现场接缝试验，对焊接试验时的气温、风速做好记录。采用不同的气温、焊接温度要对应不同的焊枪行走速度，进行多种组合试验，找出最理想的气温、焊接温度和焊枪行走速度。对各种组合的焊缝进行抗拉试验，要求断裂位置不得发生在焊缝上，断裂强度不得小于主膜强度的 85%。

2."水上翻填法+陆填堤心"围堰填筑工艺

通过采用挖泥船在滩洲取土点开挖土方装填泥驳，泥驳运输至围堰抛填区域，进行水下抛填，围堰抛填接近水面时，抓斗挖泥船从泥驳上直接取土翻抛至堰体露出水面；再采用陆上施工设备分层陆推外购土，并进行碾压处理，利用挤淤原理形成稳固堤心。该工艺根据水抛和陆推施工特点进行有机组合，达到了挖抛平衡，资源得到有效利用，避免了二次倒运，节省了工期和施工成本。

1）施工工艺流程

施工工艺流程如图 4-21 所示。

2）工艺控制重点

（1）水下抛填施工。

①滩洲取土。先在导流明渠区域的滩洲上测量放样出明渠开挖底边线，然后采用反铲挖泥船（图 4-22）沿开挖线从明渠两端向明渠中间开挖，分层、分条进行，每层厚度不超过 2m，每条宽度为铲斗深入水下时的前沿工作直径，条与条之间重叠不小于 1m，避免漏挖。

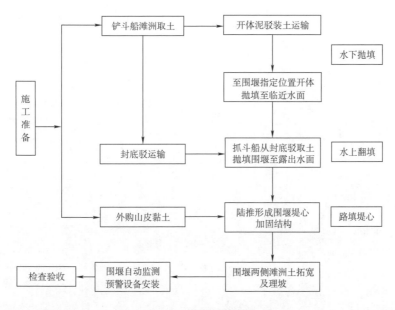

图 4-21 施工工艺流程

②水下抛填。水下抛填时，开体泥驳在装船后低速航行至围堰水域后开体抛泥，航行时注意风速、水流，航行路线应固定，与其他船舶之间采取避让措施。泥驳抛填前注意测量船底水深，避免抛填搁浅。

图 4-22 反铲挖泥船开挖

（2）出水填筑（水上翻填法）。水下抛填至堰体临近水面时，采用抓斗挖泥船（图 4-23）进行定位翻抛加高施工。抓斗挖泥船提前定位在围堰抛填位置的侧面，封底驳将土方运至围堰施工区停靠在抓斗挖泥船外侧，挖泥船从封底驳取土定点抛填加高，直至堰体抛填出水面。

图 4-23　抓斗挖泥船填筑

（3）陆上堤心填筑（陆填堤心法）。堰体抛填出水面后，陆推设备按 50cm 每层摊铺形成 8m 宽的稳固堤心，同时利用挤淤原理将堰体软化土层挤压变薄，部分土体外挤形成稳定的自然缓坡，有效地保护堤心结构，确保围堰结构稳定。

（4）陆上堤心碾压。在堰体抛填出水面后进行推填的同时，压路机对堰体进行分层碾压施工，加速围堰沉降板结，并实时观测沉降数据。

3. 基坑排水

基坑排水分为初期排水和经常性排水，在围堰闭气完成前，应统筹规划基坑排水。以东大河为例，初期排水总量按围堰闭气后的基坑积水量、渗水量、基坑覆盖层含水量、降水量等进行计算，总计约 245.3 万 m³，经常性排水量由基坑渗水、施工弃水、降水汇水和基坑覆盖层中含水量等组成，经常性排水每天约 9.7 万 m³。按照规范要求，初期排水的速度宜控制为 0.5~0.8m/d；为基坑开挖及后续主体施工争取时间，排水下降速度取 0.8m/d，10d 完成初期排水，每天抽水量约 24.5 万 m³。

上下游围堰内侧布置大型集水坑，其中上游侧布置 3 台离心泵，下游侧布置 5 台离心泵进行抽水作业，现场预留若干台潜水泵备用。

基坑坡顶位置布置截水沟，基坑内排水沟布置于马道内侧，位于风化岩层，考虑截排一体使用，排水沟根据马道走向布置，端部设集水坑（井），集水坑（井）大小根据马道宽度调整，集水坑（井）内布置潜水泵，将水抽至集水坑内。若距离较远，则修筑带有纵坡通向集水坑的排水沟，先抽水引出排水沟，再利用离心泵从集水坑排出围堰外。基坑排水、临时道路规划如图 4-24 所示。

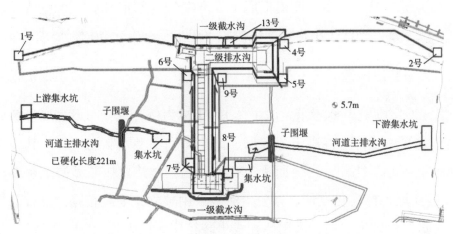

图 4-24　基坑排水，临时道路规划

（四）施工关键要点

（1）戗堤截流是整个工程进展的关键，是本工程施工的重要节点，具有较大的风险。

（2）围堰合龙、闭气是本工程的关键，直接影响后续的基坑开挖施工。

（3）围堰填筑方量大、防渗墙施工工程量大。为保证节点工期，需投入大量的机械设备，施工组织困难，施工强度高。

三、施工布置

施工布置是指为保证施工和管理的正常进行而临时搭建的各种建筑物、构筑物和其他设施。包括：临时搭建的职工宿舍、食堂、浴室、休息室、厕所等临时设施；现场临时办公室、作业棚、材料库、临时道路，临时给水、排水、供电等管线；现场预制构件、加工材料所需的临时建筑物以及储水池等。在航电枢纽中，一般指办公生活驻地、小型构件预制厂、钢筋厂、拌和厂等。

项目施工布置规划以交通运输部《公路水运施工安全标准化指南》《水运工程施工标准化建设指南》《两区三厂建设安全标准化指南》为标准，项目办要求各单位在进场之初提供大小临建方案，内含施工设计和结构细部图等，并用BIM建模实现多视角、多维度模拟展示。方案经内部审查后，再邀请省内外行业专家进行评审，确保大小临建严格按照水运工程标准化和招标要求落实。

（一）主要建设情况

以信江八字嘴航电枢纽东大河主体BW1标为例，现场布设主要包括办公生活驻地、钢筋加工厂、混凝土拌和厂、试验室和小型预制构件厂。其中办公生活驻地位于河心岛北侧，占地面积2.7万 m^2，驻地建设按照品质工程要求，通过BIM建模进行标准化设计。办公生活区采用独立式庭院布置，设置两栋中心办公楼，每栋设置为2层，采用装配式集装箱房，设内置走廊，走廊宽度2m。门口设置门卫室，室内安装视频监控系统。围墙采用隔声屏及锌钢围栏两种形式。在驻地左侧建立体育馆及休闲公园，丰富项目参建人员的业余生活。体育馆内配备篮球场、羽毛球场等，休闲公园配置乒乓球桌、太极推手器、太空漫步机、上肢牵引器等健身体育器材，供工人休闲娱乐使用。

钢筋加工厂位于河心岛中部，靠近主体施工区域，占地面积5000 m^2。以场站布局集约化、规模化为目标，场区道路进行划线标识，建立人车分离通道，打造钢筋"智慧套丝 - 滚焊东线"和"数控剪切 - 弯曲西线"两条加工主线；引入智慧钢筋加工系统，从钢筋加工流水作业的逻辑性、高效性及优化性入手，设立自动剪切、自动锯切、自动钢筋笼滚焊、自动弯曲与焊接机器人五条生产线；设置数控区、原材区、生产区、待弯曲钢筋存放区、半成品存放区、余料区、废料区、休息区等八大功能区。

为满足高峰期 96t/d 的钢筋需要，配置装备包括：数控钢筋弯箍机 1 套、数控锯切车丝一体机 1 套、剪切机 4 台、弯曲机 2 台、调直机 1 台、电焊机 8 台。钢筋加工厂设置防雨棚，防雨棚采用门钢结构，总长 148m、宽 35m、高 17m，长度方向进行全封闭，宽度方向敞口设置，作为车辆进出口。同时，研发基于BIM 技术的智慧钢筋加工系统，大大提高了钢筋加工的效率，减少了原材料的浪费。西大河开工前夕，对钢筋厂进行升级改造，引进钢筋分拣装置，凭借二维码领用，实现钢筋生产仓储式管理。

拌和厂位于河心岛南侧，占地面积 24000m²，包括拌和系统和筛分系统。根据工程进度安排，高峰月浇筑强度约 10 万 m³/月，高峰日浇筑强度为 4500m³/d。拌和楼配备了 HZS180 "水利型" 拌和站 3 座，HZS120 常规拌和站 1 座，日生产强度达到 5250m³/d。单台 HZS180 机配备 3 个 300t 水泥罐、一个 300t 粉煤灰罐，HZS120 机配备 4 个 100t 水泥罐、2 个 100t 粉煤灰罐，可满足 3d 的高峰期浇筑需求。存料区设置 4 个储料仓，安装防雨棚，采用全封闭形式。筛分场配备 2 台重型振动筛及 2 台砂石回收一体机，厂内修建一座 20m×25m×2.5m 的沉淀池，配备污水处理系统，引进高效旋泥污水系统，对筛分集料产生的污水，经过三级沉淀、污泥固化回收，实现废水循环利用。

小型构件厂位于河心岛西侧，钢筋加工厂旁边，占地面积 2160m²。安装封闭钢结构棚，场地及厂区内便道全部采用混凝土硬化。按照使用需求，厂内划分为原料区、预制场、养护区、存放区。

预制区安装一体化制砖机系统，实现预制构件自动补料、脱模等工厂化施工。养护区安装智能喷淋设施，每天定时对预制块进行洒水养护。

（二）施工主要特点

1. 打造花园式驻地

BW1 标项目经理部办公生活区绿化面积为 1300m²，在中心办公楼及宿舍楼前均设置花坛，停车场周围设置绿化带，同时突出亮点，通过点、线、面的结合，尽量保留原有岛上大树，使水运工程绿化与原生态绿化完美衔接；在主要便道两侧、工程俯瞰区、钢筋加工厂和拌和楼外侧采用品种多样、色彩丰富的乔木、灌木、草皮相搭配，加上造型独特、寓意深远的小品景观设置以及现有的生态园林，使整体环境呈现高低错落、疏密有致的层次感。同时彰显出江西水运的磅礴大气，给人一种"绿草如茵、风景如画"的即视感。其他主要标段则体现各自特色，BW4 标项目经理部采用徽派建筑，形成水墨风景之美；BW3 标项目经理部通过在办公驻地前建设圆环式廉政长廊，打造赣南围屋之美。办公生活区如图 4-25 所示。

图 4-25　办公生活区

2. 智慧钢筋加工中心

信江八字嘴航电枢纽项目东大河主体工程需用钢筋约 1.7 万 t，钢筋加工车间日均生产量约为 1500 根（60t）。BW1 标项目经理部通过 BIM 技术研发并应用"钢筋建模翻样及用料优化工具软件"取代传统模式，为钢筋加工提供了快速建模翻样、出单优化、数字化加工、信息化管理的成套钢筋加工整体解决方案，提高了钢筋综合利用率，降低了钢筋损耗。同时，通过设置门禁，建立钢筋仓储系统，保证钢筋厂物流式管理。钢筋加工厂如图 4-26 所示。

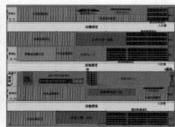

图 4-26 钢筋加工厂

3. 拌和厂智能调度中心

混凝土拌和厂（图 4-27）引进智能调度系统，配置智能混凝土生产指挥调度中心，4 台拌和站组建为一个系统，统一配合比管理、调度管理、车辆管理、生产管理、数据管理，实现了混凝土生产自动化控制，保证了系统生产的时效性、准确性和安全性，提高了混凝土拌和系统的生产效率，解决了混凝土拌和系统生产过程中生产效率低、车辆分配不合理、运输易出错、生产质量不好控制等造成的能源浪费、设备损耗、材料损耗、产品质量不合格等问题。

图 4-27 拌和厂

4. 临时道路

为满足现场交通运输需要，项目采用永临结合的方式规划道路。纵向围堰 1 号道路以及下基坑道路，按照规划在工程建设期间长期使用，采用现浇混凝土路面。基坑内临时道路，根据不同阶段的需求设置，道路转换频繁。采用装配式工艺，在规划的施工路线上铺设砂砾石垫层，安装装配式钢筋混凝土路基板，形成施工道路。装配式道路如图 4-28 所示。

图 4-28 装配式道路

（三）施工关键要点

（1）现场布设采用信息化手段统筹规划，借助智能系统实现过程管理。

（2）钢结构顶棚，按照承载能力极限状态进行验算。

（3）在厂区选址、厂内布局、设施安全、环水保及文明施工方面落实标准化要求。

第二节　主体工程

一、船闸

信江八字嘴航电枢纽项目船闸工程自 2018 年 8 月开始施工，2022 年 12 月交工验收完成。船闸由上、下闸首及闸室，上、下游引航道组成，工作船闸为人字闸门，由液压启闭机控制。基础采用地基换填，固结灌浆进行加固，防渗体系采用帷幕灌浆。

信江双港航运枢纽项目船闸工程自 2018 年 11 月开始施工，2021 年 12 月交工验收完成。基础采用振冲碎石桩复合地基，防渗体系采用帷幕灌浆＋高压旋喷桩体系。船闸闸室墙采用移动模板架及全钢板护面施工工艺，导航墙采用高大装配式液压滑模施工工艺，靠船墩、分水墙采用装配式模板一体化施工工艺。船闸工作闸门为三角形闸门，工作阀门为平板定轮阀门，工作闸门和工作阀门配置液压直推式启闭机进行了启闭；检修门为平面滑动叠梁门，采用起重船进行闸门启闭。

（一）主要结构及其形式

信江八字嘴航电枢纽项目船闸级别为Ⅲ级，设计船型为 1000 吨级。虎山嘴船闸有效尺度为 180m×23m×4.5m（长度 × 宽度 × 门槛水深），貂皮岭船闸有效尺度为 180m×23m×3.5m（长度 × 宽度 × 门槛水深）。上下游靠船墩布置在岸侧，采用斜坡式护岸，坡比为 1∶3。上游主导航墙共 16 段，其中靠近上闸首侧 4 段为重力式结构，其余 12 段为桩基承台、墙体形式；下游主导航墙共 17 段，均为桩基承台、墙体形式。上、下游分水墙由 3 段组成，挂板有 180m 为透空式，其余为封闭式。

八字嘴船闸平面布置图

八字嘴船闸模型、实景如图 4-29、图 4-30 所示。

图 4-29 八字嘴船闸模型

图 4-30 八字嘴船闸实景

双港船闸级别为Ⅱ级，设计船型为2000吨级，船闸有效尺度为230m×23m×4.5m（长度×宽度×门槛水深）。其中船闸主要建筑物包括一、二线闸首及闸室，上、下游引航道靠船墩、导航墙、分水墙等，采用整体坞式结构，共分13个结构段。上、下游引航道靠船墩布置在右岸侧，共设12个。导航墙段上、下游各设17个结构段。上、下游分水墙，二线船闸分水墙采用桩基承台墩柱式结构，墩与墩之间采用挂板连接。

双港船闸模型、实景如图4-31、图4-32所示。

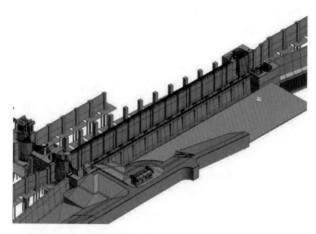

图4-31 双港船闸模型

图4-32 双港船闸实景

八字嘴船闸与双港船闸在结构地基、地基处理方式、防渗形式、水头特征、闸门形式及输水系统方面均存在差异。具体差异如下：

1. 结构地基不同

八字嘴船闸地基为中风化基岩，双港船闸地基为中砂或圆砾。

2. 地基处理方式不同

八字嘴船闸采用换填素混凝土的地基处理方式，双港船闸采用碎石桩复合地基的地基处理方式。

3. 防渗形式不同

八字嘴船闸采用帷幕灌浆的防渗方式，双港船闸采用高压旋喷桩 + 帷幕灌浆的防渗方式。

4. 水头特征不同

八字嘴船闸为单向水头，双港船闸为双向水头。

5. 工作闸门形式不同

八字嘴船闸工作闸门为人字门，双港船闸工作闸门为三角门。

6. 输水系统不同

八字嘴船闸采用局部分散布置形式的集中输水系统，双港船闸采用集中输水系统。

（二）施工流程

八字嘴虎山嘴船闸、双港船闸施工流程如图 4-33、图 4-34 所示。

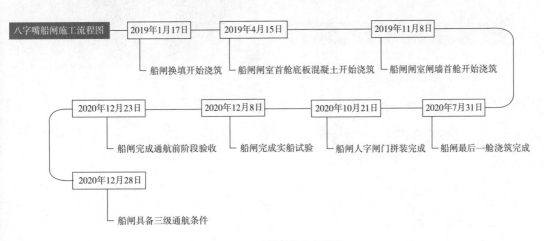

图 4-33　八字嘴船闸施工流程

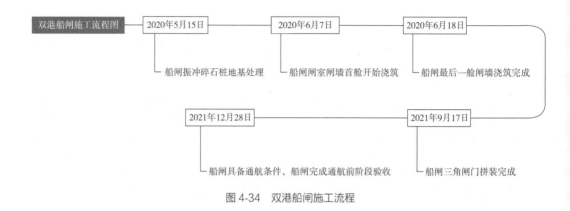

图 4-34　双港船闸施工流程

（三）施工主要特点及方法

1. 移动式高大钢模板龙门架

闸室采用移动模板架及高大钢模板施工（图 4-35）大分层施工，其特点是整体性强、结构分层少、成品表面平整光滑、外表美观，工效可提升 30%~50%；移动模板架可收放作业平台，施工安全系数大大提高。

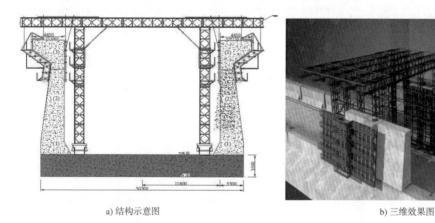

a) 结构示意图　　　　　　　　　　　　　　b) 三维效果图

图 4-35　移动模板架施工（尺寸单位：mm；高程单位：m）

1）施工工艺流程

施工工艺流程如图 4-36 所示。

2）工艺控制重点

（1）移动模板架设计。

①设计要点。移动模板架按照安全可靠，施工快速，造价合理，美观和谐的

设计原则来进行设计。移动模板架采用 321 型桁架片组装，为龙门式结构。模板龙门架三维效果图如图 4-37 所示。

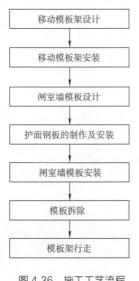

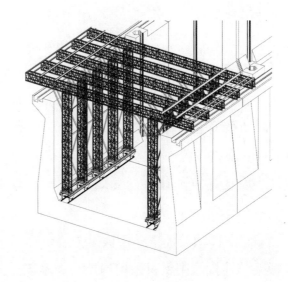

图 4-36　施工工艺流程　　　　　图 4-37　模板龙门架三维效果图

②移动模板架结构设计。桁架主要由桁架片、弦杆组成。桁架片由上、下弦杆、竖杆及斜杆焊接而成，上、下弦杆的端部有阴阳接头，接头上有桁架连接销孔。弦杆由两根 [10 槽钢组合而成，在下弦杆内有加强弦杆和双层桁架连接的螺栓孔，在上弦杆内有连接支撑架用的螺栓孔，竖杆均用 I8 工字钢制成，构件材料为 16Mn。

移动模板架由行走系统、支腿、承重梁、模板系统、悬吊系统、制动系统组成。

行走系统由轨道、行走轨道车和卷扬机牵引机构组成。轨道采用 P43 钢轨，轨道共分两组，两组轨道之间的中心距为 18.7m，每组两根钢轨中心距之间的距离为 1.5m，用膨胀螺栓和压板固定在闸室底板上。每个门架支腿下设一台轨道车，每台轨道车由两个车轮组成。轮箱上设有连接销耳板与门架支腿横梁采用销接。

支腿采用标准桁架结构，每根柱腿高 18m，采用两路贝雷销接而成，之间采用 900 型支撑架联系。单侧 5 个支腿之间采用连接板及斜撑作横向连接并支撑，以增加支腿的整体稳定性。

承重梁宽 36m，由 12 个标准桁架片组成。采用两路贝雷销接而成，之间采用 900 型支撑架联系。

模板系统包括临土面模板、迎水面模板、拉杆、端模等。

悬吊系统包括手拉葫芦和吊梁两部分。吊梁由主梁和次梁组成，主吊点均采用 10t 电动葫芦，吊梁为 $\phi 220 \times 8mm$ 钢管；次吊点为安拆模板时使用，主要由 5t 手拉葫芦，次梁为 [20a 槽钢。均安装在桁架承重梁两端，采用骑马螺栓固定在桁架上，为保证螺母脱落，骑马螺栓采用双螺母进行锁紧。

制动系统由"手动夹轨器 + 木楔"组成，行走时安排两名工人站在夹轨器处，并按 2m 距离设置一处木楔，提前放置轨道上，以防意外，如需制动时立即打紧夹轨器及在其他轨道轮处的木楔。

（2）移动模板架安装。

①制作移动模板架。模板架主要由标准321贝雷片组成，主要材料为16Mn；模板架的连接原则上只采用销接，如施工需要焊接，要采用T505X型焊条。

②铺设钢轨。共铺设两组轨道，每组轨道两根钢轨。两组轨道之间的中心距为 18.7m，两根钢轨之间的中心距为 1.5m。

③轨道车拼装。根据底板中轴线确定出 P43 钢轨轴线位置，弹墨线作出标记。按线铺设轨道，用压板和膨胀螺栓固定轨道。在钢轨铺设完毕后，使用 25t 起重机将两台轨道车分别吊至钢轨上，调整位置使两部轨道车横向位置保持一致，并且在轨道车安装之前要对钢轨使用水准仪测量顶部水平数据是否在 ±10mm 之内，如无法满足要求则进行轨道更换。

轨道车组成包括直径 96cm 轨道轮 +I30a 工字钢纵梁 + I25a 双拼工字钢，轨道车两端均设夹轨器及橡胶缓冲器，轨道每次铺设长度为三块底板长度，依次循环，轨道每 2m 固定一道，采用压板固定，（压板固定方式先在底板上钻 $\phi 20mm$ 孔眼，利用直径 16mm 螺纹钢筋植进孔内，其上端加工螺纹，放入压板采用螺母拧紧固定），轨道端部设置防撞挡板（采用 [16 槽钢作竖板和支撑）。

④龙门支腿的拼装。龙门共有 10 根支腿，每组地平车放置 5 根支腿。安装桁架片组，两排一节，每排间距为 900mm，使用 900 型支撑架连接，节与节之间使用贝雷销连接。

a.所有支腿拼装完毕后，使用起重机将这10根支腿安装到轨道车上。每根支腿阳头向下，将阳头插进轨道车的底座（图4-38）上，然后用销子固定住。

图 4-38 轨道车底座示意图

b.轨道车底座由2cm底板和母爪阴头以及I25双工字钢（轨道车横梁）焊接组成。

c.桁架片阳头与底座阴头用销子相连。

d.先安装两边支腿并固定好后，再安装中间支腿。在每个支腿安装完毕后使用钢丝绳作风缆牵拉固定，缆风绳利用闸室底板预埋插筋进行固定。

⑤连接板和斜撑连接。根据设计图纸安装支腿通长连接板，采用[20a槽钢制作，通长连接板使用M36螺栓紧固在桁架弦杆上的弦杆小方块上，每节桁架片上连接一根支腿通长连接板按3m一道。最上端支腿不设水平连接板，考虑第三层施工时临水钢护面和桁架需要从底板上提升，提升高度较高，电动葫芦路线较长，故考虑采用起重机辅助提升，起重机固定位置后只进行提升，不进行旋转吊装，不会触及移动模板架。

根据设计图纸安装支腿斜撑，采用[20a槽钢制作，支腿斜撑同样使用M36螺栓紧固在桁架弦杆上的弦杆小方块上。

⑥主梁的拼装。该移动模板架共有5组主梁，每组主梁由双排贝雷组成，共36m。拼装工序如下：

a. 在平地上拼装 12 节桁架片，两排一节，排与排间距为 900mm，使用 900 型支撑架连接，节与节之间使用贝雷销连接。

b. 在主梁悬臂端进行加强弦杆安装，安装在主梁的上弦杆上，如图 4-39 所示。

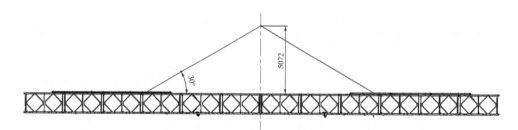

图 4-39　弦杆安装示意图

c. 在桁架的上弦杆上安装 900 型支架，支架安装为跨节安装。

⑦主梁吊装。

a. 安装钢丝绳：将钢丝绳穿插形成一人字形（图 4-40）。

图 4-40　钢丝绳安装示意图（尺寸单位：mm）

b. 使用 50t 起重机将主梁吊装到支柱的位置，每个主梁加强弦杆下部有 8 个阳头顶梁（顶梁由阳头础板和 I16 双拼工字钢组成），吊装的时候要将此 8 个阳头顶梁都安装到支腿上的阴头上，然后用销子固定住。主梁和下部顶梁采用骑马螺栓连接。并在采用 [10 槽钢在顶梁两端焊接防滑支挡。

c. 由于柱腿与主梁支点未处于横梁竖向腹杆处，所以在主梁与柱腿之间设置一根加强弦杆，加强抗剪能力，加强弦杆在主梁拼装时一同安装。

⑧内斜撑安装。

a. 模板架设置内支撑斜撑 20 根，由于斜撑为压杆，为避免斜撑受压失稳，在每组斜撑之间设置水平联系，减少长细比。因考虑支腿过高影响安全稳定下，浮式系船柱墩帽距离主梁较近，无法设置外支撑。为减小主梁悬臂端受力变形过大，在主梁顶部设置 2I20a 双拼工字钢横梁，与主梁采用销接。在 2I20a 双拼工字钢横梁上设置高 1.5m 双拼 [10 槽钢压杆，之间采用弦杆螺栓 (M36×180) 系扣钢丝绳，两侧设置 ϕ25mm 钢丝绳斜拉悬臂端主梁，如图 4-41 所示。

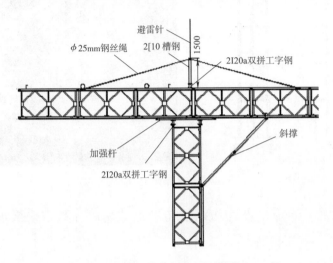

图 4-41 内斜撑安装示意图（尺寸单位：mm）

b. 内斜撑阴头安装在主梁下阳头础板上（础板与主梁下弦杆采用骑马螺栓相连），内斜撑阳头安装在支柱加强弦杆的阴头处，都是使用销子连接。

c. 考虑移动模板架较高，在主梁顶部 1.5m 压杆上焊接长 2.0m 左右圆钢作为避雷装置，并在 P43 轨道设置接地装置。

⑨葫芦吊梁安装。

主吊梁采用 ϕ220mm×8mm 钢管，模板开合吊梁采用 [20a 槽钢。主吊梁共有 4 根，开合吊梁模板（次吊梁）4 根，每侧各 2 根。使用起重机将吊梁安装到位，并用特制骑马螺栓将吊梁与主梁固定。葫芦与主梁之间采用钢丝绳连接，为避免长期施工对钢丝绳的磨损，在与主梁连接处采用橡胶轮胎进行包裹，用铅丝将葫芦钢丝绳与吊梁固定好。

主梁斜撑连接板安装斜撑连接板共 3 道，采用 [20 槽钢，主要连接两侧吊梁中间部位，使用骑马螺栓将水平连接板安装在桁架片的上弦杆，并做好固定连接。

安装上下爬梯：在端部支腿和第二个支腿之间搭设，爬梯采用旋转楼梯式搭设，如图 4-42 所示。

图 4-42　上、下通道及平台示意图（尺寸单位：mm）

模板吊点设置。模板吊点均为钢丝绳 + 电动葫芦，其中模板顶部吊点葫芦采用 10t 电动葫芦，中部模板吊点采用 5t 手拉葫芦。闸墙临土面 8035mm 模板设置 2 个吊点，浮式系船柱背膜设置 2 个吊点（3 块模板拼成整体），合计 8 个吊点；临水面模板设置 2 块，每块 4 个吊点，合计 8 个吊点。模板起吊及下落均由专人指挥，确保同时起吊，吊点受力基本均衡。

⑩模板悬挂。

a. 模板均在底板上进行组装，组装完成后利用两台 25t 起重机进行悬挂。

b. 模板悬挂：首先采用两台 25t 起重机，分别位于模板两侧同时起吊，将模板立放于底板上并斜靠在第一层墙身处，用钢丝绳及手拉葫芦将模板悬挂于拉葫芦吊梁上。

2. 闸室墙全钢护面

钢板护面闸室墙结构非常好，质量有保障，美观度也很高。相比钢护木，全钢护面对混凝土结构起到全面保护，破损维修方便。

1）施工工艺流程

施工工艺流程如图 4-43 所示。

2）工艺控制重点

（1）钢板护面、闸室墙模板制作加工。

①钢板护面制作加工。钢板护面厚 8mm，材质采用为 Q235B，钢板宽度为 2.0m，钢板安装前涂刷一道封闭漆。

②闸室墙桁架、模板制作加工。钢板护面焊接采用二氧化碳保护焊工艺，护面钢板均采用横缝焊接。临水面护面钢板固定桁架采用槽钢＋工字钢组合，横向采用 [14 工字钢按照 40cm 间距布排，竖向采用双道 [20 槽钢按照 1.31m 间距布置，桁架结构通过焊接连接为整体。

```
场地准备及平台搭设
    ↓
钢板制作及加工
    ↓
涂刷封闭漆
    ↓
钢板护面拼装焊接
    ↓
桁架焊接
    ↓
钢板护面吊装
    ↓
螺杆加固
```

图 4-43 施工工艺流程

（2）钢板护面、桁架组装。为保证钢板与桁架紧密连接和钢板的平整，在护面钢板与桁架缝隙较大位置焊接螺栓，用螺母拧紧固定，并在闸室墙顶部钢护角处焊接槽钢固定。

（3）钢板护面吊装。钢板护面面积较大，在吊装时需要加固及平整度调整。钢桁架进行平整度调整时，用两排 M16 螺栓进行反拉，螺栓一端与钢板护面焊接，另一端采用垫板和螺母与竖向围檩固定。通过紧固螺栓对钢板平整度进行调整，钢板平整度偏差要小于 2mm。

（4）锚筋焊接。钢护面加固完成后，将锚筋成品焊接在钢板护面上，焊缝高度为 8mm，各排锚筋焊接时交错布置，锚筋采用 HPB300 级钢筋，如图 4-44 所示。

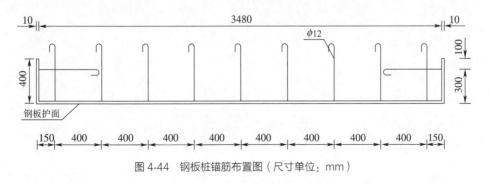

图 4-44 钢板桩锚筋布置图（尺寸单位：mm）

（5）模板拆除。先拆除两端封头模板，再拆卸临水面桁架拉杆螺栓，松动固定桁架与钢板护面，依靠龙门架顶部吊起桁架，通过移动式龙门支架行走，使两侧临水面桁架整体对称脱离闸墙。

3. 浮式系船柱一期直埋

船闸浮式系船柱采用一期直埋技术，预埋件随闸墙分层预埋，保证导轨和护角的安装精度，使其与埋件安装图纸尺寸相一致，一次浇筑成型。闸室钢护面实景如图 4-45 所示。

图 4-45 闸室钢护面实景

1）施工工艺流程

施工工艺流程如图 4-46 所示。

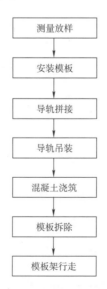

图 4-46 施工工艺流程

2）工艺控制重点

（1）模板设计。浮式系船柱内模采用钢模板，模板结构为：面板为 8mm 厚钢板，每隔 80cm 布置一道 [10 槽钢横围檩支撑。内支撑采用 [10 槽钢相互支撑受力，呈"三横两竖"搭接布置，竖向间距 1m 一道，如图 4-47、图 4-48 所示。

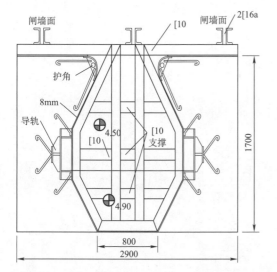

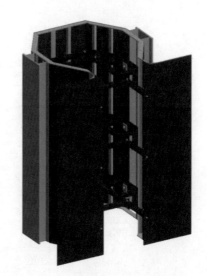

图 4-47 浮式系船柱内模设计图（尺寸单位：mm） 　　　图 4-48 浮式系船柱槽模板三维立图

（2）安装模板。将模板底端与墨线紧密贴合，采用垂线多点检查模板垂直度。

（3）导轨拼接。在操作平台上，采用钢尺及靠尺检查两段导轨的几何尺寸、变形情况。满足设计要求后，将两段导轨通过螺栓连接，检查接口处是否存在错台。

（4）导轨吊装。采用 25t 起重机将拼装完成的两段导轨吊装至安装位置，导轨下段与墨线紧密贴合，导轨两侧通过 3 处点焊与模板紧密贴合，采用垂线及钢尺检验两侧导轨垂直度，满足设计要求后，进一步加强导轨与模板之间连接，同时检验导轨垂直度。

（5）混凝土浇筑。定时检查两侧导轨垂直度。

（6）模板拆除。复测系船柱槽几何尺寸及导轨垂直度。

4. 液压滑模工艺

双港船闸导航墙采用高大船闸导航墙液压滑模 + 非泵送混凝土施工工法。高大船闸导航墙装配式液压滑模的运用最大限度地减少甚至避免了施工缝的留置，避免了支模、拆模、搭拆支架等多种重复性工作。皮带机＋分料仓＋多层挂接式串筒入仓工艺，在保留皮带输送机高效传送能力的同时，弥补了皮带输送机无法进行高大结构混凝土浇筑的缺点。

1）施工工艺流程

施工工艺流程如图 4-49 所示。

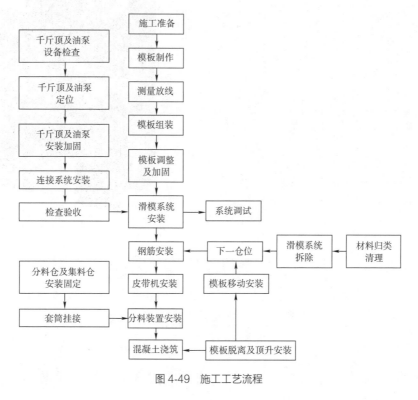

图 4-49　施工工艺流程

2）施工控制重点

（1）滑模系统。

①组装及调试。

a. 现场采用 65t 起重机进行模板组装。模板拼装顺序先安装侧模，再安装端模，形成四周封闭结构，最后与液压系统进行连接，安装完成后，逐个检查各个构件的连接是否牢固，检查验收完成后进行调试，调试正常方可进行施工，如图 4-50所示。

图 4-50 液压滑模组装现场图

b. 安装模板时注意对拉孔保持在同一水平位置。

c. 在安装墙身模板时，将导航墙底板混凝土表面清洗干净，采用胶带将模板与墙身下层混凝土粘贴紧密。

d. 保证模板的线形与底板吻合，并在模板与底板接触处粘贴双面胶，避免漏浆。

e. 拧紧侧墙模板底层精轧螺纹钢，并在模板外侧增加支撑，避免模板底口胀模。

②移动前注意事项。

a. 检查对拉螺杆是否完全拆除，是否存在遗漏。

b. 先脱离一侧进行顶升，再进行另一侧模板的脱离，检查模板面是否均已与混凝土面脱离，如图 4-51 所示。

c. 液压移动轮与模板之间的连接是否紧固，液压移动轮是否已将模板抬起，如图 4-52 所示。

d. 检查模板上是否有拆模遗留的工具等。

e. 液压千斤顶移动前应先进行试运行，检查液压缸的工作状态是否符合要求。

f. 检查移动轨迹线路上是否干净无杂物，是否平整无坑洞。

图 4-51　模板脱离

图 4-52　模板系统顶升脱离

g. 检查下一移动位置处是否已完成凿毛处理，底板表面是否清理干净。

③移动时注意事项。

a. 液压千斤顶工作时，操作人员须认真听取指挥者的号令。

b. 模板移动过程中，禁止人员靠近模板两侧。

c. 移动过程须缓慢，发生轻微抖动或有轻微倾斜，须立即检查问题根源，直至排除隐患后，方可重新移动，必要时，起重机配合进行移动（起重机吊钩牵连模板，防止倾覆）。

④移动后注意事项。

a. 模板移动到位后，人员立即对模板进行支护，连接精轧螺纹钢等，加设顶口压梁，紧固过程中，迎水侧与背水侧紧固人员须同步进行，专人指挥，防止单侧受力过大导致模板倾覆，如图 4-53 所示。

图 4-53　模板移动到位加固

b. 模板移动完成后，工人提前对模板表面涂刷脱模剂。

c. 移动完成后，检查液压移动轮是否均已降落，防止单个轮未降落，导致模板倾斜，造成模板倾覆。

（2）混凝土浇筑。采用皮带机＋分料仓＋分层挂接串筒（图 4-54）入仓工艺，为防止混凝土落料过程中产生离析，设置串筒下料，分区振捣。

5. 弧形三角门安装工艺

鉴于信江下游水位会受鄱阳湖顶托的影响，双港船闸采用弧形三角门的结构形式，单扇闸门质量达 300t，为江西省首个船闸三角门（图 4-55）工程应用，填补了省内空白，其下闸首门高 17.7m，目前是我国第二大的船闸三角门。其主要结构由门叶、运转件、止水装置、工作桥、防撞装置和集中润滑系统等组成。门叶采用弧面立柱式钢结构三角门，采用二点支承简支式空间钢架结构，面板采用弧形结构，均朝向迎水侧。门体两端羊角对称布置，使总水压力指向尽量接近闸门旋转中心，并通过顶、底枢的拉杆传递给闸墩。弧形三角门能承受双向水头的作用，还可以利用门缝输水形式提前开启闸门，提高过闸能力；具备在有水压情况下启闭，也可在水位差较小的情况下开通闸门的能力；具有空间管结构强度大、自重轻，阻力小，并配有浮箱可增加浮力，可有效减小门体受力等特点。

图 4-54　分料斗安装及固定

图 4-55　三角门安装效果

1）施工工艺流程

施工工艺流程如图 4-56 所示。

2）工艺控制重点

（1）测量放样。三角门放样一般以闸室中心线及永久高程点作为基准，建立三维坐标网和水准网。由于三角门安装要求较高，测量网点是三角门空间、坐标控制的依据，样点放设和测量工作尤为关键。检测仪器应保证在有效检验期内，且达到必要的精度等级。先将船闸系统测量网点，通过仪器影射到闸室内测量支墩上，测量支墩采用钢支墩，采用的测量支墩必须牢固并有明显标记，安装过程中，对基准点加强保护，并随着安装进度进行定期复测。根据测量网点，布置人字门安装坐标控制点，控制点应放设在铁板上，铁板固定在混凝土上，对安装过程中可能被覆盖的点线，采用平行四边形法，将其测放到可靠的位置，以便需要时恢复。

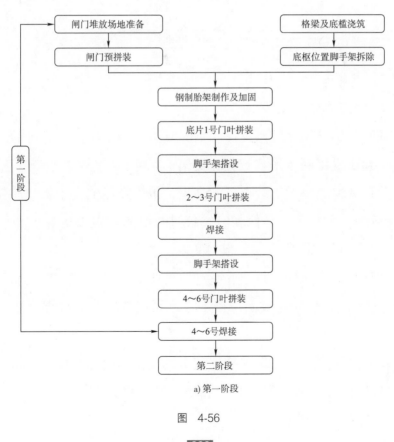

a) 第一阶段

图 4-56

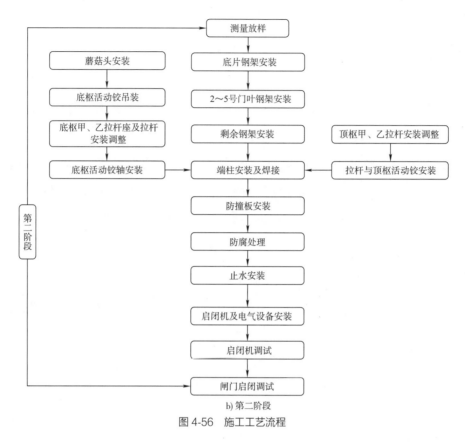

图 4-56　施工工艺流程

（2）承轴台与蘑菇头安装。

①制作临时支架，用于底座支撑。临时支架采用I10工字钢制作。

②用汽车起重机将底座吊装到临时支架上。

③用千斤顶调整底座的安装位置和高程，采用特制的楔子板垫放在底座底面上。根据控制点、线，用水平仪和经纬仪进行测量。调整底座四角水平偏差，经纬仪将底座定位。定位后用楔子板垫实。

④组装和焊接调整丝杆，每个底座有8根调整丝杆，与一期插筋采用搭接板连接，搭接长度不小于5d（双面焊接）。可采用分段、对称焊接法，以减少焊接变形量。

⑤调整丝杆焊接完毕后，用水平仪和全站仪检测底座的位置、水平和高程，精调底座的几何位置，使其安装高程和坐标符合设计要求。将锲子板打紧，并将锲子板与临时支架焊接牢固。

⑥将蘑菇头吊装到底座上，对蘑菇头顶部旋转中心点进行调整、检查，对底枢轴孔、蘑菇头高程、左右两底枢轴座、蘑菇头相对高程差、中心间距等参数进行调整、检查。

⑦用经纬仪将蘑菇头中心点放样到闸首顶部控制点。

⑧根据前述的规范要求，进行自检，自检合格后申请联合验收。验收后将蘑菇头用棉布包裹然后铁盒盖好。

⑨验收后进行二期混凝土浇筑，在浇筑过程中，密切监视设备保护和防碰撞措施。必须保证混凝土达到100%强度并完成相关参数复测后，才允许进行后续安装。

（3）顶底枢安装。依据图样尺寸、蘑菇头中心高程测算出底枢的拉座高程及空间坐标，放出拉杆座中心高程控制线和位置大样，复查预埋件的偏差并进行调整。用同样方法，放出顶枢定位控制大样。根据顶底枢大样并结合构件外形尺寸位置，搭设顶、底枢安装支架，控制同一旋转枢两端高差不大于2mm。调整符合要求后，将已组装好的底枢吊装到位→与大样复合→并与底拉杆轴孔同心→用三维仪控制其与蘑菇头中心重合→临时固定→吊装顶枢组合件到位→与大样复合（注意顶底枢拉杆调节位置要预先设置）→用三维仪调整顶底枢同轴度→使顶枢、底枢、蘑菇头中心位置重合→进行顶枢临时固定。用全站仪架设于顶枢拉杆轴孔中心测量另一侧拉杆中心，复查中心距，符合图纸尺寸和规范要求后报监理工程师验收。验收合格后→进行加强并固定牢靠→进行覆盖防护→交土建单位浇筑二期混凝土。

（4）端柱安装。混凝土浇筑达到设计要求后，对左右侧顶、底枢再复核一次中心距、同轴度，确定准确无误后进行闸门端柱安装。将顶枢支承座和底枢支承座装配在闸门端柱上，其同轴度偏差不超过0.5mm，用汽车起重机将闸门端柱吊起，移至已安装好的顶、底枢位置，使端柱底枢支座蘑菇头钢帽进入蘑菇头后连接顶底枢。安装好后，拆除顶底枢拉杆支架，用全站仪架设于两顶枢拉杆轴中心位置，复核两顶枢中心距及到闸室中心线距离的偏差，符合规范要求后报监理工程师验收，验收合格后，进行闸门安装。

（5）门叶组装。

①门叶拼装基本条件。安装底枢底座，底枢就位，底座的二期混凝土已回填且已达到设计强度；端梁已初步调整就位，钢支墩制作完成并就位。

②门叶单元安装。单节门叶在闸室进行组装，通过放样定出第一节门叶安装位置。采用汽车起重机将第一节门叶吊起放置支墩上，用千斤顶、支承梁上的楔铁和花篮螺栓进行调整。采用水平仪、吊线锤控制门叶的水平、安装高程、垂直度等安装参数。第一节门叶是基础，经严格检查合格后，加固且保证其稳定性，然后再用汽车起重机按照吊装一节、加固一节、焊接一节的方法组装第二节。

门叶第二节吊装组拼时，用千斤顶、拉紧器调整门叶位置，使门叶端板的中心线重合，垂直度合格后，将端板柱点焊固定，然后调整面板接缝。

在安装过程中，每节门叶拼装时必须检测门叶扭曲度，对角线偏差值，门叶累计高度、门叶倾斜度等。门叶倾斜测量以羊角止水板中心线为基准，采用吊线锤的方法测量。

（6）闸门焊接、检测。

①焊接。现场焊接均采用手工焊，同时对于引起整体变形较大的角焊缝及对接焊缝等必须采用小范围、对称、多层、跳焊的方法施焊，最大限度地减少变形。焊接前，焊条必须进行烘干处理；焊接中断时将焊条装进保温桶，并采取防风措施。

在进行各构件的一、二类焊缝焊接前，应按技术规范要求进行焊接工艺评定，并将焊接工艺评定报告报送监理单位审批。

拼装时，将测量扭曲、对角线、弯曲及边梁跨距的测量点打上洋冲点，并用油漆标志，以便进行过程监测。

焊接前检查各控制尺寸，并做好记录。只有质检人员确认上述均满足要求后，才可以开始进行焊接工作。

闸门整体焊接采取对称分布焊接，先由闸门中间向两侧扩展，严格控制焊接次序。焊接次序按先立焊、仰焊，后平焊，由中间向四周扩展的次序进行。焊缝清根主要采用碳弧气刨，并用砂轮机打磨光滑保证焊接质量。焊接的同时对闸门进行监控，并据此随时调整焊接规范和焊接位置等。确保焊接变形量、门叶的尺寸偏差在许可范围内。

②焊缝检测。所有焊缝的外观检查和无损探伤应按技术规范要求进行。焊缝无损探伤的抽查率，除应按技术规范要求外，还应按监理单位指定抽查部位，一般应将抽查部位选择在容易发生缺陷的部位，并应抽查到每个焊工的工作部位。

焊缝缺陷的返修和处理应按技术规范要求进行。

（7）顶枢镗孔及 A、B 拉杆调整。门叶焊接组装合格，根据闸门情况利用千斤顶、法兰螺栓、手拉链葫芦、线垂等工具，配合经纬仪和水准仪，分别进行顶枢镗孔和 A、B 拉杆的调整。

（8）止水安装。

①按各闸首闸室中心线放出闸门中缝止水、支承条的边线，左右对称布置。然后，将闸门运转到关门位置，使羊角边线相对于支承条边线左右对称并固定。用全站仪（或线锤）测量羊角边线进行修正，达到设计尺寸后确定关门位置。关门位置确定后，进行支承条安装，用全站仪将支承条上、下两点定位，用 $\phi 0.5mm$ 钢丝和花蓝螺钉配合在上下两点处垫等高垫铁。测量固定点尺寸，保证支承条的垂直度和直线度满足规范要求，支承条高程按图纸设计要求控制，符合规范要求后，定位焊接。

②在关门位置控制中合线与闸室中心线一致，并进行固定。安装墙上边羊角止水埋件时先将闸门边止水调正，以边止水作为埋件安装的基准放出埋件安装控制线和中心线，埋件与中心线的偏移量控制在 2mm 之内，埋件接头要平顺。底部高程需按设计要求控制。

在关门位置控制承压条中合线与闸室中心线一致，并进行固定，将底止水调正，以底止水作为埋件安装的基准放出底止水埋件安装的控制线，其高程按设计要求控制。高差偏移量控制在 2~3mm 之内，埋件接头要平顺。充水前、控制底止水橡皮在门坎上游的压缩量为 1~2mm。

（9）底止水安装。闸门底水封的安装是在门叶结构、顶枢、底枢、止水安装好后再进行。门叶底水封安装在底主梁腹板上，止水工作面的安装高程，以底主梁腹板中心为准，保证水封压缩量。安装时采用水准仪和钢丝线配合调整。水封安装应满足以下要求：

①止水橡皮接胶合后，不允许有错位、修理表面凹凸不平和疏松现象。

②止水橡皮的螺孔根据压板螺孔位置定位冲孔，孔径小于设计孔径1mm，严禁用火焰烫孔。

（10）底坎安装。底水封安装检查合格后进行底坎的安装，底坎安装调整分两次进行：首先根据样点，采用拉紧器、水平仪等工具进行调整、固定底坎；然后将门叶关闭，检查水封接触情况后再进行局部调整。底坎对接过程，要严格控制错位，并进行底坎的水平度测量，三角门底坎为空间支撑的弧面结构，应采取措施预防空腔、气孔的形成，验收合格后进行二期混凝土浇筑。

（11）防撞护板等附件的安装。三角门整体拼装完成后，可进行防撞护板、人行桥等附件的安装。人行桥安装应在中缝间隙调整后进行，左右闸门全关时进行定位焊接加固，并调整两侧人行桥之间的间隙，避免间隙过大或过小（一般间隙为10mm）。

6. 船闸人字门安装工艺

八字嘴枢纽船闸采用常规的人字门结构，主要由门叶、运转件、止水装置、限位装置、导卡和工作桥等组成，如图4-57所示。门叶结构采用露顶横梁式钢闸门，面板布置在迎水侧。人字门只能承受单向水压力，一般为静水操作，由两扇门叶组成挡水面，并各自绕其端部竖轴旋转进行启闭操作。人字门关闭时，其端部互相顶紧，在平面上形成三角拱形式，呈人字形状态，将水压力传递给两侧混凝土闸墙上。人字门具有可封闭孔口面积大，静态结构受力稳定，所需启闭力较小，航道净宽应用范围大等特点。

1）施工工艺流程

施工工艺流程如图4-58所示。

图4-57　人字门安装现场图

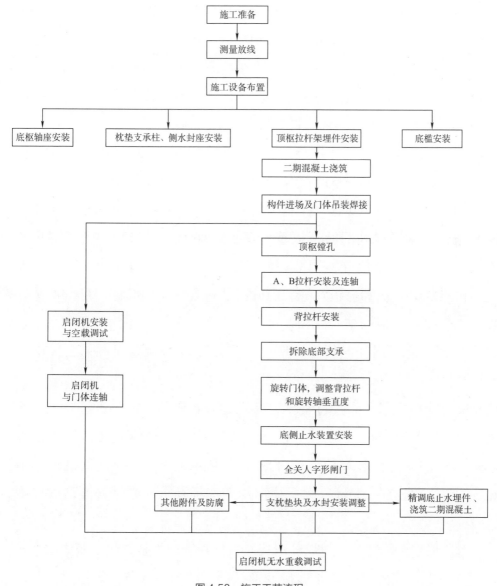

图 4-58 施工工艺流程

2）工艺控制重点

（1）闸门放线。由专业测量人员以支承中心定出旋转中心，然后以旋转中心放出与闸室中心平行的安装样线，以支承中心向闸室内放出 22.5° 门体全关轴线，做出醒目标志。

（2）底枢承轴台和蘑菇头的安装。同上节三角门底枢承轴台和蘑菇头安装。

（3）人字闸门的拼装和焊接。人字闸门门叶的拼装、焊接一般在人字门与闸墙成12°方向进行。一方面便于分块门叶与闸墙固定和上节分块门叶拼装调整；另一方面，便于分块门叶在闸室内吊装有足够场地，使左右二扇门叶能同时吊运、拼装、焊接，加快拼装速度。在门叶拼装焊接过程中，在门叶四周搭设脚手架，以便于吊装、点焊和拼装尺寸检查。

①门叶拼装要点。门叶拼装采用先拼装底节，调整加固后，再拼装上一节，加固好后再拼装上一节的逐段安装法。门叶竖立拼装是在底枢安装调整好后进行，以底枢为一个支点，在底节门叶就位后，用千斤顶调整下主梁水平和门叶高程，使水平线和门叶端板垂直度后，加固底节门叶。底节门叶经检查合格后，吊装上一节门叶，调节门叶垂直度在公差范围内后，先将端板点焊固定，再点焊纵隔板和面板焊缝。门叶拼装过程中，门叶倾斜度的测量，是以门轴柱和斜接柱端板的中心线为基准，挂三条铅垂线，用钢板尺测量上、中、下三点数据，调整门叶倾斜度，使之一致，面板的倾斜和不平度仅供测量时参考。

分块门叶在拼装和焊接过程中，必须逐段控制门叶的高度、宽度，端板的垂直度，侧向弯曲度及对角线长度差，以保证门叶整体的几何尺寸在规范和技术要求范围内。拼装最顶节门叶时，还需再次调整、校核顶枢轴孔中心同底枢旋转中心偏差在2mm以内，顶枢轴两座板要求同心，其倾斜度应不大于1/1000。

②门体焊接。每叶人字门焊缝形式有对接焊缝、组合焊缝、角焊缝三种。人字门焊接工艺的重点和难点是焊接变形控制。由于门叶节间焊接时，其迎水面和背水面焊缝分布不均，焊后两面收缩不一致，会造成门叶向焊缝较多的迎水面倾斜，施工中采用反变形工艺控制变形。根据以往的施工经验及估算结果，初步确定门叶调整时将其向背水面倾斜约0.5mm/m，并根据门叶焊后具体情况进行逐步修正。

一类焊缝有：

a.闸门主梁、边梁、臂柱的腹板及翼缘板的对接焊缝。

b. 闸门吊耳板、吊杆的对接焊缝。

c. 闸门主梁腹板与边梁腹板和翼缘板连接的组合焊缝或角焊缝；主梁翼缘板与边梁翼缘板连接的对接焊缝。

d. 转向吊杆的组合焊缝及角焊缝。

e. 人字闸门端柱隔板与主梁腹板及端板的组合焊缝。

二类焊缝有：

a. 闸门面板的对接焊缝。

b. 闸门主梁、边梁、臂柱的翼缘板与腹板的组合焊缝及角焊缝。

c. 闸门吊耳板与门叶的组合焊缝或角焊缝。

d. 主梁、边梁与门叶面板的组合焊缝或角焊缝。

e. 臂柱与连接板的组合焊缝或角焊缝。

三类焊缝有：

不属于一、二类焊缝的其他焊缝都为三类焊缝。

根据焊接工艺评定结果及焊接规程，对需要进行焊接预热的焊缝严格按评定的加热温度和加热方法进行加热。采用多层、多道、对称、分段、退步的方法进行，并以先焊接立缝，后焊接横缝，由内到外，由中间到两边为原则。根据焊接变形控制措施，拟定门体的施焊顺序及焊接方向，以门叶中心线左右对称的焊缝同时进行施焊。

在焊接过程中，由专人监视检测门体焊接变形，一旦发现有较大变形的情况出现，则停止施焊，采取改变焊接顺序或改变焊接方向等措施来减小变形。焊接完成后焊工及时清理焊缝，清除飞溅，自行进行外观检查，并修磨处理。

门叶安装时，装好一节清扫一节，根据规范要求，做好每一节门叶的安装测量记录。全部安装完成后对门叶总体进行最终测量记录，做好验收工作。

a. 裂纹控制：闸门的一、二类焊缝根据规范要求的板厚及预热温度进行预热。具体预热要求为：板厚小于30mm的焊缝不需要预热；板厚在30~38mm范围的，预热温度为80~100℃；板厚在38~50mm范围的，预热温度为100~120℃。焊接时的层间温度不低于预热温度，且不高于200℃。

预热区的宽度为焊缝中心线两侧各 3 倍板厚，且不小于 100mm，采用红外线加热片，红外测温计测量板材表面温度，在距焊缝中心线两侧各 50mm 处对称测量，每条焊缝测量点不少于 3 对。厚度大于 36mm 的低合金钢，如端板焊缝，焊后采用后热消氢处理，后热在焊后立即进行，后热温度为 250~350℃，保温时间不少于 1h。

b. 焊接变形控制：采用跳焊、分段退步焊、多层多道等综合焊接方式施焊。焊接中间焊层时采用锤击法消除焊接内应力。端板焊缝双面焊接时，单面焊接后用碳弧气刨或砂轮进行背面清根，并将清根侧的定位焊全部清除。用碳弧气刨清根，清根后用砂轮修整，并认真检查有无缺陷。对需要预热的焊缝，碳弧气刨前预热。

c. 焊缝坡口控制：门叶构件坡口组对时，若存在局部间隙超过 8mm，但长度不大于该焊缝长度的 15%，允许在坡口两侧或一侧按焊缝同样工艺作堆焊处理，并严禁在间隙内填入金属材料，堆焊后用砂轮修磨到原坡口尺寸。堆焊部位的焊缝增加无损探伤。

③顶枢镗孔、安装。门体完成焊接后，进行整体的尺寸检查，调节底部千斤顶进行精确调节，使门体状态符合设计规范要求，以交汇法放出顶枢轴中心点，按设计检查孔径和轴孔垂直度进行镗孔。镗孔完成后，用水平仪检查顶枢耳板中心，调节拉杆安装高度，其高程差控制在 3mm 内，安装拉杆。穿轴连接，用轴端挡板固定销轴，复查各安装尺寸，只有二期混凝土的强度达到设计值的100% 后，顶枢方能充当闸门运动支承的临时使用。

（4）人字闸门门叶调整。闸门拼装焊接完毕，并经检查门体的两个方向弯曲度及整体扭曲度都达到规范要求，可进行背拉杆的拼焊。为保证门叶的刚度，背拉杆焊完后要认真检查，正面用拉线检查使其不重合度小于 ±3mm，同时进行顶、底枢轴线垂直度调整工作。

背拉杆调整后，进行人字门顶、底枢轴线与理论旋转中心的重合检查（即顶、底枢同轴度检查），可以用门体斜接柱端上任一点的径向跳动值来反映。调整顶枢底枢轴线垂直度的方法是通过测量顶枢底枢轴孔中心的位置差，通过调整顶枢三角形拉杆螺母，使顶枢轴孔中心靠向理论中心，顶枢轴孔中心与理论中心重合或接近重合时，门体径向跳动量下降，最终达到规范要求。从全开至全关过程中，跳动量小于1.0mm。

（5）底、侧止水装置安装。底、侧止水装置安装包括门轴柱和底部橡皮安装，P形橡皮与压板等组装成整体后，当门体处于门全开时，门轴柱支垫块离开枕垫块时装入，止水座架两端及与底梁腹板间均按图纸要求加垫橡皮，将螺栓把紧，检查止水座架的高差是否符合要求。P形橡皮安装时，先将压板与座板以螺栓把合，将结合处焊好，卸下压板，橡皮垫板及P形橡皮在压板上套孔，用橡皮钻头钻孔或冲孔。橡皮接头用粘接剂进行冷粘合，橡胶严禁烫孔。

（6）支、枕垫块安装。支、枕垫块安装包括门轴柱凸形支垫块和预埋在闸室墙上的凹形枕垫块组成。支垫块安装前，先在端板中心线上挂垂线，检查门体端板上螺孔距门体底部高程、垂直距离和与中垂线水平距离，并做好记录；然后根据支垫块与枕垫块编号，分别将支垫块与闸门螺栓连接，枕垫块与枕座用楔形导槽配合连接，通过枕座两端的螺栓初步调整枕垫座的高度。在安装过程中要注意保护支、枕垫块正面，避免受损。

支、枕垫块安装分为初装和精调两个阶段。初装在门体焊接后即可进行，将支垫块按编号装入，将其位置初步调节，其中沿门轴方向尺寸略为偏小一点，装完后将支垫块表面保护，垫块与端板用橡皮条、胶带、彩条布保护。精调在门叶调整合格后进行，去掉支、枕垫块上的正面保护，先将门旋转到全关位置，用经纬仪检查门轴到位情况，底梁则以闸室底板上的地样线检查，然后将两叶门用I20工字钢相对固定，斜接柱支垫块调节时，用经纬仪沿闸门中心线检查，先调节右侧凸形支垫块，到位后将左侧支垫块与其顶紧，检查结合间隙。门轴柱支垫块精调则直接调节螺栓，枕垫块用枕座两端的调整螺栓，推动枕垫块沿着斜面移动，微调垫块的高度，达到支、枕垫块顶紧。

（7）限位座安装。将限位座吊装到位，调整限位座表面到底槛预埋板的间距为10mm，然后点焊固定，焊接时注意门叶的变形。

（8）防撞装置安装。防撞装置的缓冲器架在内侧脚手架拆除前组装，门叶全开时，精调缓冲器座，使橡皮顶端与门叶面板间距保持 2mm 间隙，然后再将缓冲器架与预埋板焊接牢固。

（9）导卡安装。叶门处于全关闭状态，将两门叶相对拉紧使其斜接住，待门轴柱支、枕垫块安装调整完成后进行导卡安装。首先找出导卡位置线，对准螺栓孔；然后安装导轮卡钳，调节钳唇、导轮与卡钳上下唇之间的间隙，间隙控制在 1mm 以内；再将剪力板与其脚跟处顶紧，焊接在门体上，卡钳在整扇门调整合格后灌注环氧砂浆。

（10）环氧树脂填料灌注及门体防腐。人字门门轴柱、斜接柱采用支枕垫块来传递水压，在支枕垫块安装调整好后，支枕垫块与门体和枕座埋件之间有一定的间隙，此间隙灌注环氧树脂填料。填料配方和配制工艺应符合设计和规范要求。

环氧树脂浇灌是人字闸门安装的关键工序，直接影响闸门的稳定性。灌注前，首先要进行灌注试样，合格后方可进行下一步工序；其次在完成门轴柱、斜接柱支承块调整并验收合格后，方可再进行环氧树脂的灌注，并按照先浇灌门轴柱，后浇灌斜接柱的顺序施工；最后在环氧树脂完全定型后，要对门轴柱、斜接柱各项参数进行复测以保证安装质量。

①灌注前将工件表面的油污、锈等清除干净，并用木条或橡皮把会造成流失的缝隙堵严。

②在环境温度不低于 5℃ 的晴天灌注。

③环氧树脂加温后通过漏斗倒入缝隙中。

④为了减少熔化过程中的氧化损失，宜在熔化锅上适当盖放一层木炭粉。

⑤如灌注缝长度小于 7mm，应将工件加温至 200~250℃ 后再灌注，为保证流动性，加温方法可用喷灯，禁止采用氧 - 乙炔火焰加热。

⑥环氧垫料灌注注意事项：有机溶剂属于有毒、易燃物品，工作人员必须做好防护措施；工作表面处理后立即灌注。

（11）底坎安装及调整。

人字门底坎埋件由五个直线段和两个圆弧段组装而成。在门叶组装前利用测量控制网点，结合底坎安装图将底坎大致安装就位，将调节螺栓或者拉紧器焊好。在门叶及支枕垫块全部安装好后，将人字门全关后，调整底坎与底止水 P 形橡皮之间的间隙，使整个底水封的压缩量保证在 3~5mm，将人字门打开进行底坎的焊接加固。反复精调，直至止水间隙满足设计要求，完成安装验收后，方可进行二期混凝土的浇筑。

须特别注意的是：人字门底止水间隙的调整往往容易被忽视，底止水间隙过大或者不均匀，容易造成局部漏水，从而引起人字门不规律共振。过水后，后续处理难度和处理成本较大，所以在进行底坎安装时就应引起高度重视。

（12）人字门启闭机安装。

将人字门启闭机吊装到位，底座放在预埋板范围内，启闭机安装中心对准预埋板安装中心，液压杆端部的连接座中线与闸门门顶主横梁腹板中线对齐，垂直方向与隔板对齐，连接座底部与面板压合，定位焊接。接着调整启闭机中线的高度，使启闭机中心高与门叶顶横梁腹板中心线对齐，调整启闭机的摆角，使其摆角能向闸门开门侧摆动 8°，确保启闭机在行程内能自由摆动。将液压杆连接座与闸门焊接牢固，安装过程中注意两门叶的启闭机安装严格对称，确保两门叶同步。

（13）试验调整。

①闸门试验。

a. 闸门安装好后，在无水情况下须完成全行程启闭试验，试验前检查止水是否严密，清除门叶上和门槽内所有杂物并检查吊杆的连接情况。启闭时，在止水橡皮处浇水润滑。闸门启闭过程中检查有无卡阻，启闭设备左右两侧是否同步，止水橡皮有无损伤。

b. 将闸门运转至全关状态，采用灯光照射法、高压射水法检查止水橡皮的压缩程度，通过透光和间隙监测止水情况。

c. 闸门在承受设计水头的压力时，设计要求为：通过任意 1m 长止水橡皮范围内漏水量不得超过 1L/s。

②启闭机试验：开合多次，保证液压杆同步运动。检查是否有漏油现象。

（四）施工关键要点

（1）船闸涉及高大模板施工，属于危险性较大的分部分项工程。

（2）船闸是本工程关键，直接影响后续金结、电气设备安装调试。

（3）船闸混凝土方量大、交叉影响点多等，为保证工期，需投入大量人员模板设备，施工组织困难。

二、泄水闸

信江八字嘴航电枢纽项目泄水闸基础位于弱风化岩上部，闸室采用开敞式驼峰堰 A 形形式，虎山嘴泄水闸前缘总长 206m，貊皮岭泄水闸前缘总长 342m，工作闸门为露顶式平板钢闸门，由固定式卷扬机启闭。泄水闸自 2018 年 8 月开始施工，2022 年 12 月交工验收完成。基础采用地基换填，固结灌浆进行加固，防渗体系采用帷幕灌浆。泄水闸底板驼峰堰采用滑模工艺，闸墩牛腿采用悬臂式模板工艺，启闭机室横纵梁采取贝雷架模板支撑。

（一）主要结构及其形式

泄水闸结构包括闸室底板、闸墩、护坦、门库等。

信江八字嘴航电枢纽项目泄水闸闸室采用开敞式 A 形驼峰堰形式，底板为跨中分缝，其中虎山嘴泄水闸 12 孔闸墩，貊皮岭泄水闸 20 孔闸墩，中墩厚 3.0m，边墩厚 2.5m。闸墩顺水流向长 23.0m，墩顶高程 27.00m，闸墩在高程 21.00m 处向上游以 1∶1 的坡度悬挑 4.0m，用于支承坝顶上游侧公路桥。泄水闸内设有上游检修门槽、工作闸门槽及下游检修门各一道，工作闸门为露顶式平板钢闸门，由固定式卷扬机启闭，上、下游检修门为露顶式平面滑动钢闸门，上游检修门由坝顶双向门机启闭，下游检修门由悬挂在启闭机室排架下游侧的移动式电动葫芦启闭。泄水闸下游设 15m 长混凝土护坦，厚 1.0m，其后以 1∶2.5 的坡度与原地面相接。

信江双港航运枢纽泄水闸由 18 孔闸组成，闸顶高程 24.90m。结合泄流能力、河床高程及地质等情况，泄水闸堰型最终采用宽顶堰形式。堰顶高程 3.00m，其中左岸 I 区 6 孔闸的堰顶高程为 6.00m。采用边墩分缝的整体式结构，墩厚 1.5m，每孔宽度 17.0m（闸孔净宽 14.0m），闸室顺河向长度 15.5m。每孔闸室均设平板检修门槽两道、平板工作门一道。泄水闸基底高程 –3.30m。其中高压旋喷桩于 2019 年 12 月开始实施。八字嘴泄水闸模型、实景如图 4-59、图 4-60 所示，双港泄水闸模型、实景如图 4-61、图 4-62 所示。

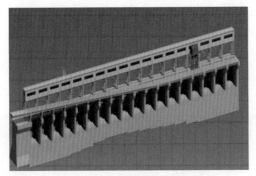

图 4-59　八字嘴泄水闸模型

图 4-60　八字嘴泄水闸实景

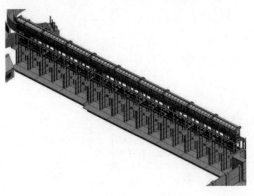

图 4-61　双港泄水闸模型

图 4-62　双港泄水闸实景

八字嘴虎山嘴 / 貊皮岭泄水闸（以下统称为"八字嘴泄水闸"）与双港泄水闸在结构地基、地基处理方式、防渗形式及消能方式方面均存在差异，具体如下：

1. 结构地基

八字嘴泄水闸地基为弱风化岩，双港泄水闸地基为中粗砂。

2. 地基处理方式

八字嘴泄水闸采用换填素混凝土的地基处理方式，双港泄水闸采用高压旋喷桩的地基处理方式。

3.防渗形式

八字嘴泄水闸采用帷幕灌浆的防渗形式，双港项目泄水闸采用高压旋喷桩＋帷幕灌浆的防渗形式。

4.消能方式

八字嘴泄水闸采用驼峰堰、面流消能的方式，双港泄水闸采用宽顶堰、底流消能的方式。

（二）施工流程

八字嘴虎山嘴泄水闸、双港泄水闸施工流程如图 4-63、图 4-64 所示。

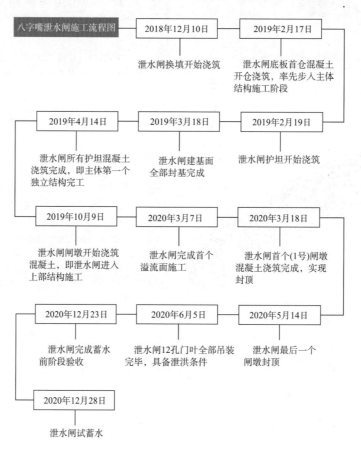

图 4-63　八字嘴虎山嘴泄水闸施工流程

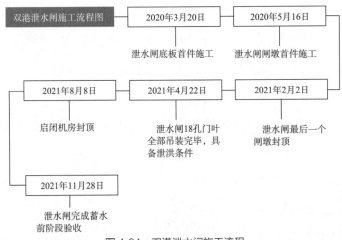

图 4-64 双港泄水闸施工流程

（三）施工主要特点及方法

1. "地基换填 + 灌浆" 处理方式

根据地质条件，八字嘴泄水闸地基采用"地基换填 + 灌浆"的方式进行处理，即原河床开挖至弱风化岩面，使用素混凝土换填作为整个泄水闸的基础，对岩面进行灌浆，以加固地基并形成防渗帷幕，该施工工艺具有施工简单，效率高的特点。

1）帷幕灌浆施工工艺流程

施工工艺流程图如图 4-65 所示。

2）帷幕灌浆施工施工控制重点

（1）钻孔。灌浆孔的钻孔位置按施工图纸设计孔位进行放样、布置，其偏差不大于 100mm；孔径、孔深和孔向均按设计要求执行。

（2）钻孔冲洗与压水试验。在灌浆前，要使用大流量水流对灌浆孔进行钻孔冲洗，并对帷幕灌浆孔进行裂隙冲洗和压水试验。

（3）灌浆。帷幕灌浆分三个序孔进行，先进行Ⅰ序孔灌浆，再进行Ⅱ序孔灌浆，最后进行Ⅲ序孔灌浆。采用小循环

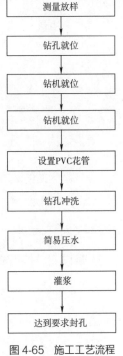

图 4-65 施工工艺流程

灌浆法，灌浆塞卡在混凝土盖重以上0.5m处，在断层、破碎带等地质条件复杂地区进行待凝,待凝时间根据地质条件和设计要求确定。帷幕灌浆孔相互串浆时，采用群孔并联灌注，并联孔数不宜多于3个；控制灌注压力，以防止混凝土面或岩石面抬动。帷幕灌浆采用自动记录仪记录流量、灌浆压力及浆液密度参数，每5min记录一组数据。入岩深度不超过6m的帷幕灌浆孔采用全孔一次灌浆，入岩深度超过6m的帷幕灌浆孔采用分段灌浆。采用分段灌浆法时，第1段（接触段）灌浆的灌浆塞宜在跨越混凝土与基岩接触面安放，以下各段灌浆塞应阻塞在灌浆段段顶以上50cm处，防止漏灌。

3）固结灌浆施工施工工艺流程

施工工艺流程如图4-66所示。

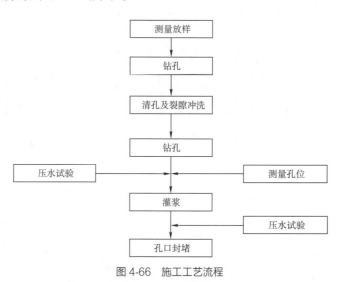

图4-66　施工工艺流程

4）固结灌浆施工施工控制重点

（1）灌浆试验。灌浆作业开工前，进行浆液试验和现场灌浆试验，浆液试验根据对不同水灰比、不同掺合料和不同外加剂的浆液进行试验，现场灌浆试验根据设计图纸选定试验布孔方式、孔深、灌浆压力、灌浆分段等参数。

（2）钻孔。采用地质钻机钻孔，钻机安装应平整稳固。灌浆孔的钻孔位置与设计孔位的偏差不得大于100mm，施钻过程中，所有钻孔进行全孔测斜，如发现钻孔偏斜超过规定时，及时采取纠偏措施或补救措施。严格按照技术规范、施工图纸要求进行。钻孔采用"湿钻"施工，防止产生灰尘；钻孔结束后，及时进行孔位、深度、孔径、钻孔顺序和孔斜等项目的检查验收工作，合格后方可进行下一道工序。

（3）灌浆孔冲洗及裂隙冲洗。灌浆孔冲洗及裂隙冲洗在已搭设的钻孔平台上进行。采用导管通入大流量水流从孔底向孔外冲洗的方法进行冲洗。冲洗水压力为80%的灌浆压力且不大于1MPa。灌浆孔冲洗要求冲至回水澄清后10min结束，孔内残存的沉淀物厚度不得超过20cm。钻孔冲洗完成后，采用压力水对灌浆孔进行裂隙冲洗，灌浆孔裂隙冲洗后，该孔应立即进行连续灌浆作业；因故中断灌浆时间间隔24h以上的，在灌浆前应重新进行裂隙冲洗。

（4）压水试验。灌浆孔灌浆前的压水试验在裂隙冲洗后进行，试验孔数不少于总孔数的5%；选用一个压力阶段，压力值可采用该灌浆段灌浆压力的80%(或100%)。压水的同时，要注意观测岩石的抬动和岩面集中漏水情况，以便在灌浆时调整灌浆压力和浆液浓度。

（5）灌浆。按已设计好的水灰比进行配料，将称量好的制浆材料加入高速搅拌机，搅拌均匀，并测定浆液密度、黏滞度等参数，同时做好记录。本工程采用小循环灌浆方法，灌浆每排孔分二序灌浆。固结灌浆的施工次序应遵循逐渐加密的原则。

（6）封孔。灌浆孔灌浆结束，验收合格后方可进行封孔。封孔采用"机械压浆封孔法"。

（7）灌浆质量检查。

①固结灌浆质量检查采用单点压水试验的方法，检查灌浆孔各孔段取芯压水试验的压力，保证压水试验压力不大于灌浆施工时该孔段所使用的最大灌浆压力的80%，且不超过1.0MPa。

②根据灌浆有关资料拟定检查孔位置。

③灌浆检查孔的数量不少于灌浆孔总数的5%，检查结束后应按要求进行灌浆和封孔。

④固结灌浆检查孔压水试验的孔段合格率应在85%以上；不合格孔段的透

水率值不应超过设计规定值的 150%，且位置不集中。达到上述标准的可认为灌浆质量合格。

2. "A 形开敞式驼峰堰"滑模工艺

信江八字嘴航电枢纽泄水闸溢流面采用 A 形开敞式驼峰堰，驼峰堰分别由 R=6.5m、R_1=15.6m 和 R_2=15.6m 三段圆弧组成，堰顶高程 +9.00m。为确保溢流面面层混凝土单次浇筑厚度均匀、控制表面裂缝，分两次浇筑。第一次浇筑混凝土台阶，第二次浇筑驼峰堰面。溢流面台阶为 C25 混凝土，溢流面面层为 C35 抗冲耐磨混凝土。采用滑模施工可以有效缩短施工时间；堰面一体成型可以确保施工质量，有效防止混凝土面层开裂。

溢流面驼峰堰堰面初形如图 4-67 所示。

图 4-67　驼峰堰堰面初形

1）施工工艺流程

施工工艺流程如图 4-68 所示。

2）施工控制重点

（1）模板体系。滑模系统主要由模板系统、轨道及其支撑构件、牵引设备和人工抹面平台组成。滑模体由三部分组成，由钢面板和两榀钢桁架螺栓柔性连接成整体，在桁架尾部连接一个抹面平台，具体构造样式如图 4-69~ 图 4-71

所示。两榀钢桁架之间由柔韧性较好的钢面板连接,使得滑模体可沿轨道做柔性滑动。

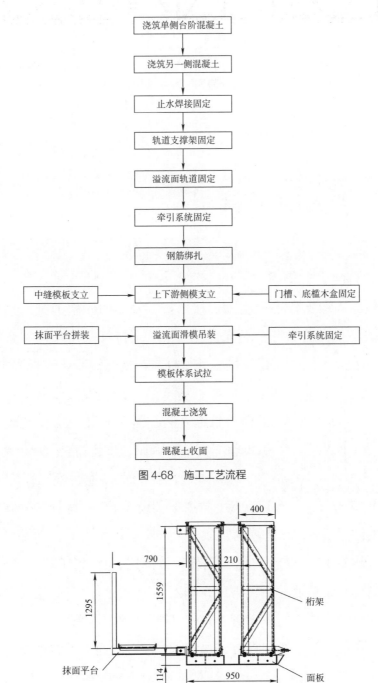

图 4-68 施工工艺流程

图 4-69 滑模模板结构示意图(尺寸单位:mm)

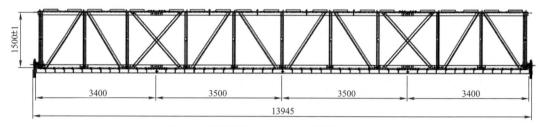

图 4-70 滑模桁架示意图（尺寸单位：mm）

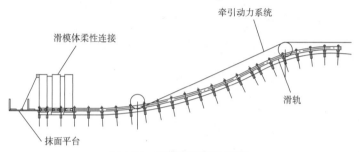

图 4-71 滑模轨道结构示意图

（2）止水焊接、轨道固定。止水铜片采用门形轨道支架（图 4-72）对轨道进行架立，轨道固定支架采用型钢焊接形式，溢流面侧轨道则采用措施筋拉杆与埋锥焊接固定。轨道固定于上部拉杆，上、下拉杆采用预埋圆台螺母形式进行连接，下拉杆需与现场混凝土底板固定。

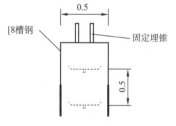

图 4-72 门形轨道支架示意图
（尺寸单位：m）

（3）滑模安装。滑模安装步骤为：装配前准备工作→轨道安装→滑模安装→滑模滑轮组安装→牵引钢丝绳安装→调试、试运行。

仓面清理、测量放线等准备工作完成后进行轨道安装，轨道梁共设 3 根，用螺栓紧固在两轨道上。轨道梁设在模体前后各 6m 范围内，以不干涉牵引钢丝绳及抹面平台为准。轨道及轨道横梁上内穿 M30 螺杆与堰面钢筋焊接固定，用 25t 起重机分别将组装好的两块滑模面板安装至上、下轨道内，如图 4-73 所示。

（4）牵引装置。利用门槽设置"类贝雷架"做牵引系统（图 4-74、图 4-75），手扳葫芦吊点在贝雷架上双向设置，每侧 4 个。溢流面上下游各安装一组滑模，每组滑模由 1 名指挥人员指挥 4 名工人同时以同一频率扳动手扳葫芦让滑模体整体均匀提升。在提升过程中，随时对滑模进行检查。

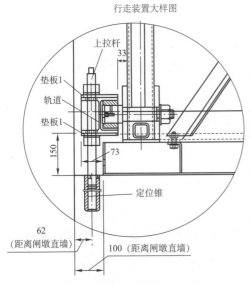

a) 结构示意图（尺寸单位：mm）

b) 实物图

图 4-73 轨道安装固定示意图、拼装效果图

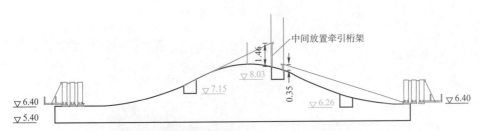

图 4-74 牵引位置示意图（尺寸单位：m；高程单位：m）

图 4-75 "类贝雷架"固定梁

（5）面层浇筑。采用布料机入仓，混凝土浇筑前需清除混凝土表面的疏松层、油污、杂物等，然后对老混凝土面保持润湿。浇筑前先铺一层高强抗冲耐磨（HF）砂浆，再浇筑混凝土，保证混凝土接缝质量。滑模轨道与闸墩之间间隙随抹面时及时抹平。在浇筑混凝土过程中，根据仓面温度、混凝土强度等因素，确定提升时间间隔。一般情况下，混凝土强度达到 0.1~0.2MPa（出模混凝土手压有指痕）时开始提升模板。

3. "无外支撑悬臂式牛腿"工艺

泄水闸闸墩牛腿采用"无外支撑悬臂式牛腿"工艺，即在模板内侧预埋钢管，使用圆钢将模板与预埋钢管焊接相连，达到模板加固的效果。施工底层模板起支垫作用，混凝土浇筑至顶层后拆除模板，模板外侧焊接施工平台。与牛腿相邻位置，采用大片定型钢模板翻模工艺施工，既节省了时间，又保证了施工效率。悬臂式牛腿模板工作原理示意如图 4-76 所示，闸墩模板施工现场实景如图 4-77 所示。

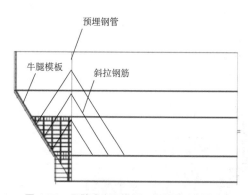

图 4-76 悬臂式牛腿模板工作原理示意图

图 4-77 闸墩模板施工现场实景

1）施工工艺流程

施工工艺流程如图 4-78 所示。

2）施工控制重点

（1）18~24m 悬臂牛腿施工。模板由两侧梯形大片模板和一片牛腿斜面模板两部分组成，斜面模板上均匀布置有 9 个圆台螺母预留孔洞。模板具体尺寸、样式及拼装情况如图 4-79 所示。

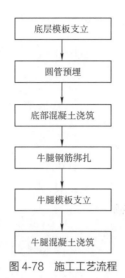

图 4-78 施工工艺流程

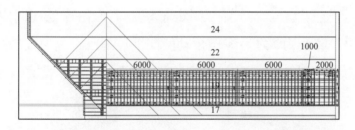

图 4-79 21m 牛腿模板反拉加固示意图（尺寸单位：mm；高程单位：m）

本层施工难点为斜面牛腿模板的吊装。在两侧梯形模板安装完成后，首先在模板预留孔洞上预埋圆台螺母，内拧 M25 螺栓、外拧 M33 丝杆。吊装时使用 2 根 20mm 钢丝绳、2 根 5t 柔性吊带进行吊装，如图 4-80 所示。

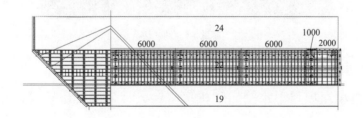

图 4-80 21~24m 牛腿模板反拉加固示意图（尺寸单位：mm；高程单位：m）

（2）24~27m 悬臂牛腿施工。牛腿斜坡段至 24m，24~27m 均为垂直段。该层模板使用 3 片 3m 高大片模板，模板间使用 M16 螺栓连接加固，在模板内侧预埋内六角圆台螺母，内拧 M25 螺栓接头，外拧 M33 丝杆。在螺栓接头上焊接 ϕ25mm 圆钢与锚地钢筋焊接，模板具体焊接、内拉形式如图 4-81 所示。

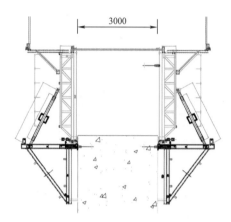

图 4-81　模板加固样式示意图（尺寸单位：mm）

（3）模板拆除。牛腿模板采用"无外支撑悬臂式牛腿"工艺，底部模板不拆，牛腿部位斜面承重模板应在混凝土强度达到设计强度后方可拆模，其他部位按混凝土强度达到 10MPa 后拆模。

斜面底模模板上吊点共设置 4 个，布置在模板上下两根横向围檩两侧。第一步将钢丝绳固定于模板上口，同时将手拉葫芦固定于模板下口吊点处，固定完成后缓慢起钩直至钢丝绳拉直受力，之后缓慢拉动两侧手拉葫芦直至手拉葫芦链条受力。第二步拆除模板拉杆螺栓，拉杆螺栓由上至下、分块拆除，如图 4-82 所示。

图 4-82　闸墩牛腿模板拆除示意图

4. 贝雷架模板支撑体系

八字嘴航电枢纽项目泄水闸启闭机房平台梁板采用贝雷架模板支撑体系，平台梁板跨度 17m，设置 4 道纵梁，梁高 1800mm；6 道横梁，梁高 1400mm；楼板厚 150mm。贝雷架材料通用性强，施工灵活，拼装操作尤为方便。

1）施工工艺流程

以平台梁板施工（38.1~39m）为例，施工工艺流程如图 4-83 所示。

2）施工控制重点

（1）穿心钢棒安装。第三层排架柱施工时（钢棒圆心高程 +35.597m，钢棒圆心间距 300mm）预留两个 ϕ110mm 钢管对穿孔各中插入一根长 1.7m、直径 90mm 的 Q345B 钢棒作为贝雷架支撑点，在钢棒两侧安装牛腿，钢板厚度 20mm（牛腿加工肋板、劲板焊缝要求双面满焊），使用双螺母紧固。

（2）搭设主梁。搭设支撑架（图4-84）。通过计算，依靠穿心钢棒支撑主梁时，在平台梁板主体混凝土、模板及贝雷梁荷载作用下，主梁工字钢变形较大，因此在主梁工字钢跨内距下游立柱1.7m位置（约1/3跨长）增设支点。用直径400mm、壁厚8mm钢管作支撑，将主梁受力变换为三支点、梁端悬臂的连续梁。

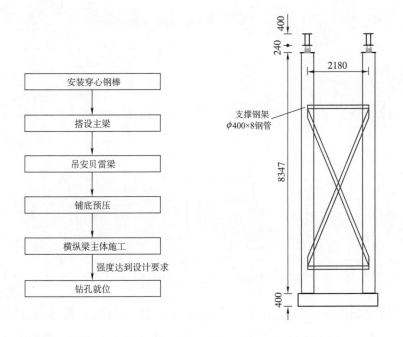

图 4-83　施工工艺流程　　　　图 4-84　支撑架组拼结构示意图（尺寸单位：mm）

钢管顶撑单根长度约 8.35m，质量 1.1t。钢管顶撑两端用厚 20mm 钢板封堵，外侧设加筋肋加固。钢管顶撑在泄水闸顶就位后成对组拼，用 [10 槽钢呈十字形连接，同时在钢管顶撑侧向与穿心钢棒等连接固定，增强整体稳定性。

固定安装砂箱，砂箱内填砂需经试验压力及进行预压紧，确保加载后不均沉降。砂箱调整好高程后吊安主梁工字钢，如图 4-85 所示。

在砂箱上放置贝雷梁支撑主梁，主梁为双拼 I40b 工字钢，长度 9m。主梁与砂箱、砂箱与支撑架间采用电焊固定。整体支撑体系剖面如图 4-86、图 4-87 所示。

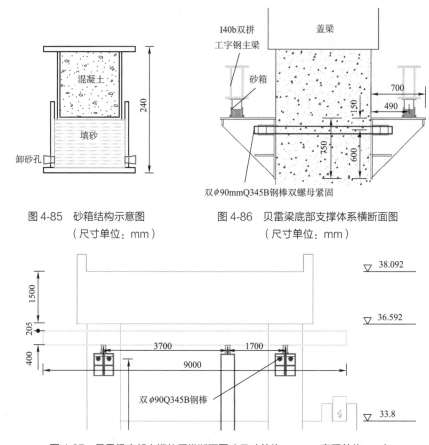

图 4-85　砂箱结构示意图（尺寸单位：mm）

图 4-86　贝雷梁底部支撑体系横断面图（尺寸单位：mm）

图 4-87　贝雷梁底部支撑体系纵断面图（尺寸单位：mm；高程单位：m）

（3）贝雷梁拼装。本方案中采用的是 321 型贝雷梁，泄水闸启闭机房平台梁板跨净距 15.6m，单片贝雷长度 3m，贝雷梁按照单榀 5 片贝雷连接，组拼成长度 15m 贝雷梁。

启闭机房平台梁板宽度 6.4m，考虑 9 榀贝雷梁拼装成整体。梁排距 0.9m，用 90 型支撑架连接。

贝雷梁拼接先拼接为单榀，然后两榀梁用支撑架组拼成整体吊装。

（4）吊装贝雷梁。将拼装好的每榀贝雷梁吊装运输至交通桥后，采用50t汽车起重机吊运至主梁上，贝雷梁节点应布置在双拼工字钢位置，确保节点受力合理。每跨贝雷梁安装完成后及时采用支撑架进行连接加固，让9片贝雷片形成一个整体，如图4-88所示。

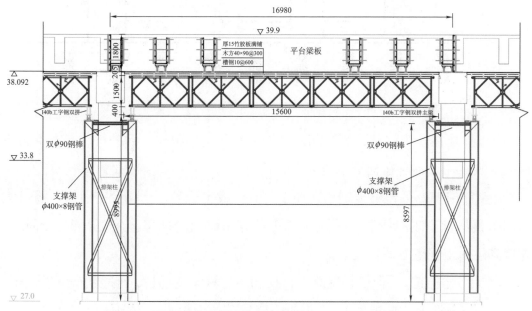

图4-88 贝雷梁安装后整体断面图（尺寸单位：mm；高程单位：m）

（5）铺底预压。为了确保平台梁板现浇混凝土施工安全和质量，需对贝雷梁支撑体系进行预压以检验贝雷架、主梁的承载能力和挠度值，并以挠度值为依据消除其非弹性变形。

（6）平台梁板主体施工。启闭机房平台梁板主体施工分两次进行，首次施工高度1.65m以下的横纵主梁，二次施工平台梁板顶0.15m面层。

①模板施工。平台梁板模板为木模，采用木方、竹胶板组拼，平台梁底模下布设间距600mm的[10槽钢做主楞，接着沿槽钢垂直方向按间距300mm铺设木方，最后铺设竹胶板完成底模支立，如图4-89所示。

模板制作成型运输至交通桥，利用汽车起重机吊装就位，人工操作螺杆紧固。支模过程中安装埋件。

待混凝土强度达到2.5MPa以上时拆除侧模，顶板底模需混凝土强度达到设计强度的 100% 时才能拆除。模板拆除采用人工辅以汽车起重机进行。

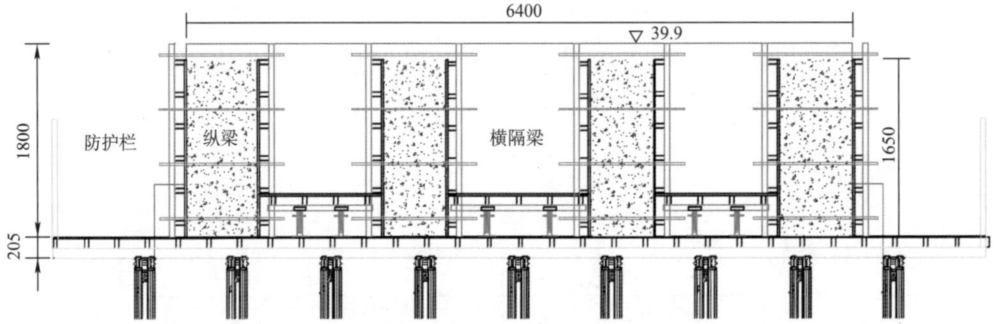

图 4-89 平台梁板主梁施工支模示意图（尺寸单位：mm；高程单位：m）

模板拆除在砂箱移除，倒链葫芦系挂主梁降至牛腿支架后进行。井字格内模板从下侧拆除，不需在板面留设人孔。

②钢筋施工。平台梁板钢筋自加工厂制作成半成品后运输至交通桥，通过汽车起重机吊运至现场绑扎。采用预绑钢筋笼吊装组合的工艺施工。钢筋绑扎、连接满足施工规范及图纸要求。

③混凝土施工。平台梁板混凝土自拌和站运输至交通桥，通过泵车泵送入模，采用 ϕ 50mm 插入式振捣器振捣。混凝土浇筑整体上按长度方向从一端到另一端，宽度方向从中间向两侧的顺序浇筑。混凝土单次下灰高度不大于 500mm，振捣时间控制在 20s，振捣间距控制在 500mm 以内。

④施工注意事项。

a. 钢筋、模板、施工设备等在平台梁板支撑体系上不要大面积集中放置时，控制荷载集度不超过 30kN/m²。

b. 平台梁板主体进行绑扎钢筋、浇筑混凝土等加载工序前，检查穿心钢棒、支撑钢管的牢固性和稳定性，同时保证排架柱混凝土强度达到 100%。

c. 起重设备在交通桥上作业保证支腿稳固，严格按照起重吊装规则作业，控制单次吊重不超过 5t。

d. 由于平台梁板分两次施工，在首次施工的平台梁板顶需做凿毛处理，保证上下层混凝土结合紧密。

e.由于现场多为高空作业，对平台梁板施工的临边需搭设防护栏杆。

（7）平台梁板支撑体系拆除。

①撤除砂箱。首先通过4个10t倒链葫芦系挂双拼I40b工字钢主梁，然后对砂箱放砂卸载。待砂箱顶离开主梁后，移除砂箱，如图4-90所示。

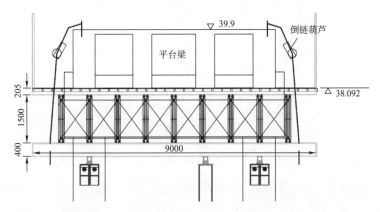

图4-90 倒链系挂主梁拆除砂箱示意图（尺寸单位：mm；高程单位：m）

②主梁固定至牛腿支架。首先将4个10t倒链葫芦均匀缓慢下放，将承载贝雷梁的双拼I40b工字钢主梁落放到牛腿支架上，然后将主梁与牛腿支架焊接固定，如图4-91所示。

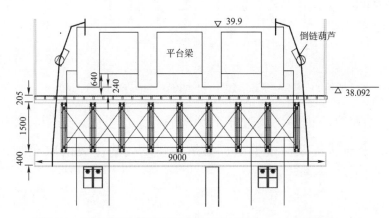

图4-91 主梁固定至穿心钢棒示意图（尺寸单位：mm；高程单位：m）

③拆除平台梁板底模。通过人工将平台梁板底部的竹胶板和主次楞移出至平台梁板水平投影以外的区域，利用起重机将底模板分次转运出施工区域，如图4-92所示。

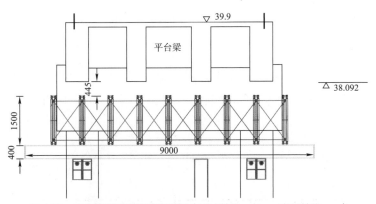

图 4-92　平台梁板底模拆除示意图（尺寸单位：mm；高程单位：m）

④拆除贝雷梁。通过在主梁顶系挂倒链或支顶千斤顶，将贝雷梁逐步移出至平台梁板水平投影以外的区域，拆除梁间连接支撑架，随后同样利用起重机将贝雷梁分次转运出施工区域，如图 4-93 所示。

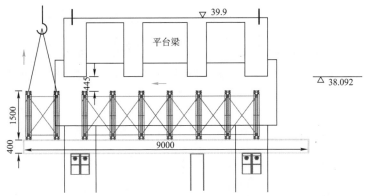

图 4-93　贝雷梁拆除示意图（尺寸单位：mm；高程单位：m）

⑤拆除主梁及穿心钢棒。通过 4 个倒链葫芦系挂主梁，采用起重机将牛腿拆除，再将穿心钢棒从排架柱中抽出，然后缓慢均匀将主梁落放至闸顶，用起重机转运出施工区域，如图 4-94 所示。

5. 闸门埋件安装工艺

八字嘴泄水闸采用驼峰堰结构，堰顶高程为 9.0m，闸顶高程 27.0m。其中，虎山嘴（东大河）泄水闸共 12 孔、貊皮岭（西大河）泄水闸共 20 孔，孔宽 14.0m，每孔设一扇平面工作闸门及其启闭设备。在工作闸门上游设有检修闸门及其启闭设备，在工作闸门下游设有检修闸门及其启闭设备。东大河闸门埋件共 38 套，西大河共 62 套。八字嘴枢纽的闸门埋件安装是在土建完成主体施工后，通过二期混凝土浇筑成型，形成整体。

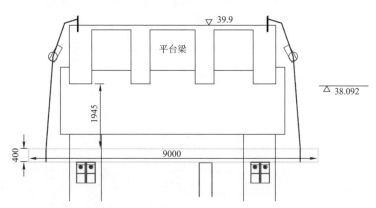

图 4-94　主梁及牛腿拆除示意图（尺寸单位：mm；高程单位：m）

1）施工工艺流程

施工工艺流程如图 4-95 所示。

2）施工控制重点

（1）埋件安装的准备工作及施工程序。八字嘴枢纽的闸门埋件由底槛、主轨、反轨、侧枕的组成，采用二期混凝土埋设。埋件安装主要包括：基础螺栓调整、埋件就位、调整、固定、检查、验收、接头焊接、磨平、复测等。闸门埋件须在泄水闸闸墩施工到顶后进行，且上部坝顶无作业时进行，避免交叉施工，减小施工安全风险。埋件安装前应完成以下工作：

①对门槽一期混凝土进行凿毛，调整预埋插筋或基础螺栓。

②将门槽中的模板等杂物清除、并组织对二期混凝土的断面尺寸及预埋件的位置进行验收。

③埋件安装基准控制点、线设置。首先进行测控系统放点，放出孔口中心线、门槽中心线以及控制高程点等，在底槛安装完成后，根据系统进行轨道安装控制点线测放，主、反轨控制点放到侧、底坎上并打好样冲。系统控制点线妥善保护至门槽安装完成。

安装使用的基准控制点线除了能控制各安装部位构件的安装尺寸及精度外，还应能控制门槽的总尺寸和安装精确度。

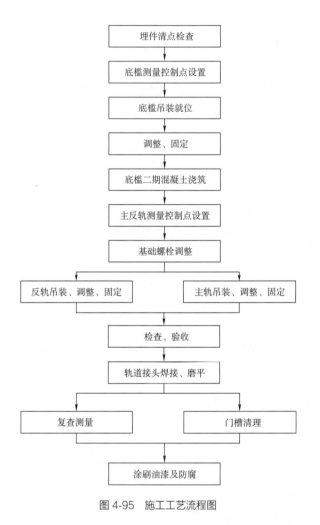

图 4-95 施工工艺流程图

④设备运到工地后，按图纸对设备外形尺寸，相配尺寸进行核对，轴、销等进行试装检查。检查构件变形情况，如发现异常应及时向监理工程师汇报，及时处理。对主轨、反轨须在出厂前完成预拼装检查。

（2）埋件安装措施。

①底坎安装。底坎吊装前，将预埋插筋焊成支架，其架面高程低于底坎构件底面 10~50mm；底坎就位后，要留有调整的裕度。利用门槽两侧放好的样点拉一水平钢丝线，找正底坎的高程及水平。每隔 0.5m 测量一点，调整至合格。同时用水准仪配合测量检查底坎高程。底坎中心的调整要根据闸孔纵横中心线来控制。中心偏差不超过 ±5mm，倾斜偏差不超过 1mm，底坎左右相对高差不超

过 3mm。因为底坎是门槽构件的安装基础，装好后必须支撑加固牢靠，以防进行二期混凝土浇筑及振捣时发生变形。

②主轨安装。主轨安装前，先在已安装好的底坎上定出中心位置，根据底坎的中心位置标定主轨的安装位置，将主轨吊入门槽，底部落在底坎上，同时对准底坎上的中心位置。上端焊上两个调整螺栓，松钩后，在主轨前面左右挂上两套重力线锤，侧面再挂一套线锤。调整从下端开始，逐步向上进行，每隔 0.5m 测量一次。若轨道有里弯或外凸，可用千斤顶调整，调整至符合要求后，将轨道与一期混凝土中的预埋插筋焊接牢固。在进行连接时，如遇到预埋插筋有错位现象，可根据具体情况将插筋煨弯，以便与轨道可靠连接；预埋插筋长度不够时，可在插筋与轨道间搭接钢筋进行连接。不论采用哪种连接方式，都必须保证连接牢固可靠，以确保在浇筑二期混凝土的过程中轨道不出现错位、变形等现象。

③反轨安装。安装方法与主轨相同，安装允许误差应符合图纸及规范要求。

④焊接。闸门埋件安装完成并检查合格后，进行各连接部位的焊接，不锈钢材料之间的焊接采用不锈钢焊条，普通材料之间的焊接采用结构钢焊条。底槛、轨道、门楣安装及相互间的焊接完成后进行一次全面检查，检查合格后及时交付。二期混凝土的浇筑工作在 7d 之内进行。

⑤门槽埋件的清理与复测。

a. 二期混凝土拆模后，对所有的工作面进行清理，清除水泥砂浆或杂物。

b. 埋件所有工作面上的连接焊缝，在安装工作完毕、二期混凝土回填后，必须仔细进行打磨，其表面粗糙度与焊接构件保持一致。对接接头的错位均应进行缓坡处理，过流面及工作面的焊疤和焊缝余高铲平磨光，凹坑应补焊平并磨光。

c. 对埋件进行整体复测，并做好记录。同时，检查混凝土面尺寸，清除遗留的钢筋和杂物，并铲除门槽范围内影响闸门安全运行的外露物。

6. 工作门安装工艺

八字嘴枢纽泄水闸采用开敞式 A 型驼峰堰形式，驼峰堰由 $R=6.5m$，$R_1=15.6m$ 和 $R_2=15.6m$ 三段圆弧组成，堰顶高程 9.0m，闸孔净宽 14m。其中，虎山嘴 12 孔泄水闸和貊皮岭 20 孔泄水闸。鉴于结构、综合造价、系统稳定性以及对水流态势控制等多方面因素，本项目泄水闸工作门均采用露顶式平面定轮钢闸门，配合固定卷扬机操进行闸门的启闭操作。上游检修闸门采用露顶式平面滑动钢闸门，由坝顶单向门机进行启闭操作；下游检修门采用露顶式平面滑动浮体叠梁钢闸门，由直联启闭机进行启闭操作。

1）施工工艺流程

施工工艺流程如图 4-96 所示。

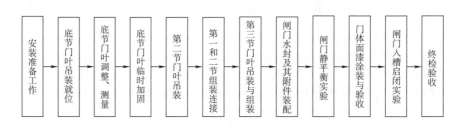

图 4-96　施工工艺流程图

2）施工控制重点

（1）安装前检查。

对各闸门分节及其附件进行检查，设备是否齐全，是否存在损伤；在检查中如果发现有损伤、缺陷或零件丢失等情况，须及时进行修整，零件补齐后方可进行安装。对埋件门槽的安装参数进行复测，清除杂物。

（2）首节吊装。

①卸车。选择靠近吊装位置固定起重机，起重机支腿全部展开，复核吊点后，运输车辆与汽车起重机并线停靠，预留出安全距离。卸车采用抱兜法，卸扣锁住闸门门叶主梁的侧吊耳，将闸门缓慢提起使其脱离运输车托盘，运输车驶离，将闸门缓慢下落至原地。

②闸门翻身。更换吊点，把吊钩挂于已焊接好的临时吊点处（临时吊耳均焊在腹板上，图 4-97），并且在闸门两端栓系牵引绳，绳子长度 30m，两侧分别安排至少 4 人以上利用牵引绳进行闸门牵引，将闸门缓慢竖立后起吊。

a. 将闸门吊装吊耳用 12m 钢丝绳悬挂在起重机主钩上，钢丝绳两头分别采用斜口连接在闸门的两个临时吊耳上，验证吊具连接牢固。

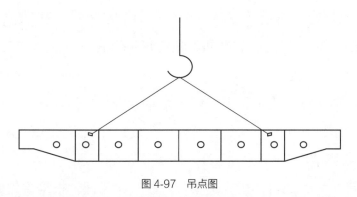

图 4-97 吊点图

b. 同时缓慢起升吊具，起升过程注意调整起重机起重臂，保证钢丝绳垂直。

c. 通过最高点时要特别缓慢，注意闸门摆动冲击。

d. 通过最高点后，起重机向一侧移动，同时快速下降吊钩，使闸门翻转，控制起重机吊钩下落速度，防止闸门从最高点翻转下落时产生对起重机的冲击荷载。

e. 翻转时，在闸门下落端在地面放置垫木，枕木放置位置需要对准闸门的筋板加强处，防止闸门直接冲击变形，如图 4-98 所示。

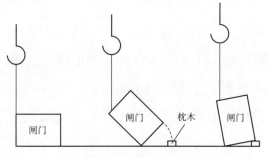

图 4-98 翻身示意图

f. 焊接吊耳应进行检查，确保吊耳焊接牢固。

g. 翻身过程中起重机动作应缓慢，防止闸门出现异常位移。

h. 翻身过程随时调整起重机起重臂，保证吊钩垂直起落。

i. 翻身前需设立警戒区域，严禁非工作人员进入作业范围。

j. 挂绳、解绳及放置垫木时必须停止起重机操作，保证施工安全。

k. 在闸门脱离地面后，依靠牵引力保持闸门的平稳性。在闸门升起至一定高度后，起重工指挥起重机进行旋转，直至达到指定区域，闸门缓慢下落，下落过程同样要依靠牵引保持闸门的平衡，最终将闸门放稳固定。

（3）其余门叶吊装。

下节门叶临时加固后再进行上节门叶吊装。

吊装参考首节闸门吊装方法，吊装就位后的尺寸调整方式也基本相同。下落过程及时调整与下节门叶的定位位置，直到下落就位。

为控制门叶尺寸，通过面板、边梁位置挂三组铅锤，根据事先设在门叶上放出的控制点，调整门叶垂直度，使其倾斜和扭曲值均达到要求。合格后将已调整好的门体牢固地固定在门槽中，接着吊入第二块门叶落在第一块门叶上，其调整方法相同，至此底节门叶组装完毕。几何尺寸检查合格后进行施焊作业。第二节门叶拼装方法相同。

门叶垂直调整符合要求后，将门叶部分焊接牢固，然后调整压平面板接缝的错位，并部分焊接牢固，保证下一节门叶落上后不会对前面已吊装完成的门叶产生影响，加临时支撑并开始拼装下一节门叶。

（4）水封及主支承部件的安装。

①闸门的两侧水封及底水封，按需要的长度粘接好再与水封压板一起配钻螺栓孔。橡胶水封的螺栓孔，采用专用的钻头使用旋转法加工。严禁采用冲压法和热烫法加工。其孔径比螺栓直径小 1mm。

②止水橡皮接头采用生胶热压等方法胶合，胶合接头处不得有错位，凹凸不平和疏松现象。

③止水橡皮安装后，两侧止水中心距离和顶止水中心至底止水底缘距离、止水表面的平面度以及止水橡皮压缩量均应符合图样和规范要求。

④水封装配并均匀拧紧螺栓后，其端部至少应低于止水橡皮的自由表面。

⑤由启闭机操作进行闸门启闭试验，要求滚轮运行无卡阻现象、全关位置水封橡胶无损伤、漏光检查合格、止水严密。下闸试验时，须对水封橡胶与轨道接触面采用清水冲淋润滑，以防止损坏水封橡胶。

⑥平面闸门主支承部件的安装调整，须在门叶结构拼装铰接完毕、经过测量校正合格后才能进行。所有主支承面应当调整到同一平面上，其误差不得大于施工图纸的要求。平面事故检修闸门充水装置和自动挂脱梁定位装置的安装，除按施工图纸要求施工外，还须注意与自动挂脱梁的配合，以确保其能够安全可靠地动作。

（5）闸门启闭试验。

闸门安装完毕，对其进行试验和检查。试验前要检查并确认：吊头、抓梁等动作灵活可靠；充水装置在其行程内升降自如、封闭良好。同时还应检查门槽内影响闸门下闸的杂物等是否清理干净，然后方可试验。

①静平衡试验。闸门用相应的启闭设备自由吊离锁定梁 100mm，通过滑道或滚轮中心测量上、下游方向与左、右方向的倾斜，单吊点平面闸门的倾斜不应超过门高的 1/1000 且不大于 8mm。当超过标准要求时应予配重调整，符合标准后方可进行试槽。

②无水启闭试验。在无水的状态下，闸门与相应的启闭机、抓梁等配合进行全行程启闭试验。试验前在滑道支承面涂抹钙基润滑脂，在闸门下降和提升过程中用清水冲淋橡胶水封与止水板的接触面。试验时检查滑道的运行情况，闸门升降过程中有无卡阻现象，水封橡皮有无损伤。在闸门全关位置，应对闸门水封及充水阀进行漏光检查，止水处应严密、无渗漏，并应配合启闭机试验调整好充水阀的充水开度。

③充水试验和静水启闭试验。在无水启闭试验合格后进行，检查闸门与门槽的配合以及橡胶水封的漏水情况。试验时，要检测闸门在运行中有无振动，闸门全关后底水封与底坎接触是否均匀。

闸门在承受设计水头下的压力下，通过任意 1m 长止水橡皮范围内的漏水量不应超过 0.1L/s。

④通用性试验。对泄水闸上下游检修门，必须分别在每个门槽中进行无水情况下的全过程启闭试验，检验闸门启闭的灵活性和密封性，并进行自动挂脱梁操作试验，以确保挂钩动作 100% 可靠。

（四）施工关键要点

（1）主体工程均为大体积混凝土，须从配合比、原材料、混凝土拌和、现场浇筑、温度监测、养护等各个环节采取综合性措施，保证混凝土质量。

（2）泄水闸施工区域上下游均有较好的道路条件，且具备平行施工条件，但受制于借道上闸首和电站厂房施工，区域内过往机械频繁，作为通道会影响局部泄水闸施工。

（3）溢流面为曲线，且结构分缝在其中部，止水要求高；同时有抗冲耐磨要求。施工工艺需考虑这两个要求。

（4）墩顶4m大牛腿外伸，需按照内拉或支架结合形式进行模板和浇筑分层核算，确保施工安全。

三、电站厂房

信江八字嘴航电枢纽项目电站厂房基础位于弱风化岩上部，虎山嘴电站布置于东大河右岸，左侧与泄水闸坝段相连，右侧为鱼道挡洪闸，厂房前缘总长47.14m，主机间共布置2台单机容量2.8MW的灯泡贯流式水轮发电机组，总装机容量5.6MW。貉皮岭电站布置于西大河右岸，左侧与泄水闸坝段相连，右侧为鱼道挡洪闸，厂房前缘总长72.80m，主机间共布置2台单机容量3.5MW的灯泡贯流式水轮发电机组，总装机容量7.0MW。电站厂房自2018年8月开始施工，2022年12月交工验收完成。厂房尾水流道采用全段落钢内衬施工工艺，屋顶采用钢结构屋顶。电站厂房如图4-99所示。

（一）主要结构及其形式

八字嘴电站厂房包括主机间、安装间、副厂房、进水渠、尾水渠等结构。

主机间布置两台灯泡贯流式机组，总

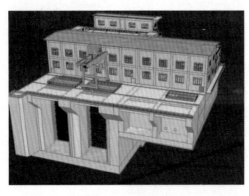

图4-99　八字嘴电站厂房

装机容量 12.6MW，水轮发电机组置于过水流道内，顺水流向依次为进口段、管形壳段、转轮室段和尾水管段，进口顺水流向布置有拦污栅及检修闸门各一道，拦污栅采用直栅，主机间运行层布置油压装置、调速器、机组进人孔、发电机井和水轮机井等，尾水管段流道末端布置事故检修闸门一道，一机一孔，每孔布置一台固定卷扬机，启闭事故检修闸门。

安装间位于主机间右侧，布置有鱼道补水阀室、机修间、风机室、油库室、油处理室、电工试验室。

副厂房按其所在的位置分为主机间下游副厂房和安装间副厂房。主机间下游副厂房位于尾水管顶板上部，共分五层布置：高程 14.5m 层为水机设备层，布置技术供水泵、渗漏排水泵、空压机等；高程 19.5m 层为电缆夹层，布置励磁变压器；高程 23.0m 层为电气设备层，布置机旁屏室；高程 27.2m 层布置中低压开关柜、厂用变压器；高程 33.2m 层布置高位油箱室、值班室等。安装间下游副厂房 27.2m 层布置中控室、休息室；33.2m 层布置会议室、通信室、蓄电池室。安装间右侧 27.2m 层布置门厅、卫生间、柴油发电机房等。

进水渠与河床平顺相接，渠首设置拦砂坎，坎顶高程 11.0m，拦砂坎轴线与坝轴线交角 60°，以利导砂。拦砂坎下游端与厂房左侧边墩相接，上游端与右岸岸坡相接。拦砂坎内水平段渠底高程 6.4m，末端以 1:3 坡度与流道进口相接。进水渠护坦采用混凝土护砌。尾水渠顺河势布置，渠底从流道出口以 1:5 反坡接至 7.0m 高程。尾水渠左侧设置厂闸间导墙，右侧布置挡墙，渠底采用混凝土护砌。

（二）施工流程

八字嘴虎山嘴电站厂房施工流程如图 4-100 所示。

（三）施工主要特点及方法

1. 钢内衬工艺

八字嘴电站厂房尾水段流道采用钢内衬（图 4-101）进行施工。避免混凝土浇筑之后产生空鼓现象，对底部水平段钢内衬取消。钢内衬去底前后示意如图 4-102 所示。

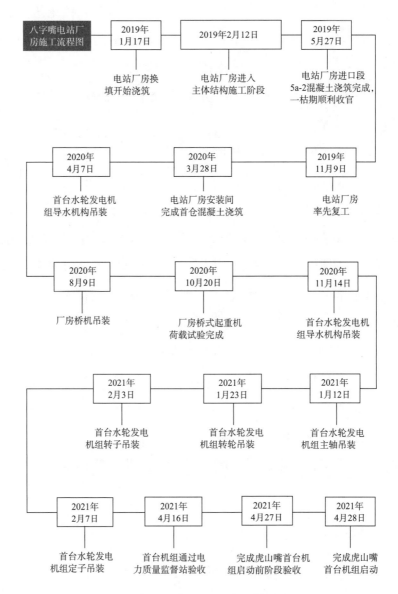

图 4-100 八字嘴枢纽虎山嘴电站施工流程

1）施工工艺流程

施工工艺流程如图 4-103 所示。

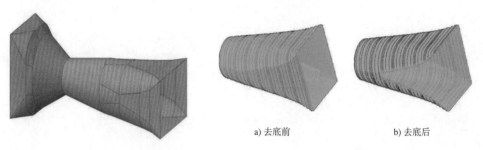

图 4-101 电站厂房尾水段钢内衬

a) 去底前   b) 去底后

图 4-102 钢内衬去底前后示意图

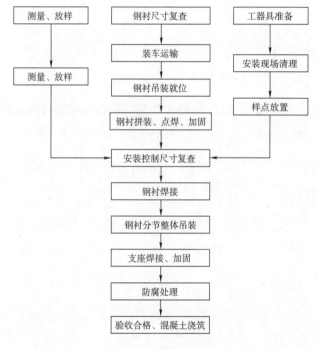

图 4-103 施工工艺流程

2）施工控制重点

（1）钢内衬拼装。

浇筑时预埋底部支座支撑 [10 槽钢，浇筑完成即可开始钢衬的拼装。每台机组尾水流道钢衬内部支架分为 A、B、C、D、E、F、G 共 7 个大段，每一大段又分为 3 小段，每 1 小段又分为 8 片，例如 A 段分为 A-1（1 片）、A-2（1 片）、A-3（1 片），A-1 分为 A-1-1（4 片）、A-1-2（2 片）、A-1-3（2 片），如图 4-104 所示。

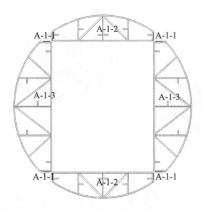

图 4-104　A-1 节支架分段图

（2）钢衬的固定方式。

外侧面板点焊调整到位后开始进行钢衬内部支架的安装加固。钢衬内部主架采用 [100 槽钢、斜支承采用 L63 角钢、支架连接板采用 12mm 厚钢板、桁架连接采用 ϕ48mm 圆管进行安装加固。在对拼装节进行安装时固定时底部采用两根 [10 槽钢拼接进行支承，同时布置拉筋，增加槽钢斜支撑。

（3）安装顺序。

根据现场实际情况，安装顺序为 A、B、C、D 段分段编号进行整体拼装安装，首先从厂房内侧安装 A-1 段，然后依次安装 A-2 段和 A-3 段，第一段安装完了继续 B、C、D 段的安装，如图 4-105~ 图 4-107 所示。

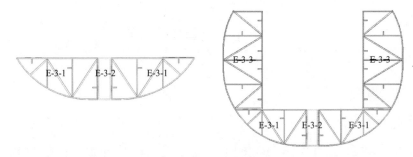

图 4-105　加固底部的 E-3-1、E-3-2　　　图 4-106　吊装加固 E-3-3

剩余的 E、F、G 段将分段整体吊装调整为现场拼装。首先拼装底部，然后逐次安装上部分片结构，最后安装调整完毕后进行加固，待底部加固完成之后再进行上部的吊装安装。

（4）钢衬安装就位、调整。

钢衬吊装时，利用 125t 履带式起重机将拼装好的分段节安装至底座上，首先安装的是 A-3 段，然后依次安装 A-2 段和 A-1 段。分段节吊装到位后，根据钢衬底部预先定位好的支承点位置定位，以底部支承为依托，采用千斤顶和手拉葫芦等对钢衬进行精确定位。调整时分两个方向调整：首先采用手拉葫芦进行上下游桩号方向调整，然后

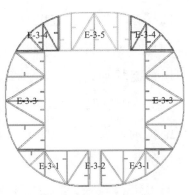

图 4-107　上部 E-3-4、E-3-5 的安装加固

用千斤顶进行高程方向调整，最后进行垂直度调整。对于 E、F 和 G 段的安装，现场先安装下半部分，再安装桁架，最后安装上半部分。安装的步骤基本与 A 段的安装顺序一样。定位后需用全站仪进行复核，复核各钢衬的里程、高程及中心线，对于钢衬的起点和终点是检测控制的重点。

（5）钢衬拼缝和固定。

钢衬拼缝时先对钢衬底部进行对位和焊接固定焊，然后依次进行侧面和顶面。钢衬的固定分为底座支承固定、钢衬内部桁架支承固定和外部槽钢和拉锚斜拉固定。钢衬内部支承桁架待混凝土浇筑完成后拆除，外部支承槽钢与拉筋和钢衬一起永久埋于混凝土内。

2. 优化分层分块流水施工

电站厂房施工多涉及大体积混凝土浇筑，故采用分层浇筑的方式以防止水化热集中而产生温度裂缝。首先根据工程实际情况和设计要求进行合理的分层、分块设计如图 4-108 所示。一般来说，分层分块的设计依据包括结构形式、混凝土强度、施工设备和人员等因素。在确定分层分块的方案后，需要选择合适的分层器、确定分层厚度。项目采用 Revit 软件的创建零件功能，利用高程、轴网、参照平面等辅

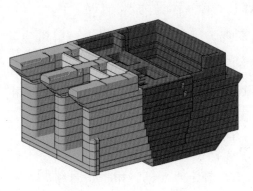

图 4-108　电站厂房分层分块设计图

助面切割模型，通过更改这些辅助面调整分层并实时计算工程量，做到可以边设计边调整，并且分块的结果可为钢筋下料、模板设计、进度管理等其他模块提供数据基础。

在现场施工中将上下游方向分为三个施工段，即进口段、主机段、尾水段。在施工前，设计对三个施工段的施工缝进行优化，设置台阶状施工缝。结构最复杂的主机段分缝不影响进口段和尾水段施工，优化后进口段、尾水段均可独立向上进行施工，不受主机段制约。进口段共三个墩，闸墩之间连接部分为胸墙和上游挡水墙，由于胸墙及上游挡水墙施工需搭设13.5m高的满堂盘扣脚手架，工期较长且模板支设困难。结合现场实际情况，为了保证电站厂房进水口门安装和门机梁等的吊装，同时为加快进口段墩施工进度，以及保证汛期过水前进口段施工能提前结束，在东大河施工基础上，合理优化进口段分缝，先施工进口段三个墩，后续再进行胸墙及上游挡水墙的施工。

优化分层分块流水施工的效果：提高了施工效率和质量，减少了施工缝的数量，提高了混凝土结构的整体性；提高了混凝土工程的稳定性和使用寿命；有效控制了混凝土的水化热，提高了混凝土的抗裂性能；提高了模板的周转效率；便于施工过程中的质量控制和检查。

3. 灯泡式贯流水轮发电机组安装

水轮发电机组是电站的核心设备，根据河床结构和水位，本工程采用灯泡式贯流机组，具有运行维护费用少、流道顺直、机组效率较高、单位流量及单位转速高等优点。虎山嘴电站采用两台机组，单机容量为2.8MW，转轮直径5.5m，额定水头2.3m，额定转速68.2r/min；貊皮岭电站采用两台机组，单机容量为3.5MW，转轮直径5.9m，额定水头2.3m，额定转速60.0r/min。其主要构件包括尾水管、管形座、导水机构、主轴、转轮、灯泡头、定子、转子等。其特点是机组装机容量小，但转轮直径大，属于大转轮配小发电机类型；机组运行水头变化幅度大。最大水头为5.64m，最小水头为1.2m，水头比为4.7，特别是貊皮岭电站考虑以后河床下切，最高水头将达到6.82m；机组额定水头低，根据设计额定水头为2.3m，属于超低水头发电机组。水轮发电机组安装工艺流程图如图4-109所示。

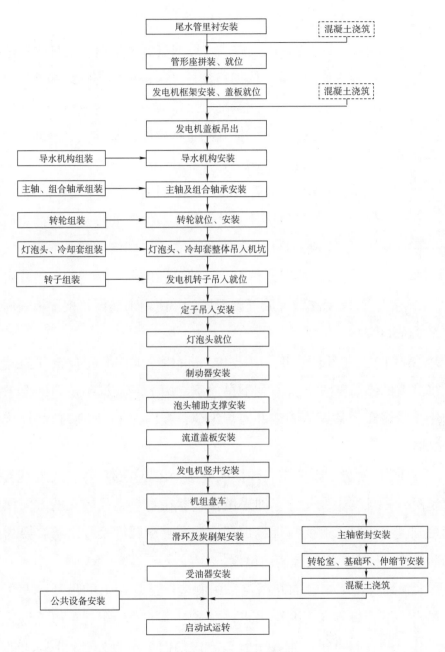

图 4-109　施工工艺流程图

1）尾水管安装

（1）施工工艺流程。

施工工艺流程如图 4-110 所示。

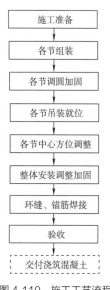

施工准备
↓
各节组装
↓
各节调圆加固
↓
各节吊装就位
↓
各节中心方位调整
↓
整体安装调整加固
↓
环缝、锚筋焊接
↓
验收
↓
交付浇筑混凝土

图4-110 施工工艺流程

（2）施工控制重点。

①基准点放线。灯泡贯流式机组预埋件安装前，应按施工图纸、依据经校核过的机组中心轴线和转轮中心线测量出安装控制基准点（或线）。多台机组安装一次标出。为方便测量，提高测量精确度，基准点、基准线一般取距离埋件法兰面位置约300mm。

②尾水管拼装、调圆加固。每台机组尾水管由两节组成，分别为尾水管锥筒Ⅰ、锥筒Ⅱ；每个锥筒由两瓣组合而成；将尾水管分两节拼装、圆度调整及加固。

首先，在作业场铺设好枕木，钢支墩置于枕木之上，钢支墩上放置楔子板。并使用水准仪将楔子板表面水平偏差调整至2.0mm以内。

其次，利用30t汽车起重机，用ϕ17.5mm钢丝绳四股配合5t手拉葫芦及5t卸扣，将分瓣的锥筒部件下游面朝下吊放于支墩上，根据制造厂的要求拼装成单节。用拉紧器和调整螺栓固定并点焊纵缝，在内部上、下管口处焊接钢管支撑以防变形。

最后采用分段对称焊接法将其焊接成整体，在焊接过程中注意监视管口尺寸的变化情况，一旦发生变化，立即采用拉紧器在管口直径较大的方向往管口中心拉紧使圆度符合要求，所有焊缝焊接完后再复测圆度尺寸，符合要求后用角磨机修磨焊缝，检查合格后补刷防腐漆。

③尾水管翻身。尾水管的起吊点采用制造厂已焊接上的吊耳。上管口方向有四个吊点，下管口方向有两个吊点，塔式起重机和汽车起重机就位后方可开始翻身工作。两台起重机分别在上管口方向的四个吊点处挂好四条单股8m长ϕ17.5mm钢丝绳及5t卸扣。然后两台起重机同时水平起吊，考虑到翻身的安全性，吊起水平高度到1m即可。塔式起重机侧继续起高，30t汽车起重机侧开始缓慢地降钩，始终保持与地面有0.5m的距离，当起吊至30t汽车起重机侧钢丝绳不受力时方可停止，这时30t汽车起重机侧钢丝绳及5t卸扣可以完全松钩。

然后指挥门式起重机主钩缓缓下降，并将下管口率先落至枕木上，直至整个锥筒水平落置于地面上。

　　将 2 个 5t 的手拉葫芦挂在门式起重机主钩的两股绳头上，另一端则挂在尾水管下管口方向的两个起吊点位置。另外两股钢丝绳仍系在上管口同一水平方向的两个起吊点位置。缓缓起吊，通过调整手拉葫芦，使锥筒上、下管口的中心在同一水平位置，然后在锥筒下半部分左右两侧分布两根麻绳系锁，每根麻绳由两人拉住，调节安装位置，再吊入机坑内。

　　④尾水管吊装加固。利用塔式起重机将尾水管分节吊进安装部位。先将下游节尾水管锥筒吊入机坑，利用调整螺栓、支撑等调整管口中心、方位、高程至要求范围内，紧固调整螺栓和支撑，焊接拉筋。

　　再分别将上游节尾水管锥筒吊入机坑，利用松紧螺栓、支撑等调整管口中心、方位和高程至要求范围内。整体调整用拉紧器和楔形板调整尾水管单节之间的错缝，调整后点焊固定，并焊接拉筋。采用分段对称焊接法焊接两段尾水管之间的环缝，在焊接过程中注意监视上游管口尺寸及位置的变化情况，随时调整焊接方法和顺序。

　　两节尾水管组装成整体后复测上游节管口圆度、中心、方位和高程。用磨光机修磨焊缝、打磨光滑，检查合格后焊接锚筋，按厂家及设计图纸资料要求进行加固；每圈拉筋与尾水管必须拉紧固定后方可浇筑混凝土，以避免尾水管偏移或上浮。

　　对尾水管整体焊缝部位进行防腐底漆、中间漆以及面漆刷涂，进行全面的防腐处理。安装及测量自检合格后整理全部安装、检查记录文件送监理单位并申请验收。

　　验收后移交土建单位进行混凝土浇筑。尾水管混凝土浇筑应严格控制分层、升高速度，浇筑时应按制造厂要求，参照《水轮发电机组安装技术规范》（GB/T 8564—2013）的规定进行，在浇筑施工全过程中，应对尾水管法兰面垂直度和平面度的变化进行监视，一旦发生变化应立即采取相应措施。尾水管混凝土浇筑完成后，应测尾水管的高程及中心、法兰面的垂直度和平面度，以保证尾水管安装质量及确定管形座安装的控制线。

2）管形座安装

管形座由内管形壳、外管形壳、前锥体、上部竖井和下部竖井等组成。管形座是机组最主要的支撑部件，是机组安装的基准，安装精度要求高，施工工艺复杂，是机组安装的重要环节。

（1）施工工艺流程。

施工工艺流程如图 4-111 所示。

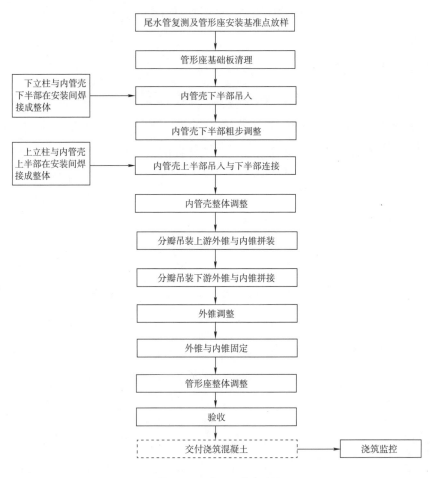

图 4-111　施工工艺流程图

（2）工艺控制重点。

①下立柱吊装。吊装前先将千斤顶、拉紧器、加固件、工器具等施工设备吊

入机坑待用。清理干净下立柱墩座以及基础板面，并按高程布置千斤顶（厂供）。下立柱单重6t，利用塔式起重机直接吊入机坑就位，安装好地脚螺栓，并对下立柱进行初步调整与加固措施。

②内锥体吊装。将内锥体下部用13m平板车倒运至1号机组进水流道，待内锥体下部就位完成后再将内锥体上部倒运至进水流道。吊装前还需在内壳体下、上部相应位置上挂上两条长度合适的麻绳（每条麻绳需要两人牵引，拽拉麻绳时要受力缓慢），用于调整连接体的方向，对调整其安装位置也能起到作用。

首先将内锥体下部翻身为直立吊装状态：利用厂家在分瓣组合法兰附近的吊耳（或螺孔安装卸扣）及下支柱上焊接的2个吊耳挂钢丝绳，在组合法兰处钢丝绳头悬挂2个10t手拉葫芦，手拉葫芦再挂在折臂起重机主钩上，下支柱钢丝绳挂在汽车起重机主钩上，两钩同时缓慢平行起升，起升至一定高度后，缓慢提升折臂起重机主钩的同时缓慢下降汽车起重机主钩使其翻转，由专职指挥员目测来指挥，直至内锥体翻转为直立吊装状态。

翻转为直立吊装状态后，起升一定高度，折臂起重机旋转主臂使内锥体在安装位置上方，由指挥人员目测指挥折臂起重机主钩和微调，降钩时要缓慢，不应过急，同时拉住两边绳索，避免与墙体碰撞；当下降至快接触下立柱时开始再次调整具体安装位置和方向，具体位置确定后，再下降使内锥下半部支柱对接入下立柱；钩降到已经不再受力后，开始对下内锥体与下立柱焊接连接板；焊接完毕后方可松吊钩。

依次将内锥体上部翻身为直立吊装状态：利用厂家在分瓣组合法兰附近吊耳（或螺孔安装卸扣）及上支柱上焊接的2个吊耳挂钢丝绳，组合法兰处钢丝绳挂在汽车起重机主钩上，上支柱钢丝绳挂在折臂起重机主钩上，两钩同时缓慢平行起升。起升至一定高度后，缓慢提升折臂起重机主钩的同时缓慢下降汽车起重机主钩使其翻转；由专职指挥员目测来指挥，直至内壳体翻转为直立吊装状态；继续将内锥体上部吊至内壳体下半部上方，由指挥人员目测来指挥降折臂起重机主钩和微调；降钩时要缓慢，不应过急，当下降至快接触组合面时开始再次调整具体安装位置和方向，具体位置确定后，再下降使内壳体上、下半部组合法兰对孔；安装组合面连接螺栓，此时管形座内锥体形成整体。

最后再通过千斤顶及拉紧器初步调整其整体高度、中心及法兰面至转轮中心线的距离至符合设计要求。

③上立柱吊装。上立柱单件质量 6t，利用塔式起重机直接吊入内锥体上部就位连接，焊接好连接板，加固牢靠后松钩。

④外锥体吊装。机组管形座外锥体上游侧法兰面直径约为 11m，分 4 块运输至现场，每块质量约 6t。外锥体采用其他方式分 4 次分瓣吊装。

外锥体分瓣安装的顺序是由下至上。吊装过程中不应起离地面过高。吊装前还需在下端相应位置上挂上两条长度合适的麻绳（每条麻绳需要两人牵引，拽拉麻绳时要受力缓慢）。每块分瓣当吊装到各机组管形座内壳体正上空后，由指挥人员目测来调整开始细微调整。当确定已经正确位置后，开始降钩。降钩时要缓慢，不应过急，当下降到安装位置时，开始再次调整具体安装位置。

⑤管形座调整。

a. 中心测量用经纬仪测量，将经纬仪立在尾水管，按基准中心线测量内壳体及外壳体法兰面上厂家的 Y-Y 线中心标记，调整用千斤顶拉紧器等使中心符合厂家要求。

b. 高程以测放的中心高程为基准，测量内壳及外壳体下游法兰面组合缝处 X-X 线。

c. 法兰面里程以测放的里程为基准，用钢卷尺测量。

d. 法兰面波浪度测量：将经纬仪立在测量基准线上正倒镜 4 次测得综合值，中心、方位、高程、法兰面波浪度均要满足厂家要求和规范要求，内壳调整借助于支撑柱处的油压千斤顶及支柱调整螺栓、楔字板、专用支墩等工具进行，每次调整均记录中心、高程、法兰面位置等数值。

e. 前锥体调整用调整钢管、中心定位工具及调整螺栓等工具进行。

f. 法兰面的垂直度和平面度可用经纬仪或拉钢琴线的方法测量。

调整完毕即进行支撑、加固件的焊接固定，焊接固定时注意控制变形，同时监测管形座法兰面的变化。随后进行框架的安装及与基础的加固。管形座、框架安装完成后进行混凝土浇筑，应严格控制分层升高速度，在浇筑施工全过程应对管形座法兰面平面度和垂直度的变化进行监测。

3）导水机构

（1）施工工艺流程。

施工工艺流程如图 4-112 所示。

（2）工艺控制重点。

①外配水环安装。外配水环运至安装场内，清扫组合面去除毛刺，大口向下吊置到具有一定高度且带有楔子板的支墩上进行组合。整体吊装使用的吊耳放置在靠下游面（即 +Y 朝向下游摆放）。

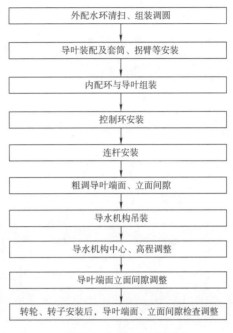

外配水环清扫、组装调圆
导叶装配及套筒、拐臂等安装
内配环与导叶组装
控制环安装
连杆安装
粗调导叶端面、立面间隙
导水机构吊装
导水机构中心、高程调整
导叶端面立面间隙调整
转轮、转子安装后，导叶端面、立面间隙检查调整

图 4-112 施工工艺流程

导水机构外配水环拼装按《导水机构装配》（THF 0300000）、《控制环》（THF 0350000），对导水机构外配水环进行拼装，先利用厂家到货密封条涂上密封胶（橡皮长出缝合法兰大约 10mm），用组合螺栓对外配水环进行连接组装，检查外配水环组合面不得错牙，合缝面间隙符合要求，整体调整外配水环水平，以便于安装调整。外配水环在组合时，应按制造厂所打编号组合，不得依靠销钉强行调整组合面错牙，拧紧组合螺栓，同时打紧销钉。组合好外配水环后，检查上下游法兰面螺纹孔中心所在圆的直径，下游螺纹孔中心所在圆设计直径为 5670mm，上游面螺纹孔所在圆设计直径为 7750mm。测量数据是否与设计值吻合，并做好记录。

②内配水环的拼装。内配水环运至安装场内并放置在外配水环内部，清扫组合面去除毛刺后。大口向下吊置到一定高度并带有楔子板的支墩上进行组合，其整体放置位置应与外配水环对应。

导水机构内配水环拼装按《内配水环》（THF 0310000）对导水机构内配水环进行拼装，先利用厂家到货密封条涂上密封胶（橡皮长出缝合法兰大约10mm），再用组合螺栓对内配水环进行连接组装，检查内配水环接合面不得错位，合缝面间隙符合要求，整体调整内配水环水平，以便于安装调整。内配水环在组合时，应按制造厂所打编号组合，不得依靠销钉强行调整接合面错位，拧紧组合螺钉，同时打紧销钉。

在内配水环拼装完成后，利用桥机将内配水环吊起距离支墩 300mm 时将支墩移开，再将内配水环放置到安装间地面，如图 4-113 所示。

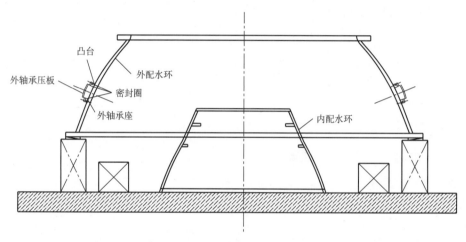

图 4-113　内配水环拼装

③导叶与外配水环的拼装。清理导叶轴和外配水环导叶孔上的防锈漆和污脂，清扫轴承部件和外配水环的轴承孔，检查各配合尺寸，按编号安装外轴套及橡胶条。在外配水环的凸台上装上入套筒、导叶外轴承、O 形密封圈和防尘密封圈，并在外活动轴承表面涂上润滑脂。

按照生产厂家说明书，在外配水环内侧靠套筒底部安装上密封环，然后进行导叶安装。导叶插入应顺着外配水环上的外轴套孔斜度进行吊装，插导叶时应在轴颈处涂润滑脂，插入过程中不得损坏密封圈，在插装导叶时使用拆导叶臂工具中的螺栓和导叶轴头连接后将导叶装入，在套筒外侧安装托盖，将螺栓穿过托盖中间拧紧螺母，将导叶轴引入轴承。将导叶端面紧靠于导叶进水边处垫有非金属片的外配水环表面。插装导水叶时应对称进行。导叶插入后，为防止松钩后导叶下滑，可在外配水环小口法兰处装上吊攀并用手拉葫芦拉紧后松钩。

拆除拆导叶臂工具，用手拉葫芦拉牢导叶，以避免使导叶的自然下垂力将导叶外轴套损坏。利用导叶扳手调整导叶轴头上销孔与导叶臂销孔吻合后，打入定位销钉，安装导叶臂、轴承。

压板和端盖，同时拧紧导叶端面螺钉，然后装入导叶端盖和导叶销止动板，拧紧外轴承座与轴承压板的连接螺栓。在导叶与外配水环之间垫 0.4~0.6mm 厚的紫铜片，保持导叶处于全关位置，拧紧端盖和导叶之间的螺栓，并固定导叶不动。将手拉葫芦拆除。

④内、外配水环的安装。清理内配水环导叶孔上的防锈漆和污脂，将内配水环吊入相对高度的支墩上，垫上楔子板。利用外配水环和内配水环支墩上的楔子板调整，使内、外配水环法兰面的高度差满足图纸要求。调整相对上游法兰面的距离后，将导叶与外配水环之间垫入的紫铜片抽掉。根据制造厂家提供的 X、Y 方向标记，在内、外配水环下游法兰面上十字形挂钢琴线，来调整外、内配水环之间的同心度及中心 X、Y 方向的偏差及法兰面之间的距离。调整完毕后做好测量记录。

测量内、外配水环上游侧的间距，调整结果符合生产厂家图纸要求。

⑤控制环的安装及调整。清理外配水环和控制环的球轴承槽，检查外配水环接缝处槽面不得错牙和槽内润滑油孔畅通，然后组合控制环，确保其球轴承槽不得错牙，组合面连接螺栓应拧紧。在控制环套进导环前，把外配水环法兰上的毛毡条装入密封槽内，并涂上润滑脂。在外配水环上等分焊接8处钢管或槽钢，上面架设千斤顶进行调节控制环，控制环装配位置要比设计位置低 2mm。注意千斤顶需用足够强度的铁丝绑牢并连接在可靠的挂点处，防止跌落伤人。

将控制环吊起调平并套到外配水环的 8 个千斤顶上，检查球轴承槽对正，装入钢球及轴承压环，装入钢球前涂上润滑脂，均匀拧紧压板连接和顶起螺栓。检查控制环转动灵活，应无卡涩现象。调整控制环到导叶全关位置，略松导叶端面螺栓，松掉导叶悬挂用的手拉葫芦。再利用手拉葫芦转动控制环，使转臂上连杆孔距离约与图纸尺寸相同。

⑥导叶操作机构装配。固定控制环在全关位置，使控制环上的全关记号与外配水环上的记号相一致。测量连杆上两个销孔的间距，间距可通过螺扣来调整。

最后装入导叶臂和连杆、连杆和控制环之间的连接销。

⑦导叶端面间隙和立面间隙的调整。测量 16 片导叶的高度值，对结果做好记录。

利用塞尺检查导叶的立面间隙，0.25mm 厚塞尺不能通过间隙为合格，并做好记录。

利用塞尺测导叶操作由全开到全关位置导叶的端面间隙，测量结果做好记录。

尽量使用偏心销来调整立面间隙，如果不能用偏心销来调整间隙，可通过磨和锉导叶来调整立面间隙允许值（最大间隙 0.25mm）。

⑧导水机构整体翻身及吊装。根据导水机构吊装使用的起重设备（桥机、钢丝绳、手拉葫芦、卸扣）进行一次全面检查，确保吊装设备的安全性能。安装好厂家到货的吊装工具后，并检查吊装工具的螺栓把合紧度。

导水机构质量约为 60t，吊装选用两条 14m 长 ϕ60.5mm 钢丝绳作为主吊绳，单条对折分别作 2 股使用，单股钢丝绳使用拉力为 316.6kN × 2=633.2kN（6 倍安全系数），4 股为 2532.8kN。吊装时两钢丝绳夹角约为 40°，所以单边钢丝绳与铅垂线的夹角约为 20°，计算吊装钢丝绳单边单股钢丝绳受力约为 195.8kN，小于 633.2kN，符合要求。

在翻身前需在主钩上挂两根对折的 14m 长、ϕ60.5mm 钢丝绳，导水机构下游端的钢丝绳串联上两个 20t 手拉葫芦。翻身过程需将导水机构靠上游的钢丝绳挂在厂房 100t 桥式起重机主钩进行翻身。待翻身完成后，再利用两台 20t 葫芦挂两个吊装吊耳上。检查钢丝绳和手拉葫芦工作状态是否良好，如发现问题及时纠正。开始慢慢起钩，起钩同时需要随时注意导水机构的平衡情况，如出现偏移应及时调整主副钩。当将导水机构翻身直立后，使底部受力支架保持与地面接触受力，利用手拉葫芦调整外配水环法兰的垂直度，桥机在安装间试吊并调整好导水机构方向；吊装导水机构的高度不应离地面太高，吊入廊道上方后缓慢下降，调整导水机构中心与机组中心一致，下降到机组中心高程即可，然后向上游移动与管形座内外壳体的下游法兰面把合，把合完毕后即可卸去桥机钩。

⑨导水机构安装及调整。内外环下游法兰面用4~8条槽钢以辐条形式加固，槽钢两头与法兰面用螺栓紧固。焊接临时挡块将控制环止动。导水机构整体组装完毕后，利用生产厂家提供的专用起吊装置也可以利用地锚或制作简易吊梁，用桥式起重机将导水机构一点着地（或空中）翻身90°，垂直吊入机坑与管形座连接。清扫管形座下游侧法兰及内、外配水环进水边法兰；安装导水机构吊装及翻身专用工具；在导水机构翻身后，安装内、外配水环密封O形圈；将导水机构吊入机坑，用链式葫芦调整内、外配水环法兰与管形座法兰面平行。

先将内配水环与管形座连接，拧入部分螺栓，挂钢琴线调整内配水环上游镗口及水导轴承座中心与机组中心同心，然后拧紧内配水环全部连接螺栓，法兰间隙应满足规范要求。连接面如有密封水压试验要求，则应根据试验要求进行密封水压试验，试验要满足要求。根据导叶端面间隙利用桥机及千斤顶来调整外配水环，合格后拧紧全部连接螺栓，连接面间隙应满足规范要求。如有密封水压试验要求，则应根据试验要求进行密封水压试验，试验要满足要求。钻绞定位销孔，安装销钉并点焊。使用链式葫芦或桥机旋转控制环，使导叶全关，测量导叶立面间隙，如不符合要求，调整连杆长度。主轴、转轮及转子安装调整完成后，再次测量、记录导叶端面、立面间隙，间隙应符合设计要求。待接力器安装调整好压紧行程后，再次测量导叶立面间隙。

图4-114 施工工艺流程

4）转轮装配

（1）施工工艺流程。

施工工艺流程如图4-114所示。

（2）装配工艺及试验要求。

转轮由叶片、转轮体、桨叶接

力器、转臂、密封装置及泄水椎等部件组成（图4-115）。转轮在安装间进行组装，转轮装配前要进行解体、清扫、检查；装配时，将转轮体立于支墩上，安装活塞缸、

图 4-115　转轮安装

活塞、转臂、缸盖等，然后安装桨叶。装配时应注意杂物勿落入缸中，应注意检查清扫。转轮装配好后作耐压和动作试验。试验用油必须符合质量要求。充油试验：转轮体内充油压力 0.05MPa，活塞缸内的操作油压力为 6.3MPa，试验时间 16h，叶片在每一小时转动全行程一次，转动应灵活，不得渗漏；每个叶片密封装置在加与未加试验压力情况下的漏油量均要符合《水轮发电机组安装技术规范》（GB/T 8564—2023）要求。试验完毕，拆下其中一个桨叶，装上吊装工具将组装完后的转轮翻转 90°吊入机坑就位，与大轴连接，连轴螺栓采用电阻加热器对称方向加热拉伸连轴螺栓，用生产厂家提供的转角值或百分表测量其实际拉伸，每个螺栓实际伸长值符合生产厂家的规定要求，转轮与主轴连接组合面用 0.03mm 厚塞尺检查应无间隙。

5）转轮室、伸缩节及基础环安装

（1）施工工艺流程。

施工工艺流程如图 4-116 所示。

（2）施工工艺及要求。

吊装前须检查导水机构外配水环法兰和转轮室法兰的平面度。在主轴吊入之前先将下半部转轮室清扫干净，吊入机坑与导水机构把合，并尽量使其安装位置放低，把合后在转轮室下游法兰用千斤顶和钢管设置临时支撑。转轮室分两瓣组成，转轮室下半部已

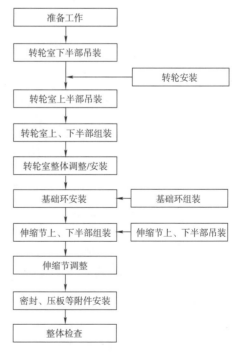

图 4-116　施工工艺流程

在主轴吊装之前吊装。清扫外导水环连接法兰面及螺钉，销孔，用样板平尺检查外导环法兰面。

将转轮室上半部吊入机坑，与下半部连接成一整体，检查分瓣接合面的严密性，把合后用 0.05mm 塞尺检查不能通过，允许有局部间隙，但不大于 0.10mm，深度不得超过分瓣隙宽度的 1/3，长度不超过全长的 10%。安装基础环及伸缩节，将其与尾水里衬初步连接，测量基础座内孔与转轮室密封面外圆的间隙，根据整个圆周方向间隙的实测值调整基础环及伸缩节基础座的位置。拧紧连接螺栓、装配销钉。

测量转轮室与转轮叶片之间的间隙，在整个圆周方向测 12 点，边测边调整转轮室与外导水环的装配位置，应使转轮室与叶片之间的间隙在 +X、–X 方向相等，+Y、–Y 方向相差水轮机导轴承的间隙值和转轮运转工况的上抬计算值。进行基础环与尾水里衬之间焊缝的焊接工作。完成后即可进行基础环处二期混凝土的浇筑。装入止水密封圈，安装压环，连接紧固。按图纸要求安装转轮室爬梯，栏杆。

6）主轴及组合轴承装配

（1）施工工艺流程。

施工工艺流程如图 4-117 所示。

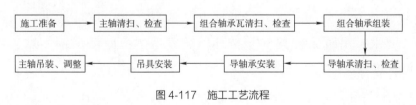

图 4-117 施工工艺流程

（2）施工工艺及要求。

①轴承轴瓦检查。将支撑主轴支架置于安装场地基础上，然后将主轴吊于支架转动主轴上，与镜板连接的导向键槽位于轴上方，调整主轴水平，同时清扫主轴上轴承轴颈及两端法兰面。

②发电机径向轴承预装。先吊导轴套下半部于轴颈下软木上，再吊轴套上半部于轴颈上，同时采用临时固定措施，以免上半轴瓦滑动，然后再吊起下半轴

瓦与之组合，检查接合面应无间隙，同时检查导轴瓦与主轴配合间隙，应符合设计要求，然后拆下轴承。

将支持环组合于轴瓦背上，合缝应无间隙，检查并测量支持环与导轴瓦球面间隙应满足设计要求，然后拆下支持环。

③正推力轴承组装。把轴承框架放支墩上，调整轴承框架水平度满足设计要求；将套筒、支柱螺栓及轴承座组装于轴承框架上，调整支柱螺栓高度；把所有推力轴承轴瓦放在支柱上，并且每块轴瓦均能自由活动，安装轴瓦早止推块；安装测温电阻；安装油槽。

④镜板组装。分瓣镜板组装在推轴颈后，检查组合面应无间隙，径向错牙符合设计要求，且按转动方向检查，后一块应低于前一块。

如镜板为整体，则采用热套法套入，加热方法根据厂家要求进行。

⑤反推力轴承组装。将轴承支架置于支墩上，调整其水平度符合设计要求；安装推力轴承轴瓦支柱座及支柱于轴承支架上，将全部反推轴瓦放置于支柱上，再将镜板置于轴瓦上，测量调整镜板水平度、镜板与轴承支架的相对高程，至符合设计要求。将测温电阻按图纸设计要求布置在反推力轴承轴瓦上。

⑥轴承支架与导轴承组装。在轴颈处抹上猪油或凡士林，用于防锈及盘车时起润滑作用，将导轴承组装于主轴上，然后将支持环组装于轴承上；用桥式起重机吊起轴承支架于垂直位置，调整轴承支架水平满足设计要求；检查主轴水平度应符合要求；吊轴承支架与支持环组装成一体，使反推轴瓦靠于镜板上，并用枕木临时支撑。

⑦正、反推力轴承组装。将发导轴承向镜板方向推，使反推轴瓦与镜板靠拢，然后用桥式起重机吊起正推轴承座与反推轴承座组装成一体，调整正推轴承调整螺栓，使正推力轴承轴瓦压紧镜板，以免主轴吊装时轴承移动。

⑧发电机径向轴承安装。清扫并检查导轴瓦与主轴配合间隙，确保其符合设计要求；先吊导轴瓦下半部置于轴颈下软木上，再吊轴瓦上半部置于轴颈上，同时采用临时固定措施，以免上半轴瓦滑动，然后吊起下半轴瓦与之组合，组合时应保证绝对干净，以免损伤轴瓦，合缝检查应无间隙，旋转导轴瓦，使下

半轴瓦朝上，与实际工作位置一致，检查导轴瓦与主轴配合间隙应符合设计要求。

⑨大轴系统组装完毕后，安装专用吊装工具吊运，如图 4-118 所示。

7）转子安装

对桥式起重机进行全面检查，特别是桥式起重机起升机构中的滚筒钢丝绳卡扣、电动机、制动器抱闸、减速机等的性能；应能满足使用要求。拆出吊具位置的磁极并妥善保护，后安装翻身工具。安装转子翻身工具，竖直提升转子高度约 500mm，连续升降三次检验桥式起重机的可靠性，同时可测量转子环臂的变形值。检查确认主轴法兰、螺栓孔已清扫干净，内无异物。

利用转子翻身和起吊工具将转子翻身至垂直位置（转子翻身一般有两种方式：方式一，利用翻身工具一点着地翻身；方式二，利用专门吊具空中翻身，普遍用一点着地翻身），之后拆下翻身工具调整转子起吊工具，使转子中心轴线水平，确认正常后，再缓慢升起转子，将转子吊起超过行走前方的障碍物。整个翻身、起吊过程派专人监护起重机，如图 4-119 所示。

图 4-118　大轴吊装

图 4-119　转子安装

将转子吊至发电机竖井上方，缓慢下降转子，使转子法兰与主轴对正；当转子法兰与主轴法兰相距 20~30mm 时，由人工穿入两个导向杆进行水平导向牵引拉靠，最后穿入全部螺栓拧紧。拆除吊具，用桥式起重机回装吊具处的磁极。按生产厂家要求将连轴螺栓牵拉伸长，伸长值达到要求后固紧螺母。

8）定子安装

对桥式起重机进行全面检查，检查方法同转子安装。按要求安装定子吊装支架，考虑定子翻身时会造成变形，如果厂家的吊装工具中未提供防变形支架，将用槽钢制作一防变形支架。

定子翻身一般采用空中翻身。吊装时利用厂家提供的定子吊装翻身工具将定子垂直吊入机坑，初步连接定子与内环的全部组装螺栓，用测量定转子、气隙专用工具逐个测量定转子气隙并调整使之满足厂家规范的要求，调整过程中逐个拧紧与内壳体连接的螺栓，并连接定位销钉。定子在套入转子时，要在定、转子间的四周放比空气间隙小的木板条，用以避免定子铁芯和磁极铁芯的相碰撞。为防止定子吊起来后变形大而套不进转子，可预先制作一滑板车，套装定子时可把定子轻放在滑板车上，减少定子的变形。具体方案在施工前提供。

9）桥式起重机安装

（1）桥式起重机安装施工工艺流程。

施工工艺流程如图4-120所示。

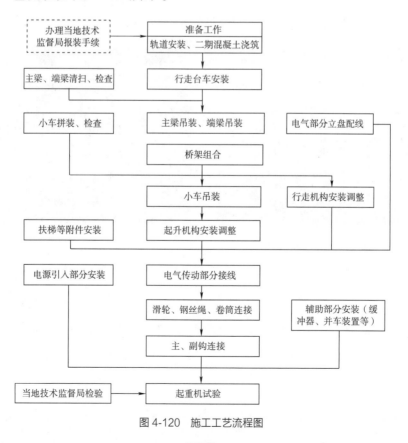

图4-120　施工工艺流程图

（2）安装工艺及要求。

①轨道安装。根据给定的基准线确定轨道中心线位置及给定的高程基准确定轨顶和垫板基面高程。利用经纬仪、钢卷尺，钢丝线等放出轨道中心线。安装前对到货轨道端面、踏面及正侧弯等进行检查，确认轨道材质、规格型号符合设计要求，端面应平齐，蹋面应平滑无缺陷。用拉线法检查轨道的正弯、侧弯，其应符合设计有关要求，对有超标缺陷的轨道，应会同监理部门研究处理方案，通常采用压力校形及机械铣削端头等方法进行处理。

依据安装中心线及轨底高程平面安装轨道垫板、压板螺钉等，垫板安装平面、垫板、螺钉位置应符合设计要求。轨道吊装采用土建施工门式起重机或用汽车起重机吊装，吊装时应使轨道受力平衡，保证轨道平稳起落。

②起重机大小车安装顺序。根据图纸和现场吊装能力研究制订设备吊装方案，方案应包括设备各部分质量、吊装组装程序、吊装设备及保证措施、有关责任人员等内容。具体吊装安装顺序如下：

a. 首先吊装靠右侧大梁（带大车运行机构的一根主梁）。

b. 吊装左侧大梁。

c. 吊装两边端梁与大梁连接好（形成桥架整体并检查组装质量）。

d. 整体吊装小车（注意将主钩卷筒位于上游侧）。

e. 将栏杆及其他部件吊上大车走廊。

f. 安装好栏杆后，进行驾驶室安装。

g. 进行电气部分接线、小车滑线等安装、调整。

h. 穿绕钢丝绳。

i. 桥机试验。

③质量控制点及控制措施。桥机主梁的上拱度值 $F=(0.9\sim1.4)L/1000$（L 为桥机主梁跨度值），且最大上拱度应控制在跨中部的 $L/10$ 范围内。主梁悬臂端上翘值 $F_0=(0.9\sim1.4)L_1/350$（或 L_1）（L_1 为主梁悬臂端长度值）。上拱度值与上翘值应在无日照温度影响的情况下测量。

主梁的水平弯曲值 $f\leqslant L/2000$，但最大不得超过 20mm。此值在离上盖板约

100mm 的腹板处测量。

主梁上盖板的水平偏斜 $b \leqslant B/200$。此值允许未上轨道前于筋板处测量。

主梁腹板的垂直偏斜 $b \leqslant H/500$（H 为主梁腹板长度值）。此值在长筋板处测量。

桥架对角线 $\mid D_1 - D_2 \mid \leqslant 5mm$ [D_1 为桥架对角线长度（AC），D_2 为桥架对角线长度（BD）]。

主梁主腹板的波浪度，以 1m 平尺检查，在离上盖板 $H/3$ 以内的区域不大于 0.7δ，其余区域不大于 1.0δ。

④载荷试验及试运行。检查所有机械部分、连接部件、各种保护装置及润滑系统等的安装、注油情况，其结果应符合要求；并清除轨道两侧所有杂物；检查钢丝绳端的固定应牢固，在卷筒、滑轮中缠绕方向应正确；检查电缆卷筒、中心导电装置、滑线、变压器，以及各电动机的接线是否正确，是否有松动现象，并检查接地是否良好；检查行走机构的电动机转向是否正确；用手转动各机构的制动轮，旋转一周，不应有卡阻现象。

⑤空载试运转。起升机构应分别在行程内上、下往返三次，并检查下列电气和机械部分：电动机运行应平稳，三相电流应平衡；电气设备应无异常发热现象，控制器的触头应无烧灼现象；限位开关、保护装置及联锁装置等动作应正确可靠；当大、小车行走时，车轮不允许有啃轨现象，导电装置应平稳、不应有卡阻、跳动及严重冒火现象；所有机械部件运转时均不应有冲击声和其他异常声音；运转过程中，制动器的制动片应全部脱开制动轮，不应有任何摩擦；所有轴承和齿轮有应良好的润滑，轴承温度不得超过 65℃；在无其他噪声的环境，在司机室（不开窗户）测量噪声不得大于 85dB(A)。

⑥静荷载试验。静荷载试验的目的是检验启闭机各部件和金属结构的承载能力。起升额定荷载（可逐渐增至额定荷载）的工况下，在桥架全长上往返运行，检查桥式起重机的性能应达到设计要求；卸去荷载工况下，使小车分别停在主梁跨悬臂端，定出测量基准点，再分别逐渐增加 1.25 倍额定荷载，起升离地面 100~200mm，停留不少于 10min。然后卸去荷载，检查桥架是否有永久变形。

如此重复三次，桥架不应发生永久变形。将小车开至桥机跨端检查实际上拱值和上翘值应不小于：跨中 $0.7L/1000$，悬臂端 $0.7L_1$（或 L_2）$/350$，最后使小车仍停在跨中和悬臂端。起升额定荷载检查主梁挠度值（由实际上拱值和上翘值算起）不大于：跨中 $L/700$，悬臂端 L_1（或 L_2）$/350$。在上述静荷载试验结束后，起重机各部分不能有破裂、连接松动或损坏等影响性能和安全质量问题出现。

⑦动荷载试验。动荷载试验的目的主要是检查启闭机构及其制动器的工作性能。进行升起 1.1 倍额定荷载试验。试验时按设计要求的机构组合方式应同时开动两个机构，作重复的起动、运转、停车、正转、反转等动作延续至少应达 1h。各机构应动作灵敏，工作平稳可靠，各限位开关、安全保护联锁装置应动作正确可靠，各零部件应无裂缝等损坏现象，各连接处不得松动。

10）机组启动试验

（1）试运行前的检查。

在每台机组启动试运行前应对水轮发电机组流道、水轮发电机组及其附属设备、水力机械辅助设备系统进行检查。包括（不限于）：

①流道的检查。

a. 进水口拦污栅已安装调试完工并清理干净检验合格，拦污栅差压测压头与测量仪表已安装完工并检验合格。

b. 进水口闸门门槽已清扫干净并检验合格。进水口闸门及其启闭装置均已安装完工、检验合格并处于关闭状态。

c. 进水流道、导流板、导水机构、转轮室、尾水管等过水通流系统均已施工安装完工、清理干净并检验合格。所有安装用的临时吊耳、吊环、支撑等均已拆除。混凝土浇筑孔、灌浆孔、排气孔等已封堵。测压头已装好，测压管阀门、测量表计均已安装。发电机盖板与框架已把合严密，所有进人孔（门）均已封盖严密。

d. 进水流道排水阀、尾水管排水阀启闭情况良好并处于关闭位置。

e. 尾水闸门门槽及其周围已清理干净，尾水闸门及其启闭装置已安装完工并检验合格。在无水情况下手动、自动操作均已调试合格，启闭情况良好。尾水闸门处于关闭状态。

f.水电站上、下游水位测量系统已安装调试合格，水位信号远传正确。

②水轮机的检查。

a.水轮机转轮已安装完工并检验合格。转轮叶片与转轮室之间的间隙已检查合格，且无遗留杂物。

b.导水机构已安装完工、检验合格，并处于关闭状态，接力器锁定投入。导叶最大开度和导叶立面、端面间隙及压紧行程已检验合格，并符合设计要求。

c.主轴及其保护罩、水导轴承系统已安装完工、检验合格，轴线调整符合设计要求。

d.主轴工作密封与检修密封已安装完工、检验合格，密封自流排水管路畅通。检修密封经漏气试验合格，充水前检修密封的空气围带处于充气状态。

e.各过流部件之间（包括转轮室与外导环、外导环与外壳体、内锥体与内导环、内导环与内壳体等）的密封均已检验合格，无渗漏情况。所有分瓣部件的各分瓣法兰均已把合严密，符合规定要求。

f.伸缩节间隙均匀，密封有足够的紧量。

g.各重要部件连接处的螺栓、螺母已紧固，预紧力符合设计要求，各连接件的定位销已按规定全部点焊牢固。

h.受油器已安装完毕，经盘车检查，其轴摆度合格。

i.各测压表计、示流计、流量计、摆度、振动传感器及各种信号器、变送器均已安装完工，管路、线路连接良好，并已清理干净。

j.水轮机其他部件也已安装完工、检验合格。

③调速系统的检查。

a.调速系统及其设备已安装完工、并调试合格。液压装置压力、油位正常，透平油化验合格。各表计、阀门、自动化元件均已整定符合要求。

b.压力油罐安全阀按规程要求已调整合格，且动作可靠。液压装置液压泵在工作压力下运行正常，无异常振动和发热，主、备用泵切换及手动、自动工作正常。集油箱液位信号器动作正常。高压补气装置手动、自动动作正确。漏油装置手动、自动调试合格。

c. 手动操作将液压装置的压力油通向调速系统管路，检查各液压管路、阀门、接头及部件等均应无渗油现象。

d. 调速器的电气-机械/液压转换器工作正常。

e. 调速系统联动调试置于手动操作位置，并检查调速器、接力器及导水机构联动动作的灵活可靠性和全行程内动作的平稳性。检查导叶开度、接力器行程和调速器柜的导叶开度指示器三者的一致性。录制导叶开度与接力器行程的关系曲线，应符合设计要求。

f. 重锤关机等过速保护装置和分段关闭装置等均已调试合格，分别用调速器紧急关闭和重锤关机办法初步检查导叶全开到全关所需的时间。

g. 锁定装置调试合格，信号指示正确，充水前应处于锁定状态。

h. 由调速器操作检查确认调速器柜和受油器上桨叶转角指示器的开度和实际开度一致。模拟各种水头下导叶和桨叶协联关系曲线。

i. 对调速器自动操作系统进行模拟操作试验，检查自动开机、停机和事故停机各部件动作准确性和可靠性。

j. 机组测速装置已安装完工并调试合格，动作触点已按要求初步整定。

④发电机的检查。

a. 发电机整体已全部安装完工并检验合格。发电机内部已进行彻底清扫，定、转子及气隙内无任何杂物。

b. 正反向推力轴承及各导轴承已安装调试完工，检验合格。

c. 各过流部件之间和各分瓣部件的法兰面的密封均已检验合格，符合规定要求。

d. 空气冷却器已检验合格，水路畅通无阻，阀门无渗漏现象。冷却风机、除湿器、电加热器已调试，运行及控制符合设计要求。

e. 发电机内火灾探测器已检验合格。

f. 发电机制动闸与制动环之间的间隙合格，风闸吸尘装置动作准确。机械制动系统的手动、自动操作已检验调试合格，动作正常，充水前风闸处于制动状态。

g. 发电机转子集电环、碳刷、碳刷架已检验并调试合格。

h.发电机灯泡体内所有阀门、管路、接头、电磁阀、变送器等均已检验合格，处于正常工作状态。灯泡体内外所有母线、电缆、辅助线、端子板、端子箱均已检查正确无误。

i.发电机支撑已检验合格。

j.测量发电机工作状态的各种表计、振动摆度传感器、轴电流监测装置、气隙监测装置、局部放电监测仪等均已安装完工，调试整定合格。

k.爬梯、常规及事故照明系统已安装完工，检验合格。灯泡体内已清扫干净，设备的补漆工作已完成并检查合格。

⑤励磁系统的检查。

a.励磁盘柜已安装完工并检验合格，系统回路已做耐压试验并合格。

b.励磁电源变压器已安装完工并检验合格，高、低压端连接线已检查合格，电缆已检验合格，耐压试验已通过。

c.励磁调节器及功率柜经开环调试，有关的整定工作已初步完成。

d.励磁功率柜通风系统已安装完毕，运转正常。

⑥辅助设备系统的检查。

a.检修排水集水井、渗漏井清渣、清扫干净。

b.机组检修及厂房渗漏排水系统检查、调试合格，并能正常可靠工作。

c.大坝坝体渗漏排水系统检查、调试合格，并能正常可靠工作。

d.船闸检修排水系统检查、调试合格，并能正常可靠工作。

e.机组技术供水系统各设备均已安装完毕并调试合格，工作正常。

f.压缩空气系统安装完毕，并调试合格，正常工作。

g.透平油和绝缘油系统安装完毕，并调试合格。

h.全厂及机组段量测系统安装、充水打压、调试合格。

i.通风空调系统单机安装调试和系统联合运行合格。

j.生活给排水系统单机安装调试和系统联合运行合格。

k.消防系统联合调试合格。

（2）机组启动试运行试验项目及要求。

根据《水轮发电机组安装技术规范》(GB/T 8564—2003)[1]、《灯泡贯流式水轮发电机组起动试验规程》(DL/T 827—2014)的要求,对各种形式机组应编写《试运行程序》和《试运行规程》,报监理或机组启动验收委员会审批。

（3）启动前准备工作。

①试运行组织机构明确,各专业人员分工明确,运行操作人员、检修人员落实到位。

②按《电业安全工作规程》制定"两票三制"制度,设备巡回检查制度,交接班制度。

③试运行的设施、材料、工具等落实到位。

④尾水闸门、进水口闸门及启闭机安装完毕,验收合格,流道、集水井等水工建筑清理干净,验收合格。

⑤机组所有的油水气系统全部安装完毕,符合规程和设计要求,厂内消防、照明、通信、通风等设施符合要求。

⑥油压装置经调整和试验合格,微机调速器调试完毕,励磁装置经开环调试完好,机组自动化回路各部件经单机模拟试验合格动作正常,监控系统的现地处理器经调试,模拟符合要求。

⑦各带电部分绝缘符合要求,发电机配电设备均已安装完毕,试验合格。

⑧全厂接地电阻符合要求。

⑨对非本台机运行需要的电气设备采取防误送电隔离措施。

（4）试运行项目。

①充水试验。流道检查完毕,将各进入孔封闭,检查确认排水系统的水泵及油水气系统运行正常、调速器导水机构处于全关闭状态、发电机制动风闸处于手动加闸位置、空气围带充气;提尾水闸门充水阀向尾水充水,检查转轮室、伸缩带、主轴密封的渗漏情况;尾水闸门在静水中启动二次,应能正常工作;提进水闸门的充水阀向流道充水至平压,检查流道与泡体各密封面的渗漏情况;提起尾水,进水口闸门。

[1] 已被《水轮发电机组安装技术规范》（GB/T 856—2023）替代。

②手动开机。首次开机一般采用手动开机，电调的运行开关在"手动"位置，逐渐开启导水叶启动机组，待机组转速达到 $50\%n_e$（n_e 为过速保护动作值）时，短暂停留加速，确认无异常后开至额定转速，测量发电机残压和相序；专人监视轴承温度，以机组振动、摆度、转速和水压等参数，观察机组各部位有无异常现象，如发现金属碰撞声、水轮机室窜水、推力瓦温突然升高、推力油槽甩油、机油摆度过大等异常现象时，应立即停机处理。正常运行 4~5h，待轴瓦温度基本稳定后再进行调速器试验。

③调速器试验。调速器在空载工况下应进行"手动""自动"切换试验和空载扰动试验。空载扰动应符合下列要求：扰动量为 ±8%；转速最大超调量不应超过扰动量的 30%；超调次数不超过 2 次。

④机组过速试验。调速器置于"手动"位置，操作开度限制机构，逐渐升速至 $160\%n_e$ 时，测定升速过程中各部位摆度、振动、轴瓦温度，以及过速保护继电器动作情况；过速后停机进行全面检查。

⑤自动开机、停机试验。分别在中控室主控台和机组 LCU 上进行操作自动开机、停机，检查监视自动启动和停机过程中的各自动化元件的动作情况，如图 4-121 所示。

图 4-121　电站集控室

⑥发电机短路试验。在发电机出线测量 CT 外，接三相短路线，合上励磁装

置的灭磁开关，调节他励电流进行发电机升流试验，录制发电机短路特性、录制差动保护向量图，有必要时进行发电机短路干燥。

⑦主变短路升流。在主变高压侧接三相短路线，利用发电机对主变进行升流试验，应退出主变、发电机的保护，对主变侧断路器、发电机出口断路器采取防跳措施，升流中检查电流表计的正确性和录制差动保护向量用。

⑧发电机直流泄漏试验。必要时，对发电机定子绕组进行 2.5 倍额定电压的直流耐压试验。

⑨发电机递升加压和励磁装置闭环调试。手动调节励磁从零起升压，在 50%、100%额定电压下检查发电机带电设备的工作情况，测量仪表、继电器的动作指示情况，检查 PT 二次侧电压与相序，测定机端电压的频率特性，检查灭磁开关动作情况，测定其灭磁时间常数，录制发电机空载特性。

励磁装置应进行空载电压整定，10%阶跃试验，装置的保护整定及模拟，起励环节检查等项目调试、试验。

⑩主变的递升加压。断开主变高压侧开关，合上主变低压侧断路器和发电机出口断路器，合上发电机灭磁开关，手动调节励磁对主变进行零起升压。分别在 25%、50%、75%、100% 额定电压下停留 10min 钟检查：10kV 带电设备及主变、无异常现象；各仪表、继电器工作应正常，测量 PT 二次侧的电压及相序；检查同期回路的电压及相位。

⑪主变全电压冲击试验。利用系统的电压对主变进行空载合闸冲击试验，冲击合闸 5 次，每次间隔约 10min，检查主变有无异状，并检查主变差功保护及瓦斯保护的动作情况，检查高压配电装置的工作情况，检查同期回路的电压及相位。

⑫同期并网试验。检查同期回路的正确性，断开发电机出口隔离开关，进行一次模拟同期并网试验，模拟成功后进行同期并网试验。

⑬机组带负荷和甩负荷试验。机组并网后，分别调整励磁，和导叶开度，调节发电机的有功和无功负荷，逐步地调高机组的负荷，观察机组的各部运行情况和机组振动区情况。

分别在 25%、50%、75%、100% 额定负荷下进行甩负荷试验，观察机组，调速器，励磁的工作情况并做好记录。

100% 负荷下做重锤关闭导叶试验。

100% 负荷下低油压事故停机试验。

⑭ 72h 带负荷试验。机组并入系统，升到额定负荷（或可能的小于额定负荷下的最大负荷），连续运行 72h，全面观察机组运行性能并记录各有关数据。

（四）施工关键要点

（1）电站厂房基坑为深基坑，边坡土质为砂性土，土质松散，黏聚性差，遇水冲刷极易坍方，边坡需进行牢固、有效的防护，并加强边坡稳定的监测工作。

（2）电站厂房涵盖土建、机电、监测、安装等多个专业，工艺流程多、结构复杂，多标段交叉施工作业。而现场施工作业面有限，组织、协调好土建主体标与其他专业标段的交叉作业是工程顺利推进的关键。

（3）本工程围堰采用的是过水围堰，有效施工时间短，且厂房混凝土浇筑量大，交叉施工多，工期压力较大。通过优化结构分层分块等有效手段来减少施工作业仓面，满足工期要求。

（4）尾水管尺寸大，分段数量多，存在焊接变形、吊装变形及混凝土浇筑过程中引起的变形。为防止焊接变形在进行组合缝的焊接时采用分段退步焊的方法，且要 2 名焊工同时进行轴向对称焊接。在进行周向焊缝的焊接时，要求布置 2 个以上偶数的焊工进行对称施焊，采用分段退步焊。尾水管采取加强内部支撑的方法防止吊装变形。为防止混凝土浇筑过程中引起的变形，在混凝土浇筑前要确保尾水管加固支撑焊接牢固，并检查里衬与模板的固定情况，防止浇筑变形。采用分层浇筑的方式，当混凝土浇筑时整个尾水管会产生巨大的浮力和冲击力。浇筑全过程中都要监视变形和移位等情况，若有异常，要及时采取相应的补救措施。

（5）管形座是整个机组最重要的埋设件，其安装、调整不仅要考虑到与尾水管（安装时不带法兰）的高程、中心相一致，同时还要考虑上游侧的定转子空气间隙、下游侧导水机构的导叶端、立面间隙和尾水管与伸缩节的连接，安装质量直接关系到机组以后的安装。

（6）导水机构是水轮机的重要组成部件（质量约80t），导水机构在安装间组装完成后，尺寸大、质量大。进行翻身吊装时，滞留在空中的时间较长，内、外环必然会发生变形。为减少吊装变形，在正式安装时，应把导叶置于全关闭位置，将导叶轴大头朝导水机构外环方向拉，使导叶外端顶住导水机构外环内壁；在导叶内端面与导水机构内环壁的间隙中插入楔子板，将其焊接固定；为使导水机构在整体翻转起吊时尽量减小变形，采用10mm厚钢板块将导叶之间搭接焊的方法，使导叶连成整体，以增加其整体刚度。吊装就位后再割除所焊钢板。在导水机构下游侧内、外环安装定位架，上游侧内、外环间用无缝钢管加固，加强了整个导水机构的结构强度，确保在吊装过程中内、外环相对位置保持不变，进一步提高了安装精度。导水机构翻身桥机采用主钩受主力，副钩辅助，同步起升。难点控制在于导水机构尺寸大、重心高，翻身至临界态时很难把握重心偏移方向；控制失误会导致非常严重的后果。采取的措施是用槽钢制作翻身支撑增大受力点。

第三节 附属工程

一、库区工程

库区工程是为了减少因水库蓄水而造成的库区淹没，消除或减轻因水库渗漏和地下水位升高而引起的浸没。以防止因库区水位升高而引起的库岸坍塌，改善库区环境，最大限度地利用水土资源，减少土地淹没和人口迁移数量，降低水库淹没对当地国民经济和生态环境的影响。库区工程主要包括排涝泵站、防浸没工程、库岸加固工程、抬田工程等。

（1）排涝泵站：是一种将水由低处抽提至高处的机电设备和建筑设施的综合体。机电设备主要为水泵和动力机（通常为电动机和柴油机）；辅助设备包括充水、供水、排水、通风、压缩空气、供油、起重、照明和防火等设备；建筑设施包括进水建筑物、泵房、出水建筑物、变电站和管理用房等。排涝泵站按照使用功能又可划分为电排站和排渗站两种。排涝泵站实景如图 4-122 所示。

图 4-122　排涝泵站实景

（2）防浸没工程：简单理解就是防止水库蓄水后库区被抬高的水位所浸没而做的一些防护工程。主要包含两大部分。一部分是防止渗透压力对堤后产生影响的防渗墙工程。防渗墙是一种修建在松散透水层或土石坝（堰）中起防渗作用的地下连续墙。防渗墙技术在 20 世纪 50 年代起源于欧洲，因其具有结构可靠、防渗效果好、适应各类地层条件、施工简便、造价低等优点，尤其是在处理坝基渗漏、坝后"流土""管涌"等渗透变形隐患问题上效果良好，在国内外得到了广泛的应用。另一部分为降低在堤坝下游或坝内覆盖层中的承压水头及渗透压力，防止发生管涌与流土、沼泽化等现象的一种井管排渗设施——减压井工程。井距一般为 15~30m 或更小，建成后还要根据运行期间实际观测资料进行必要的补井调整。井的出口越低排水效果越好，但井口应高出排水沟或内涝水位 0.1~0.3m，以免水倒灌入井。

库岸加固工程是指在河口、江、湖、海岸地区及库区范围内，对原有岸坡采取砌筑加固的措施，防止波浪、水流的侵袭、淘刷和土压力、地下水渗透压力造成的岸坡崩坍。按形式可分为坡式护岸、坝式护岸、墙式护岸以及其他形式护岸。

抬田工程是将库区较深淹没区内的土方挖运到浅淹没区的耕地里，将浅淹没区内的耕地抬高至库区回水位以上进行耕种，以解决迫切的民生问题。

（一）主要结构及其形式

1. 排涝泵站工程

八字嘴航电枢纽项目库区有排涝泵站 16 座，其中 8 座是电排站、8 座是排渗站，主要结构形式均为钢筋混凝土结构。电排站模型、实景如图 4-123、图 4-124 所示。

图 4-123 电排站模型

图 4-124 电排站实景

2. 防渗墙工程

库区防渗墙长 17.653km，防渗墙面积达 32.6 万 m²。工程量大，工期短且受水位影响巨大。

3. 减压井工程

库区减压管井全线长 17.225km，减压井共 675 座。减压井沿线穿越耕地、农田、沟渠、村庄，施工环境极为复杂。减压井实景如图 4-125 所示。

图 4-125 减压井实景

（二）施工流程

八字嘴库区工程施工时序图、流程如图 4-126、图 4-127 所示。

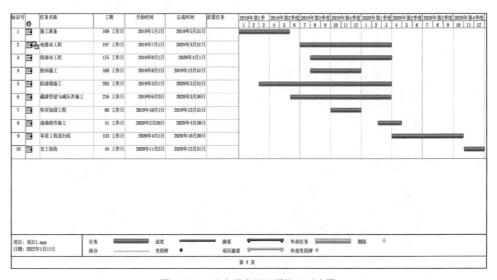

图 4-126 八字嘴库区工程施工时序图

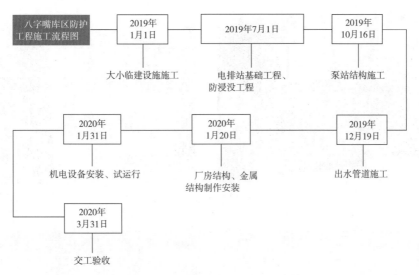

图 4-127 八字嘴库区工程施工流程图

（三）施工主要特点及方法

1. 高强度中空塑料模板与组合式支撑体系

库区电排站混凝土结构工程应用高强度中空塑料模板及组合式支撑体系。该类模板及支撑系统重量轻、外形美观、拼接方便、不易变形、无须涂刷脱模剂，在实现清水混凝土外观的同时做到了绿色环保、使用安全。

中空高强塑料模板如图 4-128 所示，新型模板支撑体系如图 4-129 所示。混凝土拆模后的效果如图 4-130、图 4-131 所示。

图 4-128 中空高强塑料模板

图 4-129　新型模板支撑系统

图 4-130　梁板拆模后的效果

图 4-131　大体积混凝土外墙拆模后的效果

1）施工工艺流程

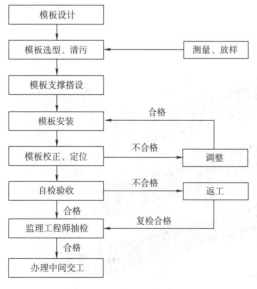

```
模板设计
  ↓
模板选型、清污  ←──  测量、放样
  ↓
模板支撑搭设
  ↓
模板安装  ──合格──┐
  ↓                │
模板校正、定位  ──不合格──→  调整
  ↓                         │
自检验收  ──不合格──→  返工
  ↓ 合格                    │
监理工程师抽检  ←──复检合格──┘
  ↓ 合格
办理中间交工
```

图 4-132　施工工艺流程

施工工艺流程如图 4-132 所示。

2）施工控制重点

（1）本工程混凝土施工主要采用高强中空塑料模板及组合支撑，模板材质及金属支撑件材料应符合相应的国家和行业规定，板面应光滑、无凹坑、无褶皱和其他表面缺陷。

（2）根据混凝土构件的施工详图进行施工测量放样。模板安装过程中，必须保证足够的临时固定措施，以防倾覆。模板接缝必须平整严密，模板安装符合设计及规范要求。

（3）模板支撑由侧板、立挡、横挡、斜撑和水平撑组成，支撑必须保证牢固，在混凝土振捣过程中不得产生位移变形。

（4）该类模板无须在模板与混凝土接触面涂刷脱模剂，模板接缝处做好止浆措施，保证混凝土不漏浆和接缝平整。混凝土构件转角处进行圆弧倒角处理，模板安装时在内壁转角处固定圆弧倒角楞条。

2. 双轮铣地下深层搅拌防渗墙技术

防浸没问题一直是困扰库区项目的一大难题，特别是采用传统工艺施工的防渗墙施工质量不易检测。为攻克这一难题，打造"滴水不漏"的库区工程，项目率先引进德国宝峨双轮铣深层搅拌设备，并将双轮铣深层搅拌技术（CSM）用于防渗墙施工。双轮铣地下连续墙深层搅拌技术具有质量好、成墙效率高、绿色环保、成本较低等优点。双轮铣深层搅拌施工如图 4-133 所示，成墙效果如图 4-134 所示。

图 4-133　双轮铣深层搅拌施工

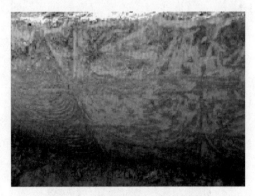

图 4-134　双轮铣深层搅拌成墙效果

1）施工工艺流程

施工工艺流程如图 4-135 所示。

2）施工控制重点

（1）成墙方式。

双轮铣搅拌墙按施工深度及施工难易程度，成墙方式分为顺槽式单孔全套打复搅式套叠形和往复式双孔全套打复搅式标准形。本工程成墙采用往复式双孔全套打复搅式标准形，即先施工 1、2、4、6 号桩，再施工 3、5、7…号桩，成墙流程如图 4-136 所示。

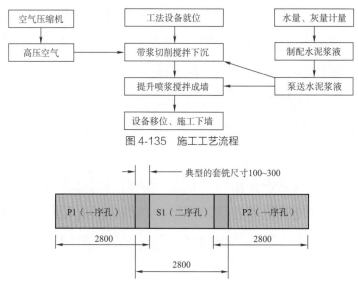

图 4-135　施工工艺流程

图 4-136　成墙流程（尺寸单位：mm）

（2）工艺方法。

①铣头定位。将双轮铣搅拌钻机的铣头定位于墙体中心线和每幅标线上，偏差控制在 ±5cm 以内，如图 4-137 所示。

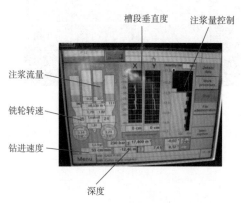

图 4-137　垂直精度、深度监控装置

②铣削深度。在导杆上标示刻度来控制深度，通过桩中心线和桩边线两根固定线来控制桩轴线。

③铣削速度。开动主机掘进搅拌，并缓慢下降铣头与基土接触，同时按规定要求注浆、供气。控制铣进速度为 1.2~1.4m/min。掘进达到设计深度时，延续 10s 左右对墙底深度以上 2~3m 范围重复提升 1 次。此后，慢速提升动力头，提升速度控制在 0.28~0.5m/min 以内。

④注浆。制浆桶制备的浆液放入储浆桶，经送浆泵和管道送入移动车尾部的

储浆桶，再由注浆泵经管路送至挖掘头。注浆量的大小由装在操作台的无级电机调速器和自动瞬时流速计及累计流量计监控；注浆量按试验掺量计算确定，通过注浆流量和提升速度控制，注浆压力一般为 2.0~2.5MPa。

⑤供气。由装在移动车尾部的空气压缩机制成的气体经管路压送至钻头处，其量大小由手动阀和气压表配给，全程气体不得间断。

⑥成墙厚度。根据铣头刀片磨损情况定期测量刀片外径，当磨损达到 1cm 时必须对刀片进行修复，以保证成墙厚度。

⑦墙体均匀度。严格控制掘进过程中的注浆均匀性以及由气体升扬置换墙体混合物的沸腾状态，以确保墙体质量。

⑧水灰比。防渗墙浆液水灰比一般控制在 0.8~2.0。

⑨浆液配制。浆液不能发生离析，水泥浆液严格按预定配合比制作，配制称量误差控制在 1% 以内，用密度计量测浆液密度。

⑩施工记录与要求。及时填写现场施工记录，每掘进 1 幅位记录一次在该时刻的浆液比重、下沉时间、供浆量、供气压力、垂直度及桩位偏差。

3. 装配式减压井施工工艺

库区使用装配式减压井新工艺。装配式减压井是将减压井分解成底板、井筒、盖板，构件可提前在专业工厂规模化生产。通过预制化生产、装配式安装，实现了安全、优质、经济、高效的目标。混凝土浇筑采用芯模振动如图 4-138 所示，钢筋滚焊成型如图 4-139 所示。

图 4-138　混凝土浇筑采用芯模振动　　　　　图 4-139　钢筋滚焊成型

1）施工工艺流程

施工工艺流程如图 4-140 所示。

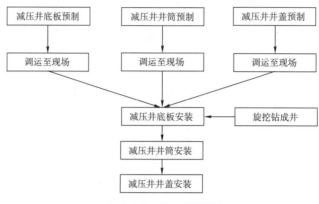

图 4-140 施工工艺流程

2）施工控制重点

（1）减压井施工。

①井管制作。减压井孔径 1000mm，减压井中聚氯乙烯（PVC）管管径 315mm，底部需封闭，外壁包三层不锈钢钢丝网。减压井剖面见图 2-28。

②钻机定位。钻孔机械设备就位，经测量检查孔位、高程等无误后，将专用钻机安放到选定的孔位上，将钻头对准孔位，调平并加以固定，校核钻杆垂直度。

③钻孔、成孔。钻机调试完毕即可钻进。根据不同地层选取不同的钻进参数，根据地层土质的不同选取不同的泥浆密度，钻进深度需深入到砾（卵）石透水层不小于 3.5m。钻井过程中，需根据地层土质情况，必要时采取下设护筒措施，防止塌孔。

④清孔、清渣。钻孔达到设计要求的孔深度后，及时进行清孔、清渣，清孔、清渣、换浆采用循环方式进行，直至符合设计要求。

⑤下井管和填反滤料。成孔并经检验合格后，立即安装井管，采用人工一次性整体吊装，井管段与孔壁间隙填充反滤料。井管安装应竖直居中。

⑥洗井。反滤料填充结束后，采用清水洗井，测其含砂量，直至为清水即可中止。减压井运行期间，要定期检查、冲洗。

（2）减压井筒施工。减压井在预制场和专业工厂完成预制，井身预制分节长度分为 2.0m、1.6m、1.3m、1.0m，以适应不同深度减压井安装需要。构件强度达到标准后，运输至施工现场拼装。

（四）施工关键要点

（1）改变传统的模板材料，选用中空塑料模板，一是减轻了配模工作量，二是降低了模板的拼缝率，使得模板的缝隙相对较少。

（2）施工前应通过成墙试验确定搅拌下沉和提升速度、水泥浆液水灰比等工艺参数及成墙工艺；测定水泥浆从输送管到达搅拌机喷浆口的时间。当地下水有侵蚀性时，通过试验选用合适的水泥。

（3）井筒安装时井管连接要牢固，确保封底质量，反滤料级配通过试验选定，回填时宜采用导管法或分层套网法，避免反滤料分离，井管安装完成后进行洗井，并进行抽水试验，记录出水量、水中的含砂量以及井底淤积等情况。井筒与井管安装时需安装止水橡胶圈，并进行二次灌浆处理，避免发生渗漏现象。

二、房建工程

房建工程是枢纽项目的附属工程，为提升房建建造品质，管理区房建采用装配式建造，通过工厂化生产、标准化施工、信息化管理真正实现附属房建工程质量优良、节能环保，为今后重点项目房建管理探索新模式。装配式元素体现在主体钢结构、钢筋桁架楼承板和蒸压加气混凝土（ALC）板三大方面，集合预应力高强度混凝土（PHC）管桩、新型金属屋面、聚苯乙烯泡沫（EPS）装饰线条、装配式马头墙、BIM 应用等新技术、新工艺，充分展现装配式建筑智慧建造，工业产业化程度高、节能环保等优势。

（一）主要结构及其形式

八字嘴航电枢纽项目房建工程总用地面积 4.8 万 m^2，总建筑面积 2.3 万 m^2，包括枢纽及船闸管理区的办公楼、职工宿舍楼、生产用房、货物仓库、配电房、水泵房、门卫室等，主体结构为钢结构，楼板采用钢筋桁架楼承板，墙体为ALC墙板。

双港航运枢纽项目房建工程总用地面积 4.3 万 m^2，总建筑面积 1.4 万 m^2，包括枢纽及船闸管理区的办公楼、食堂、宿舍楼、育苗间、渔业增殖站、辅助建筑等，主体结构为钢结构，楼板采用钢筋桁架楼承板。

（二）施工流程

八字嘴航电枢纽管理区施工流程如图 4-141 所示。

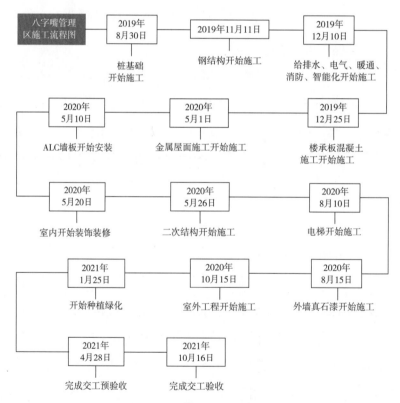

图 4-141　八字嘴航电枢纽管理区施工流程

（三）施工主要特点及方法

1. 装配式钢结构

建筑主体钢构件在生产厂预制完成，在施工现场利用吊装设备组装拼接。生产厂采用无人化智能下料、卧式组焊矫、全自动锯钻锁、机器人焊接等先进技术，打造出一套成熟的钢结构智慧加工体系，使构件的加工质量得到有力保证。智能下料中心统一调控全自动切割机、程控行车、全自动平板车等设备，实现"无人化"下料。创新设计智能卧式组立、配自动翻身的卧式焊接、卧式在线矫正三位一体的卧式组焊矫生产线，使生产效率大幅提高。控制软件将数控转角带锯、数控三维钻、数控机械锁三台设备与自动辊道系统串联成一条全自动化生产线，自动进行各种工序组合下的高精度机械加工。深入探索机器人焊接技术，利用激光跟踪、电弧传感、焊缝自适应、数据库自匹配等技术配合大量的工艺试验与创新，实现机器人自动装配牛腿、零件板，自动焊接。装配式钢结构效果如图4-142所示，装配式钢结构工厂生产如图4-143所示，钢结构吊装实景如图4-144所示。

图4-142 装配式钢结构效果图　　　　　　图4-143 装配式钢结构工厂生产

图4-144 钢结构吊装实景

1）钢柱安装

（1）施工工艺流程。

施工工艺流程如图 4-145 所示。

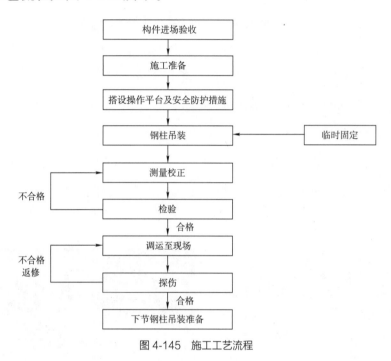

图 4-145　施工工艺流程

（2）施工控制重点。

①吊装准备。根据钢柱构件的质量及吊点情况，吊装前准备足够的不同长度、不同规格的钢丝绳和卡环，并准备好倒链、缆风绳、爬梯、工具包、榔头及扳手等机具。

②吊点设置。钢柱吊点设置在钢柱的顶部，需分段吊装的构件使用临时连接板。

③缆风绳设置。高度在 20m 以下时可设一组（不少于 3 根），应采用刚性连接，缆风绳必须采用钢丝绳，直径不小于 9.3mm，与地面夹角为 45°～60°，严禁使用钢筋、铅丝等其他材料替代，缆风绳必须为单独拴在各自的地锚上，缆风绳与地锚采用花篮螺栓连接，严禁将缆风绳拴在树上或电线杆上及设备上。

④钢柱吊装就位。安装前必须对地脚锚栓尺寸进行复测，根据钢柱的底面高

程在柱底使用楔铁垫板进行找平，使钢柱直接安装就位即可。垫板与基础面和柱底面的接触应平整、紧密。钢柱吊升就位后，首先将钢柱底板放入地脚锚栓，并将柱的四面中心线、高程线与锚栓放线中心线、高程线对齐吻合，四面兼顾，中心线对准或已使偏差控制在规范许可的范围以内时，将楔铁垫块打入柱脚进行临时加固，用缆绳从四个方向将柱固定。即完成钢柱的就位工作。

⑤钢柱测量校正。柱的校正包括平面位置、高程及垂直度的校正。平面位置和高程的校正要在对位时进行。而柱子临时固定后的校正主要是垂直度的校正。柱子的垂直度校正的方法采取千斤顶校正法。柱子校正无误后，应立即进行固定，即二次灌浆。待其强度达到 75% 后方可进行上部结构的安装。

⑥钢柱柱脚二次灌浆施工。钢柱安装校正完成后，采用高强无收缩灌浆料进行柱脚二次灌浆施工。

2）钢梁安装

（1）施工工艺流程。

施工工艺流程如图 4-146 所示。

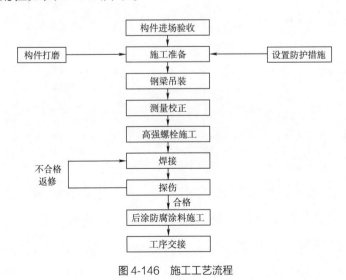

图 4-146　施工工艺流程

（2）施工控制重点。

①绑钩、起吊。为方便现场安装，确保吊装安全，钢梁在工厂加工制作时，应在钢梁上翼缘部分开吊装孔或焊接吊耳，吊点到钢梁端头的距离一般为构件

总长的 1/4。

②安全防坠网设置。本工程采用水平安全网进行防坠落防护，从钢梁下部开始搭设水平安全网，里口与钢构件绑扎，里外口在每个系结点上，边绳应与钢构件紧靠，系结点沿网边均匀分布，其距离不得大于 1000mm。系结点应符合打结方便，连接牢固又容易解开，受力后又不会散脱的原则。水平安全网使用锦纶阻燃材质，安全网不得有损坏及腐朽，新网必须有产品质量合格证，旧网必须有允许使用的质量证明或合格的检验记录方可使用。

③钢梁就位与临时连接。钢梁就位时，及时夹好连接板，对孔洞有少许偏差的接头应用冲钉配合调整跨间距，然后用安装螺栓拧紧。安装螺栓数量按规范要求不得少于该节点螺栓总数的 30%，且不得少于两个。钢梁安装完成后，为防止焊接应力及变形对栓接处产生破坏，应采用先焊后栓的方式完成钢梁的施工。钢框架主钢梁总体随钢柱的安装顺序进行，相邻钢柱安装完毕后，及时连接之间的钢梁使安装的构件及时形成稳定的框架体系，并且每天安装完的钢柱必须用钢梁连接起来，不能及时连接的应拉设缆风绳进行临时稳固。

④钢梁安装措施。吊篮采用 ϕ12mm 圆钢制作，要求轻便实用，焊接无缺陷，制作验收合格后方可使用。次梁连接安装时使用吊篮。主梁布设安装使用安全绳，用脚手架管每隔 3m 加设 1.2m 脚手架管用于支撑安全绳，张拉 ϕ9mm 钢丝绳，操作人员带双钩安全带通过框架钢柱进入操作面。安装后应及时拉设安全绳，以便于施工人员行走时挂设安全带，确保施工安全。

2. 钢筋桁架楼承板

钢筋桁架楼承板是将楼板中的钢筋在工厂加工成钢筋桁架，并将钢筋桁架与镀锌压型钢板或复塑板连接成一体的组合模板。在施工阶段，钢筋桁架楼承板可承受施工荷载，直接铺设到钢梁上，进行简单的钢筋绑扎工程便可浇筑混凝土。由于完全替代了模板功能，减少了模板架设和拆卸，大大提高了楼板施工效率和施工质量，与传统现浇混凝土楼板相比，工期缩短 50%。楼承板细部处理节点如图 4-147 所示，钢筋桁架楼承板现场如图 4-148 所示。

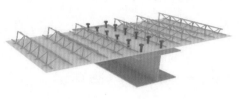
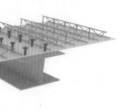

图 4-147　楼承板细部处理节点

图 4-148　钢筋桁架楼承板安装现场

1）施工工艺流程

施工工艺流程如图 4-149 所示。

2）施工控制重点

（1）楼承板吊运。割除钢梁表面吊耳，并进行打磨处理和油漆补涂。起吊前对照图纸检查楼承板编号、型号是否正确，确认无误后方可进行安装。吊运楼承板前需确保吊钩、扣件和吊绳安全可靠。正式吊装前，要先进行试吊，试吊确认安全可靠后方可进行吊运。吊运过程中必须有专职安全人员和设备管理人员现场旁站，确保吊运安全钢筋桁架楼承板吊运时，必须采用配套软吊带，多次使用后应及时进行全面检查，破损超过规定时则需报废换新；应轻起轻放，不得碰撞；不得使用钢索直接兜吊，避免板边在吊运过程中受到钢索挤压变形，影响施工。

（2）楼承板铺设安装。在钢柱、钢梁安装完成并经过检验合格后进行钢筋桁架模板的铺设。铺设前，将钢筋桁架模板、梁面清理干净，为了保证安装质量，首先需要按图纸的要求在梁顶面上弹出基准线，然后按基准线、施工图要求铺设起点及铺设方向铺设钢筋桁架模板。施工前，将各捆楼承板调运到各安装区域，明确起始点及板的铺设方向。平行桁架方向悬挑长度小于 7 倍桁架高度的悬挑楼

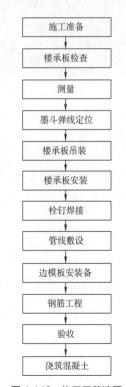

施工准备

楼承板检查

测量

墨斗弹线定位

楼承板吊装

楼承板安装

栓钉焊接

管线敷设

边模板安装备

钢筋工程

验收

浇筑混凝土

图 4-149　施工工艺流程

承板无需加设支撑；平行桁架方向悬挑长度大于 7 倍桁架高度或垂直于桁架方向的悬挑部位必须加设角钢支撑。按深化图所示起始位置安装第一块板，并以此板定位为基准安装其他板，最后采用非标准板进行收尾。桁架长度方向上在钢梁上的搭接长度不宜小于 5d（d 为钢筋桁架下弦钢筋直径）及 50mm 中的较大值。楼承板随铺设随点焊，将楼承板支座水平筋与钢梁或支撑角钢点焊固定。平面形状变化处（如楼承板与箱形钢柱拼接位置），可将楼承板切割，切割前对要切割的尺寸进行检查、复核后，在底模板上放线；底模板采用机械切割，钢筋桁架采用机械切割或火焰切割。楼承板铺设安装如图 4-150 所示。

图 4-150　楼承板铺设安装完毕

（3）钢梁栓钉焊接。在楼承板铺设完毕后，根据设计图纸要求进行栓钉焊接。焊接前清除钢梁表面的水、氧化皮、锈蚀、油漆、油污、水泥灰渣等杂质。焊接前栓钉不得带有油污，两端不得锈蚀，否则应在施工前采用化学或机械方法进行清除。焊接瓷环应保持干燥，如受潮应在使用前经烘干机 120℃烘干 2h。焊枪、栓钉的轴线与钢梁表面保持垂直，同时用手轻压焊枪。在焊枪完成引弧、下压的过程中保持焊枪静止，待焊接完成后再轻提焊枪。

（4）楼承板边模安装。边模板施工前，必须仔细阅读深化图纸，选准边模板型号、确定边界模板搭接长度，严格按照图纸节点要求进行安装。安装时，将边模板紧贴钢梁或角钢支撑，边模板与钢梁表面每隔300mm间距点焊25mm长、1.5mm高焊缝，焊点间距允许误差为+50mm。垂直钢筋桁架方向悬挑边模板施工时，采用图纸相对应型号的边模板，将边模板与钢筋桁架上下弦焊接固定。无斜撑悬挑楼板上边模板与楼承板使用双排自攻钉固定，间隔200mm。

3. 蒸压加气混凝土板（ALC 条板）

房建工程的隔墙使用的是蒸压加气混凝土板（ALC 条板），如图 4-151 所示。

轻质蒸压砂加气混凝土板（ALC 条板）是以硅质材料（砂）和钙质材料（水泥、石灰）为主要原料，掺加发气剂（铝粉），通过配料、搅拌、浇筑、预养、切割、蒸压养护等工艺过程制成的多孔轻质混凝土制品。ALC 条板的优点主要体现在隔热耐火性能优异、隔音效果好、抗冻性能好和绿色环保等方面。

图 4-151　ALC 条板安装实景

1）施工工艺流程

施工工艺流程如图 4-152 所示。

2）施工控制重点

（1）ALC 内墙底部与楼板连接工艺。ALC 内墙底部与楼板采用管卡连接，每块条板下方设置 2 个管卡。管卡采用 Q235B 镀锌材料，最小厚度 3mm。

安装前，先将基层清理干净，对 ALC 条板进行定位并画出定位线，再用 14mm 的麻花钻在距板端 80mm 管卡插入位置钻孔。先将管卡沿 ALC 条板厚度方向插入对应孔位后，最后采用立板机或卷扬机等方法将条板立起来安装至对应定位线处。调整管卡的位置，使其与条板侧面居中垂直，然后使用射钉枪将管卡钢片钉入楼层板上，每处钢片射入不少于 2 颗射钉（L=25mm）或 M8 锚栓。ALC 条板管卡固定前，需采用粘结砂浆对 ALC 条

地坪和顶部墙体安装位置弹线放样

设定墙体安装水平高程控制线、垂直度控制线以及门窗洞口安装位置控制线

检查和验收板材

墙板材料运输

墙板材料的切割

墙板自然靠拢

安装墙板，利用撬棒调整墙板的垂直度

配件校正与固定

检查修补墙板破损

填缝处理

现场清理

验收

图 4-152　施工工艺流程

板底部进行填缝坐浆处理，条板需安装牢固，无侧向移动。内墙底部与楼板连接工艺大样图、效果图如图 4-153、图 4-154 所示。

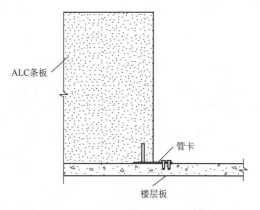

图 4-153　内墙底部与楼板连接工艺大样图　　　　图 4-154　内墙底部与楼板连接工艺效果图

（2）ALC 内墙顶部与梁板连接工艺。ALC 内墙顶部与梁板采用管卡连接，每块条板上方设置 2 个管卡，条板与梁板之间预留 10~20mm 间隙。管卡采用 Q235B 镀锌材料，最小厚度 3mm。在 ALC 条板与钢板之间的缝隙处塞入柔性填充材料（PU 聚氨酯）。管卡应固定牢固，无侧向移动。柔性填充材料应填充密实无漏填。内墙顶部与梁连接工艺大样图、效果图如图 4-155、图 4-156所示。

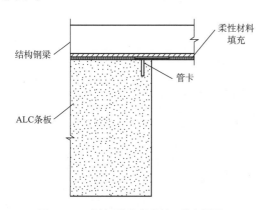

图 4-155　内墙顶部与梁连接工艺大样图　　　　图 4-156　内墙顶部与楼板连接工艺效果图

（3）ALC 条板与柱连接工艺。ALC 条板与柱之间连接时需预留 15~20mm间隙。ALC 条板与室外柱连接间隙采用四种柔性材料填充，其施工顺序依次为聚乙烯（PE）棒、聚氨酯（PU）、嵌缝剂和密封胶。ALC条板与室内柱连接间隙采用三种柔性材料填充，其施工顺序依次为PE棒、PU聚氨酯和两侧嵌缝剂。每层材料施工完需进行隐蔽工程验收，每层材料需填充密实，验收合格后方可进行下一层材料的施工。

（4）ALC门洞口节点工艺。

①ALC门洞口节点作业方法：首先进行定位放线，通过吊垂线等方式控制其立面定位。现场安装时，先依次安装门洞两侧的竖向ALC条板，再安装门洞上方的横向ALC条板，横板两侧与竖板搭接宽度不小于150mm，两板接缝处采用M10螺栓或者U形卡进行拉接。当门洞宽度大于1500mm时，在门洞口布设角钢或者扁钢加固。

②ALC窗洞口节点作业方法：从一侧向另一侧依次安装门洞一侧ALC条板、门洞另一侧ALC条板。角钢规格参照图集13J104中洞口加强角钢选用表进行选取。ALC条板安装过程中需精确定位，控制好竖向接缝的宽度，窗洞定位需考虑角钢框架的厚度影响。

（5）ALC条板与砌体连接工艺。整体施工顺序为：先安装ALC条板，再砌筑相邻砌体。首先将ALC条板安装完成，再砌体砌筑砌体，砌体与ALC墙板之间采用黏结砂浆填补密实。砌筑砌体时，需保证竖向缝宽度均匀一致。填补黏结砂浆时需保证缝隙填充密实，禁止出现漏补现象。

（6）ALC条板与ALC条板拼缝节点工艺。ALC条板与ALC条板拼缝处采用"公母槽"的形式。施工时先定位并安装固定一侧的ALC条板，然后在竖缝处均匀涂抹专用黏结砂浆，立起竖缝相邻一侧ALC条板，初步定位后对竖缝进行挤压，保证挤压后竖缝宽度5mm左右，且上下竖缝宽度一致。

ALC条板与ALC内墙条板拼缝采用专用黏结砂浆填缝，两侧竖缝处外挂耐碱玻纤网格布+腻子，网格布与缝隙两侧搭接宽度为100~150mm。

①水泥砂浆：板材安装前应保证基层地面平整，如不平整可先做1:3（水泥质量、砂质量）水泥砂浆找平层。

②黏结砂浆搅拌：黏结砂浆它是由水泥、石英砂、聚合物胶结料配以多种添

加剂经机械混合均匀而成，按本料质量25%~30%的比例加入水，至搅拌均匀，放置5min后，再次搅拌后方可使用，拌合料应在2h内用完。严禁工地现场私自添加砂子、水泥及其他添加剂。

③黏结砂浆涂抹：板材间涂抹黏结砂浆前应将基层清理干净，砂浆涂抹均匀，饱满度应大于80%。填筑专用黏结砂浆时，若有砂浆掉落到地面，该砂浆严禁再次使用。粘贴板时均匀揉压，不能拍击振动。粘贴完成后48h内，不能进行下一道工序的施工，同时应避免触碰、敲击、振动。

施工环境和基层墙体的温度不能低于5℃，避免在风力5级以上及雨天施工。

竖缝挂网刮腻子时应将腻子涂抹均匀，表面平整，不得露出网格布。刮腻子时严禁将ALC条形板表面刮花或磕碰掉角。

（7）ALC条板修复工艺。ALC条板采用黏接砂浆对缺陷进行修复。修复时应采用专业修复工具，保证修复完成面的平整、外形尺寸符合要求。修复完毕的板材，修复区域的强度达到要求后方可进行安装。修补材颜色、质感宜与ALC条板一致，性能应匹配。板材经修复，则外观质量为修补后的质量。

4.BIM技术应用

通过运用BIM技术，在装配施工前可对施工流程进行模拟和优化，加快施工现场的工作效率；也可模拟施工现场的安全突发事故，完善施工安全管理规范，排除安全隐患，避免安全事故发生。主体结构BIM深化模型如图4-157所示。

5.工艺展示样板

设置工艺展示样板，配上反映相应工序的现场照片、文字说明，使技术交底和岗前培训内容直观、清晰，易于了解掌握，同时也提供了直观的质量检查和质量验收的判定尺度，有利于加强对工程施工重要工序、关键环节的质量控制，有利于消除工程质量通病，有效地促进工程施工质量整体水平的提高。

（四）施工关键要点

（1）实际施工过程中，焊接的方式主要是对接焊接和端板焊接等。焊接过程中引弧板和母材之间应焊接牢固，部分未在工厂焊接好引弧板运输到现场的构件应先将引弧板焊到母材上，表面的清洁程度应和坡口表面相一致。

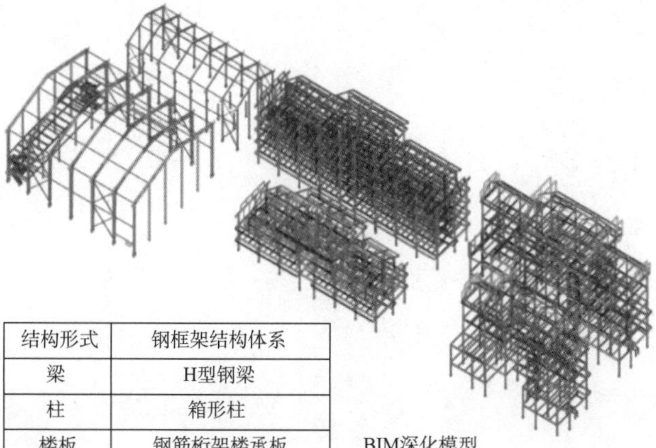

结构形式	钢框架结构体系
梁	H型钢梁
柱	箱形柱
楼板	钢筋桁架楼承板

BIM深化模型

图 4-157 主体结构 BIM 深化模型

（2）钢筋桁架模板在打包时必须有固定的支架以及足够多的支点，防止在吊运、运输及堆放的过程中变形，严禁将钢丝绳捆绑在钢筋桁架模板上直接进行起吊，吊点要在固定支架上。放置在楼层内时，应放置在主梁与次梁的交界处。

（3）高层结构上部风大，铺设钢筋桁架模板时，应注意不要一次将所有的钢筋桁架模板拆包，要边拆包、边铺设、边固定。拆开的钢筋桁架模板必须当日铺设并固定完毕，没有铺设完毕的钢筋桁架模板要用铁丝等进行临时固定，以免大风或其他原因造成钢筋桁架模板飞落伤人。

（4）墙板安装竖立完成后 7d 内不可在墙体两侧倚靠物体，防止墙体移位，同时严禁碰撞、敲打，对墙体产生水平作用力。在砂浆未达到强度时严禁开槽剔凿。

（5）卫生间反坎浇筑完成后再进行墙板安装。

（6）墙板开槽、开孔时，必须使用专用工具，不得随意用力敲打。

（7）应做好工序交接配合，在进行水、电、气等专业工种施工时，使用放线机械开孔，严禁横槽对墙体造成损坏。

第五章

项目文化

理念是项目管理之魂，科学先进的理念是平安百年品质工程高质量创建的思想指南。信江枢纽航运项目办乘江西水运加速发展之大势、集前期项目建设经验之大成，通过外出考察调研、集中学习研讨，围绕水运大发展的形势，抓好高起点、高标准定位，提出了"以党建为引领，打造品质工程，树立信江品牌"总体工作目标，提出了"学习、服务、积极、健康"的项目管理理念和以"信义、信心、品质、品牌"为主要内容的品质工程文化理念。

学习，即崇尚学习、创造条件、营造氛围，提高管理能力和工作水平。坚持在学习中实践，在实践中学习。以《学习管理制度》《文化建设实施办法》等制度为保障，强化学习要求，落实学习举措，通过"走出去、请进来、全员讲"等多种方式开展学习，以"信江讲堂"活动鼓励读书学习，提高管理团队素质；以PPT授课、施工现场交流等形式开展日常学习，培养良好学习习惯；以开办民工夜校为依托，培养新时代产业工人，提升一线工人能力水平；结合现场管理工作实际，定期开展管理人员岗位考核，针对工作情况和学习内容开展应知应会考试，形成浓厚的学习氛围，全面建设一支积极向上、崇尚学习的团队。

服务，即端正态度、勤勉务实、高效工作，通过自身的优质服务换取参建各方的优质服务。制定《首问负责制》《限时办结制》《末位淘汰制》等，规范服务要求，提升服务水平；设立现场管理组，制定《四方巡检制度》等7项制度，突出服务工地一线，通过日碰头会和每日巡查加强现场管控和调度，发现问题及时协调沟通，高效解决问题，推动品质工程创建朝着既定目标落实落地。

积极，即积极进取、主动作为、敢于担当，形成优质高效、干事创业的良好环境。制定《红黄绿牌预警制》《工作任务清单制》《项目管理人员绩效考核办法》等，形成完整的奖惩激励和考核评价体系，督促各部门按时间要求抓落实、抓整改、抓提升，进一步提高各部门工作效率和管理效能。通过开展"最美系列"评比、工匠劳动竞赛比武、安全竞赛一站到底等活动，以活动促活跃、促主动，充分展现团队精神风貌，增强项目团队的凝聚力和向心力。

健康，即身心健康、团结协作、清正廉洁，做到对自己、对家人、对组织高度负责。制定《廉政建设实施细则》《纪检监察巡查制度》《文体活动管理办法》《禁烟禁酒禁牌规定》等，规范管理，约束行为，杜绝不廉洁行为；倡导职工每天运动不少于 1 小时，个人提出、集中审核员工年度学习、健康目标，张榜公示接受监督，定期对健康目标进行考核，引导形成积极健康的工作习惯，营造风清气正的工作氛围。

"信义、信心、品质、品牌"是围绕创建"品质工程"提出的品质工程文化理念：信义，即讲信义、重正义，诚信做事、达成目标、实现价值；信心，即精心组织、科学管理、形成合力、追求卓越；品质，即优质耐久、安全舒适、经济环保、社会认可；品牌，即打造干事创业平台、人才培养平台、各方共赢平台和品质示范平台，创造江西水运工程"信江品牌"。

本章从党建引领创建落地、理念凝聚创建共识、机制保障创建成效和文化提升创建内涵方面进行阐述。

第一节 管理目标

确定总体目标：以党建为引领，打造品质工程，树立信江品牌旨在充分发挥国企党建优势，推动党建与业务工作深入融合，紧紧围绕打造品质工程建设目标，通过树立信江品牌，推动江西后续水运工程建设项目高质量发展。

打造四个平台：干事创业平台，人才培养平台，各方共赢平台，品质示范平台。旨在以创业精神贯穿项目建设全过程，培养和锻炼水运建设人才，实现项目方与参建方的各方共赢，从而真正达到品质示范效应。

凝练项目理念：贯彻落实"学习、服务、积极、健康"的团队管理理念和以"信义、信心、品质、品牌"为主要特征的品质工程文化理念。旨在培养和打造充满创造力、战斗力、凝聚力的江西水运工程建设主力军；通过将切合实际、内涵丰富的文化理念注入工程建设过程，提升项目建设软实力。

营造廉洁氛围：组织定期文化体育活动，开展健康目标考核管理，党员干部挂点联系一线，现场公示投诉二维码。旨在通过开展有益身心的文体活动和定期考核，引导员工形成健康理念；党员干部联系一线工友暖心帮扶解决实际困难，提升举报投诉时效和便捷性，形成重点水运项目建设的廉洁氛围。

第二节　管理体系

一、制度建设

（一）党建工作制度

党建工作制度主要包括党支部"三会一课"制度、重大事项请示报告制度、"双创双亮"（创党员服务示范标兵、创党员服务先进岗位；亮身份、亮承诺）制度、"双推"（推优入党、推优上岗）制度、文化建设、员工健康管理及考核办法、学习管理制度、文体活动管理办法等制度。

（二）党风廉政建设制度

党风廉政建设制度主要包括廉政建设管理办法、廉政合同考核办法、礼品礼金登记制度、廉政举报箱管理制度、工作人员廉政谈话办法、廉洁巡查制度、信访案件调查工作制度、纪检监察干部职业行为准则、纪检监察工作实施方案等。

（三）宣传工作制度

宣传工作制度主要包括宣传工作暂行办法和宣传工作实施方案，宣传方向分为工程概况、图文快讯、品质创建三大类，其中品质创建细分为内部管理（学习服务体会篇、积极健康示范篇、信义信心文化篇、品质品牌交流篇）和外部管理（规范管理标准化篇、现场管控精细化篇、智慧建造信息化篇、生态环保绿色化篇、党建引领品牌化篇、库区品质创建篇、机电品质创建篇），以《信江简报》和微信公众号作为主要宣传阵地。

二、创建思路

（一）创建学习团队

项目办以《项目管理大纲》为基本遵循，培育以"信义、信心、品质、品牌"为主要特征的品质工程文化，着力打造学习和服务型团队，针对品质工程管理和服务需求，建立对参建单位和人员全方位服务体系，营造品质工程创建过程中高效管理和主动服务的氛围。参建各方认真落实《学习管理制度》，通过开展日常和专项学习，定期开展管理人员岗位考核、职业道德教育和专业技能培训，并建立层次分明、科学合理的激励与保障机制。

（二）注重人文关怀

项目办及参建单位认真落实《文化建设实施办法》，组织各种形式的品质工程文化创建和宣传活动，积极开展以"品质工程"为主题的征文、摄影大赛、专题讲座。项目办制定了健康目标管理一览表，全员提交初始体重、腰围和年度个性化健康（学习）目标，在工作中同步打造健康团队，各参建单位按照《文体活动管理办法》要求，每天组织开展健康活动1小时，同步做好健康目标管理工作，并积极开展"学雷锋"志愿服务活动和公益活动。施工单位建立工人学校、班组学习活动平台，开展职业道德教育、专业技能培训等活动，提升一线施工队伍专业素质。参建单位还制定了职业病防治工作计划和农民工工资支付保障制度，按规定执行工伤保险制度，下大力气改善驻地条件和生活环境，建立稳定的技术工人队伍，形成持续有效尊重劳动、提升技能的激励保障机制。

（三）打造廉洁信江

项目办及参建单位工作人员认真落实中央八项规定精神、江西省交通系统廉政建设"八条禁令"和党风廉政建设责任制，深入抓好"两个责任"落实，切实履行"一岗双责"，以"工程优质、干部优秀"为目标，设立党风廉政建设组织机构、完善制度建设、明确廉政纪律、落实责任追究。项目办、参建单位工作人员严格遵守《廉政建设实施细则》《禁烟禁酒禁牌规定》等制度。项目办一年开展不少于12次廉政谈话、巡查、暗访等活动，通过多种形式的监督执纪，切实预防和整治"吃、拿、卡、要"等廉洁问题和"怕、慢、假、庸、散"等工作作风问题，凝心聚力打好创建品质工程决胜战。

第三节 主要做法

如何在最短时间内明确目标、完善制度、抓好落实、形成习惯？关键核心在于统一思想、形成共识。2018年，项目办赴福建高速公路集团参观学习，认识到通过抓好党建、抓好思想建设这个党的基础性建设工作，能够有效统一思想、形成共识；通过抓党建促进工程建设、创品质提升党建品牌，将工程建设目标与党建工作目标有机统一起来，能够进一步丰富品质工程创建内涵，实现品质工程创建目标。

一、党建引领创建落地

新时代高质量推进国企党建工作是提升新时代党的建设质量的题中之义，是解决国企自身存在的问题的必然要求，是实现共同富裕的必由之路。信江航运枢纽项目坚持一体化谋划、推进、考核党建工作与业务工作，促进党建工作与业务工作深度融合：坚持把"支部建在项目上"，以高质量党建引领打造平安百年品质工程，制定科学的考核评价标准。通过树立融合理念、建立融合机制、营造融合环境，坚决克服重业务、轻党建以及党建与业务工作相脱离的"两张皮"现象，使党建工作与业务工作相互配合、同向发力。

项目办党委始终坚持以党建统一思想，以理念引领行为，通过会议宣贯、开展约谈、日常互动、强化考核等多种形式，以打造干事创业平台、人才培养平台、各方共赢平台、品质示范平台四个平台为共同愿景，赢得了全体参建单位的创建共识，形成齐抓共管的党建工作合力。

（一）党建和品质双促进、双提升

1. 策划党建工作框架

项目办党委与参建各方党组织共同策划，精心打造适应工程项目建设特点的党建工作框架，在以参建各方党组织的目标统一性、互通性为主的设置基础上，按照便于党员、入党积极分子、各方业务骨干等人员围绕项目建设中心工作参加活动，利于党组织发挥先锋模范作用，实现基层党组织战斗堡垒全覆盖的要求，优化基层党组织设置模式，着力填补工程一线等重要施工区域党建工作空白，实现党组织和中心工作的全覆盖。一是明确3个目标，即打造"廉洁工程、民心工程、品质工程"，把党建工作目标与工程建设目标有机结合起来，避免出现"党建的归党建、工程的归工程"这一现象；二是提出3上理念，即"支部建在项目上，党旗插在工地上，党员冲在一线上"，目的是激发党组织、党员的责任感、使命感、荣誉感，进一步发挥党支部的战斗堡垒作用和党员的先锋模范作用；三是成立3支队伍，即"党员先锋队、品质匠心队、技术攻坚队"，旨在打通党建工作从会议室、办公室通往班组、工程一线的"最后一公里"，把党组织的各项工作决议精神扎实传导到工程一线。按照项目管理理念和工作任务清单化管理要求，明确提出"6有2亮6注重"的具体举措和要求，从基础工作方面提出有机构、有人员、有场所、有制度、有载体、有经费，从彰显党组织和党员身份方面提出亮党旗、亮身份，从落实项目要求方面提出注重学习、注重服务、注重廉政、注重宣传、注重组织生活、注重文化建设，并将这14项要求细化为43项工作任务指标，统一评分标准，要求各参建单位党组织对标对表开展工作，使项目办和参建单位党建工作开展有章可循、清晰明了，更加规范和统一。

2. 找准党建与项目建设融合点

根据党建工作总体部署，结合各方利益诉求多元的实际情况，在工地重点施工区域设立党建协作站、组建党建协作队（由项目办、监理单位、施工单位党员、入党积极分子、业务骨干及其他参建人员共同参与组成）。党建协作队负责各重点施工区域内项目建设中心工作及党建工作的整体落实和协调，统筹区域内的项目施工建设、党建资源调配和相关活动整体落实，推进区域党员、入党积极分子及其他参建人员一体化管理，构建组织联建、人员联管、服务联抓、资源联享、文化联创的区域化党建格局，为推动区域内各参建单位互利共赢、促进各重点施工区域建设有效推进、党建工作整片建强提供坚强组织保证。按照"党建搭台、网格唱戏、联建共创"的思路，各方轮流主持开展联席会议，对施工区域重难点问题进行交流，在分歧中寻找共同点，取得共识，化"利益诉求的离心力"为"共同目标的聚合力"。通过开展各重点施工区域党建协作队联席会议、方案讨论会、每日碰头会、技术党课、业务交流、党史学习教育等活动，有效确保施工重点区域各项指标系数如期完成。

（二）发挥党建工作四个作用

1. 党委核心领导作用

项目办党委自成立之初就高度重视目标导向作用，经过反复研讨，提出了"以党建为引领，打造品质工程，树立信江品牌"这一总体工作目标，其核心目的在于把党建工作目标和工程建设目标进行有机统一，明确项目创建的大方向，并在推进过程中不断拓展目标的内涵、外延。同时，把党中央和江西省委、省交通运输厅党委关于加强党的建设工作要求与项目建设理念结合起来，通过全方位立体式的理念宣贯，达到凝心聚力的效果。项目办党委研究制定了《党建工作特色品牌创建方案》，明确指导思想、基本原则、创建理念、目标和内容和工作要求。

2. 党支部战斗堡垒作用

项目各参建单位符合条件的，均按要求成立了相应党组织，由该标段上级单位党组织和项目办党委进行双重管理，按照"干什么、管什么"的原则，全面落实党建工作责任制。根据工作任务清单化要求，各支部共同参与研究讨论，制定项目党建工作"三个清单"（党建品牌创建清单、党员挂点联系一线工作任务清单、平安百年品质工程创建任务清单），一套工作标准、一张任务表格、一同检查考核。清晰简洁的清单制管理，使各党组织在规范开展组织生活、教育管理监督党员、引领指导中心工作、培育提炼项目文化等方面发挥出重要作用。

信江航运枢纽项目党建品牌创建工作任务清单如图5-1所示。

信江航运枢纽项目党建品牌创建工作任务清单

序号	项目	目录	工作任务	评分标准	评分
1			党组织成立文件，设立符合实际，满足党建工作要求	查看文件	
2		有机构	施工单位要求分包单位成立党组织，统一纳入管理	建立分包单位党员名册及动态管理机制	
3			明确党建工作负责人和具体经办人	查看领导班子分工文件，党建工作网状图	
4			贯彻落实"一岗双责"，专兼职人员负责党风廉政建设工作		
5		有人员	配备专兼职宣传员，有工作激励机制	查看宣传工作有关管理办法	
6	六有		党员名册、党员登记表及党员进出工作台账	各党组织积极向上级单位党委推荐入党积极分子、列入党员发展计划	
7		有制度	建立党建各项工作制度	查看制度建立及使用情况	
8		有场所	设立党员活动室、体育馆、职工书屋、文体活动室等党员活动阵地	充分发挥场所多功能化作用，起到切实效果，查看现场	
9			丰富和充实信江简报、党建网页、微信公众号	每月25日前报宣传资料，品质工程专题稿件	
10		有载体	党员领导干部联系一线"12345"、普通党员1+N做法	按照业务分工和领导挂点实际情况，是否开展落实项目办党联系一线活动	
11			领导干部结合实际挂点联系一线	领导按分管工作，针对性开展联系一线活动	

图5-1 党建工作任务清单

3. 领导干部模范带头作用

项目办党委始终紧紧抓住领导干部这一"关键少数"，倡导项目办及参建单位领导干部在学习、思想、作风、工作上做表率、做示范，在生产建设、科技创新、攻坚克难、服务群众等一项项具体工作中，亲自挂帅，身先士卒，党员领导干部进驻现场靠前指挥，分片挂点责任区抢抓施工进度、安全教育大讲台授课、安全教育进班组压实安全责任、拜一线工友为师、收实习新生为徒落实质量管控，团结带领全体参建人员以巨大热情投身项目建设。大力推行领导干部联系一线"12345"工作法（每名党委班子成员联系1个参建单位、2个施工班组、3名一线工人，每年对工人开展4次培训，帮助工人协调解决5个实际问题），切实把领导干部的模范带头作用发挥在一线、作用在现场，让普通员工和一线工人看得见、受鼓舞。

4.党员先锋模范作用

项目办党委始终重视激发党员的责任感、荣誉感、使命感，牢固树立"抓党建、强队伍、促发展"工作理念，着力加强党员自身能力建设，提高党员政治素质和专业能力，及时了解掌握、分析研判党员思想动态和工作表现，把思想政治工作贯穿中心工作全过程，在重要工点设置党员责任岗，要求党员带头示范攻坚，在工地现场网格化管理中认领任务最艰巨、困难最突出的区域，充分调动党员干事创业、担当作为的积极性。全体党员联系一线、服务工人，推行"3+N"工作法，每名普通党员或入党积极分子联系3名工人，完成N项具体工作。

（三）与参建单位做到三个融合

1.项目办与参建单位党组织联动

项目办与参建单位党组织联动，全面加强党的领导项目办党委根据与参建单位党组织工作地点相同、目标一致等特点，着力在组织建设、制度建设、廉政建设等方面协同联动，切实把党的领导贯穿于项目建设的全过程。

（1）组织建设互通互动。根据党建要求和建设任务，项目办党委牵头组织各支部，共同谋划年度党建工作任务举措，共同抓好推进落实。广泛开展支部联建共建活动，组织各支部党员一起开展政治理论学习、主题党日活动、上党课，一起接受理想信念教育，党支部之间、党员之间实现"无缝对接"，凝聚共识，齐心协力建好项目。

（2）制度机制共建共治。项目办党委组织各党支部、项目部、监理单位负责人，收集梳理党建工作制度和项目管理、科技创新、生态环保、安全生产等项目建设制度，结合新任务、新要求以及项目实际，反复研究讨论、修改完善，共同制定《项目管理大纲》。合力抓好大纲执行，在项目建设各单位，全面推行首问负责制、红黄绿牌预警制、末位淘汰制，对违反制度规定的，依据违反次数和情形给予相应处罚。

（3）廉政建设齐抓齐管。压实项目办党委、纪委和项目建设各单位党支部党风廉政建设责任，共同分析廉政形势，排查廉政风险点，制定廉政措施。加强廉政教育，建设廉心长廊，设置廉政公示牌，组织项目建设各单位党员、关键岗位人员参观廉政教育基地，接受廉政警示教育，开展廉政提醒谈话，筑牢拒腐防变的思想基础。创新各方合力抓廉政。

建设方法是全面推行工程材料取样盲检，在材料进口把住廉洁关；实行计量支付网上限时审批，超过 48 小时未办结严查原因，避免出现"吃拿卡要"问题；在工地现场张贴举报投诉二维码，增强群众监督时效、实效，切实把全面从严治党要求落到实处。

2. 党建工作与项目建设融合

党建工作与项目建设融合，实现互促双赢项目办党委坚持党建工作与项目建设双向融入、相互渗透、深入融合，同步谋划、推进、考核，以高质量党建引领打造平安百年品质工程。

（1）推进思想理念同向。把党中央和江西省委关于加强党的建设部署与项目建设理念结合起来，开展深入研讨，形成了"学习、服务、积极、健康、信义、信心、品质、品牌"十六字理念，并纳入《项目管理大纲》。采取集体宣讲、集中考试、评选表彰、经验交流等方式，经常性组织全体员工学习领会理念。开展全员拓展训练、趣味运动会、过集体生日和每周 2 次集中运动、每月 1 次集中观影、每季度 1 次读书分享等活动，营造积极健康、奋发向上的文化氛围，在潜移默化中推动理念内化于心、外化于行。

（2）实行考核评价同步。制定《党建工作特色品牌创建方案》，梳理形成党建品牌创建清单。建立党员挂点联系一线工作任务清单，明确联系服务对象和9项服务内容。根据品质工程创建目标，制定平安百年品质工程创建任务清单。项目办党委以"任务清单"为考核内容，每月同步检查评比，按建设阶段同步考核，考核结果与项目办员工评先评优和参建单位信用评价、目标风险金兑现或扣除直接关联。通过持续融合考核，推动党建工作和品质工程创建实现同抓共促、同步发展。

（3）坚持教育培训同抓。搭建"信江讲堂"平台，把党员教育与员工培训融合起来。按照年度教育培训的要求，开展理想信念教育、廉政教育、先进典型事迹宣传教育、党务知识培训和诵读红色家书等活动，开设项目办纪委与其他处室"同上一堂纪律课"，推动党员提升思想政治素质。

紧密结合项目建设，组织开展职业道德教育、安全生产教育和质量提升、网格化管理、机电设备技术安装等业务培训，不断提升员工业务管理和技术水平。党员领导干部下沉工地一线，针对工程建设质量、安全、进度讲党课，党员和业务骨干开展拜一线工人为师、送安全教育进班组进工棚、"学党史＋业务工作"等主题党日活动，促使党员教育与业务培训同步实施、深入群众、取得实效。

3. 发挥党员先锋模范作用与培养水运人才融合

发挥党员先锋模范作用与培养水运人才融合，打造水运建设生力军项目办把发挥党员先锋模范作用与培养水运建设管理技术人才统筹谋划、同步推进，组织党员带头破解难题、创新技术、服务群众，带动形成争创一流、争当先进的浓厚氛围，努力打造一支勇于担当、能打硬仗、善于创新的过硬队伍。

（1）锻造攻坚克难的主力军。注重在急难险重任务中锤炼党员、检验党员，让党员先锋模范作用在一线彰显。2020年春节期间，面对鄱阳、余干严峻的抗疫形势，项目建设各单位党员为抢抓"黄金"施工季节，带领500余名工人从山东、辽宁、黑龙江和江西省内各地提前返岗，确保了信江航运枢纽成为全国第一批、全省水运领域第一个复工复产项目。2020年7月，鄱阳遭受流域性洪灾，双港项目工地超警戒水位3.24m，与工地围堰仅差20cm。危急时刻，广大党员主动请战，6个党支部均组建党员先锋队、青年突击队，经过5小时奋力抢险，确保了围堰和工程建设安全。2019 年 3 月，为解决汛期将至、工期滞后问题，八字嘴航电枢纽项目现场组党员下沉工地一线，带领工人 1 个月浇筑混凝土 9.03 万 m^3，创造了当年江西省公路水运工程单日、单月浇筑新纪录，单月纪录比上一纪录多 1.2 万 m^3。

（2）培养技术创新的领头羊。把技术创新作为提升项目品质的关键抓手，组建以党员为主体的品质匠心队、技术攻坚队，大力推进管理创新、工艺创新、工法创新。充分运用智慧工地大数据，引进焊接机器人，在全省水运建设项目中第一个开展 BIM 推广应用技术试点，实现钢筋保护层合格率 100% 等一批技术成果，获得全国水利行业 BIM 应用铜奖和"科创杯"应用一等奖。项目建设以来，形成一批具有推广价值的技术标准和工艺，共开展科研课题研究 12 项，取得 QC 成果 8 项，获得专利授权 23 项，创新工艺方法 8 种，解决工程技术难题 60 多个，其中党员领衔攻关的占 76%。

（3）培育服务群众的贴心人。大力践行服务理念，通过制作党员联系卡、建立微信群，开展"最美员工、最美宿舍、最美食堂"评选、"家属看工地"等系列活动，积极引导全体党员联系工地一线、服务一线工人，不断增强工人幸福感获得感归属感。大力推行联系一线工作法，深入了解工人的思想动态、工作状况、家庭情况，帮助解决操心事、烦心事、揪心事，架起了党员与工人之间的"连心桥"，凝聚起项目建设的强大合力。

二、理念凝聚创建共识

企业理念是企业在持续经营和长期发展过程中，继承企业优良传统，适应时代要求，由管理层积极倡导，全体员工自觉实践，从而形成的代表企业信念、激发企业活力、推动企业生产经营的团体精神和行为规范，其中有 5 个要素不可或缺，即道德、决策、环境、业绩考核、紧迫感。项目办是基于工程项目建设而组建的临时管理机构，存在工程建设时间短、人员来源不同、素质参差不齐、思想认识不一致等诸多难题，"理念先行"作为短时间内统一各方思想、形成平安百年品质工程创建共识的有力抓手，有着不可替代的重要作用。

（一）多角度解读理念的内涵

1. 符合现代企业管理的理念内涵

项目办"学习、服务、积极、健康、信义、信心、品质、品牌"十六字理念的提出，与现代企业管理的新理念新认知相契合。管理是服务：管理的工作就是指明方向，提供参建单位完成工作所需的资源。决策是由项目"第一线"作出的，遵守员工管理意愿和首创精神，让每个人都觉得自己是举足轻重的，对项目顺利完工都是有所影响的，从而更能激励他们，让他们直接而又深切地感受到了主人翁的职责定位。员工是朋友：项目办推崇共同学习、共同提升的理念，被聘用的每一个员工都可以在项目办找到自己施展才华的平台。项目是社区：项目是由拥有希望和梦想的个人组成的集合体，是志同道合者汇聚一堂的地方，个人的希望和梦想又与项目的远大目标息息相关。员工不再像大机器的零件，而是企业内富有活力的细胞体，时时处处体现团队的凝聚力、战斗力。动力靠激励：对项目的目标怀有坚定的信心，知道自己一旦实现目标将有巨大的回报，以目标引领和激励员工以极大的热情、忘我的精神和幽默的心境投入到工作中去。变革即发展：变革是适应新市场，再次获得成功的必由之路。项目办坚持求新求变，不断创新创特，实现高质量建设发展。

2. 以项目理念为核心的工作要求

强化学习要求。通过"走出去、请进来、走上台"等多种方式开展学习，以"信江大讲堂"活动鼓励读书学习，提高团队素质；以 PPT 授课、施工现场交流、观看影像资料等形式开展日常学习，培养良好学习习惯；以开办民工夜校为依托，培养新时代产业工人。

强调服务理念。设立现场管理组，突出服务工地一线，通过日碰头会和每日巡查加强现场管控和调度，发现问题及时协调沟通，高效解决问题，推进品质工程创建朝着既定目标平稳扎实前行。

倡导积极工作。通过开展"最美系列"评比、工匠劳动竞赛比武、安全竞赛一站到底等活动，以活动促活跃、促主动，充分展现团队精神风貌，营造积极、合作、拼搏的良好工作氛围，增强项目团队的凝聚力和向心力。

营造健康氛围。制定廉洁从业和职业道德制度规范行为，提出年度学习、健康目标上墙公示，并定期对健康目标进行考核，努力形成积极健康工作习惯，营造风清气正的工作氛围。

各标段品质工程启动会如图 5-2 所示。

图 5-2 各标段品质工程启动会

（二）多维度推进理念的传递

为进一步让全体建设人员将理念内化于心，外化于行，项目多措并举，通过广泛宣传、重点宣贯，使每一个参建人员了解、认同并践行项目理念。

1. 坦诚沟通形成共识

项目办改变以往的管理模式，高度重视第一次"亲密接触"，主动上门送达中标通知书，与中标单位开展投标澄清会和理念宣贯会，在第一时间广泛宣传、重点宣贯项目理念，希望赢得参建方的理解认同与大力支持，通过上门澄清，信江八字嘴主体土建 BW1 标率先改变原有分公司承建模式，明确由中交一航局直管，从全局层面调配资源，打造全国水运工程信江样板；BIM 技术运用你中标单位上海鲁班软件公司把项目上升为公司战略合作项目。

2. 广泛动员形成合力

项目办召开创建平安百年品质工程启动会，广泛动员全体参建单位参与创建品质工程。主要参建单位进场后，第一项重点工作就是将项目理念与品质工程创建方案融合，在方案编撰中进一步吃透理念，明确方向。4 个主体标段开工前均召开平安百年品质工程启动会，通过施工单位发言表态、全体人员进行"品质工程誓词"宣誓、项目办领导授旗、授牌、各班组举行拜师仪式、签订品质工程责任状等形式，表明品质工程创建的决心，坚定品质工程创建目标。

3. 广泛宣传营造声势

项目办通过创作《品质信航之歌》《信江潮起》等原创诗歌，与参建单位主要人员共同诵读，从情感上加深对理念的理解；创作《品质工程漫画》，将创建品质工程的措施和想法借助漫画这一艺术载体形象地展现出来，让参建人员了解、认同、实践；改编《品质工程"取经路"》小品，以广大工人喜闻乐见的形式，生动地展示了项目管理人员如何以工程品质创建为核心，精心设计、精准施工、精细管理、严控品质。

（三）多举措保障理念的落实

1. 精心策划启动

项目办高度重视发挥党建引领作用,推进项目理念的落实,牢固树立"一盘棋"思想, 按照"书记亲自抓、责任人具体抓、其他协作抓、上下共同抓"的模式,党组织积极发挥作用, 领导干部主动作为, 组织党员带头破解难题、创新技术、服务群众, 带动形成争创一流、争当先进的浓厚氛围, 努力打造一支勇于担当、能打硬仗、善于创新的过硬队伍。选树先进典型班组和个人, 在一线班组、工人中形成比学赶超、奋勇争先的工作态势; 结合工程建设实际设计主题党日活动, 开展安全之星、最美信江工匠、技术创新能手、巧夺天工班组等系列竞赛、比武活动, 充分发挥党建引领推动理念落地的重要作用。

2. 创新管理推进

项目办创新管理模式, 引进第三方安全咨询、品质创建、环保监测、造价咨询和第三方试验检测等咨询单位, 创新招投标方式, 在江西水运工程建设项目第一个实现电子招标。实行装配式房建、争取电子档案试点工作, 推行 BIM 全方面应用, 工地现场实行网格化管理。每一项管理创新的背后, 都与对项目理念的理解和认同密不可分, 与项目管理模式深度契合, 让"学习、服务、积极、健康、信义、信心、品质、品牌"这 16 字在项目全体参建人员中讲得出、记得牢、入人心、见成效。

三、机制保障创建成效

有效的机制是做好一切工作的保障。《项目管理大纲》通过一年半的时间反复修订, 力求将"十六字理念"通过制度进一步落实, 让制度更贴近实际、便于管理使用,《管理大纲》共有 82 个章节, 20 余万字, 每一章、每一条务求实效, 领导带头执行。管理过程中对制度实行定期动态修正, 在项目内部形成按程序办事, 以制度管人的良好氛围, 从而大大提高了解决问题的效率, 营造了敢作为、敢担当的工作氛围。

（一）建立工作落实机制

1. 学习制度提高解决问题的综合能力

为充分开发和有效利用项目的知识资源，进行以创新为目的的知识生产，项目办建立了系统的学习机制，有计划、有组织地进行各种学习、培训、调研、朗诵、演讲、模拟面试等活动。项目办以《学习管理制度》《文化建设实施办法》等制度为抓手，以"信江讲堂"为依托，要求全体参建单位制定年度学习计划，积极组织和参加各类学习培训。结合现场管理工作实际，定期开展管理人员岗位考核，针对工作情况和学习内容开展应知应会考试，形成浓厚的学习氛围，全面建设一支积极向上、崇尚学习的团队。

2. 服务制度提升工作质效

制定《首问负责制》《限时办结制》《末位淘汰制》等制度，刀刃向内，严于律己，自我革新；设立现场管理组，突出服务工地一线；制定《四方巡检制度》等七项管理办法，通过日碰头会和每日巡查加强现场管控和调度，发现问题及时协调沟通，高效解决问题，推进品质工程创建朝着既定目标平稳扎实前行。

3. 督促制度营造敢作为、敢担当的工作氛围

制定《红黄绿牌预警制》《工作任务清单制》《项目管理人员绩效考核办法》《目标风险金考核细则》等制度，形成完整的奖惩激励和考评考核体系，督促各部门按时间要求抓落实、抓整改、抓提升，进一步提高各部门工作效率和管理效能。

4. 健康制度助力品质工程创建

制定《廉政建设实施细则》《廉洁巡查制度》《纪检监察干部职业行为准则》《文体活动管理办法》《禁烟禁酒禁牌管理制度》《会议纪律管理制度》等，从制度上规范行为，约束自己，杜绝不廉洁行为；倡导职工每天运动不少于1小时，提出年度学习、健康目标，上墙公示，并定期对健康目标进行考核；形成积极健康工作习惯，营造风清气正工作氛围。

（二）严格监督检查机制

1. 狠抓廉政建设

一是建立健全制度。项目办先后制定了《廉政建设实施细则》《纪检监察巡查制度》《廉政谈话暂行办法》《举报箱管理制度》《礼品礼金登记制度》《纪检监察干部职业行为准则》等制度，坚持以制度管人管事，尽量减少人为因素。二是抓好廉政教育。在日常工作中，不断加强廉政教育，在各种会议、各重要时间节点，项目办党委书记、纪委书记均反复进行廉政提醒，强调廉洁从业的重要性，项目办纪检处在工作群内定期通报上级部门转发的案例警示，结合《项目管理大纲》知识测试，将党风廉政建设应知应会知识纳入题库，统一测验。三是重视廉政文化。制作了廉政文化牌，要求施工单位在驻地建立

廉心长廊（图5-3）、廉政宣传栏，公示牌上公布项目举报投诉二维码和电子邮箱，营造项目廉政文化氛围；组织参观豫章监狱、洪城监狱、余干县廉政教育基地等，听取职务犯罪人员现身说法，接受警示教育；召开作风建设专题会议，聆听作风建设主题党课，观看廉政"每月一课"警示教育片等，做到廉政建设常抓不懈，久久为功。四是层层传导压力。主要领导与处室负责人签订党风廉政建设责任状，全体工作人员签署党风廉政建设承诺书；按"一岗双责"谈话要求，每半年分层级开展一次有针对性、有书面提纲的廉政提醒谈话；项目办提任中层干部均开展了任前谈话进行廉政提醒；重大事项谈判、市场调研、变更立项等工作，均有纪检监察人员参与监督；纪检监察处进入招标领导小组，项目办的每一项制度、文件及方案、决策等都经过会议集体讨论研究，信息透明化，流程标准化，让权力在阳光下运行。

图5-3　廉心长廊

2. 加强检查考核

一是坚持领导带头。明确党委书记这一责任主体，把带头参加民主生活会、理论学习中心组学习、书记讲廉政党课、开展纪律教育学习月等活动作为落实主体责任的重要抓手，定期分析形势、研究部署工作。强化党委书记第一责任，抓好党风廉政建设和反腐败工作"一把手工程"，党委书记切实担好领导之责、用人之责、管理之责，对重要工作亲自过问、重大问题亲自研究、重要环节亲自协调。二是坚持推进作风建设。坚持抓早抓小抓苗头，对项目办员工暴露出的不严格、不规范、不公正、不廉洁等问题，立足于早发现、早提醒、早纠正，切实将问题解决在萌芽和初始状态，积小胜为大胜。持续狠抓中央八项规定精神及项目办相关配套制度的执行和落实，养成在纪律约束下工作、生活的习惯。持续深入推进作风建设，适时组织"回头看"，严防"四风"问题反弹。三是坚持严格责任考核。采取自查与检查相结合、明察与暗访相结合、动态考核与综合评估相结合的办法，对廉政建设工作进行考核，并将考核结果作为评价处室和员工个人落实党风廉政建设责任制、红黄绿牌、末位淘汰及年度、月度优秀员工的重要依据。同时，发扬民主监督，畅通言路渠道，充分听取参建单位、群众的意见诉求，结合每年民主评议共产党员和中层以上干部考核测评工作中反映出的突出问题，加强风险防控，严格责任追究。

3. 创新工作方法

招标采购方面：为确保招标程序公开透明，开标过程除纪检人员监督外，聘请了第三方公证处全程监督并公证，在 BW1 主体土建招标中，实现江西水运工程第一次电子招投标，施工招标文件的出售、投标文件的递交、开、评标等环节均通过江西省公共资源交易系统进行，进一步杜绝了违反廉政纪律的情况发生；针对物资采购等重点工作，专门制定了《非招标项目管理办法》，严格监督程序，每项采购完成后，均整理纪检监察监督工作档案存档。

现场管理方面：一是进行试验室改革，取消 3 个监理试验室设立中心试验室，保障试验效果的同时，规避因分布零散、专业人员不足可能造成的廉政风险；二是管理前移，成立三个现场管理组进驻工地，建设单位与监理单位同吃同住，保持与施工单位的合理距离，保障廉洁；三是联合财务合约处，每季度开展《廉政合同》履约检查，通过检查，促进各参建单位廉洁从业；四是实行网上电子计量支付（图 5-4），所有支付审批程序在办公软件"钉钉"中流转，限时审批，避免面对面签字，杜绝吃拿卡要，阳光公开。

图 5-4　线上电子计量

内部管理方面：一是要求各处室对照工作职责，编写部门廉政风险防范点，员工结合岗位职责，编写个人廉政风险防范点，将风险点印制在鼠标垫上时刻提醒；二是针对公务用车，纪检处每月会同综合处核查油耗台账，严防公车私用、公油私用，考核评价与月度优秀驾驶员评选挂钩；三是严格采购流程，项目办食堂均实行菜品配送制，在节约人力物力的情况下，杜绝物资采购中可能出现的风险；四是外聘劳务人员实行工资浮动考核管理和试用清退制，要求他们爱岗敬业，忠于职守，避免打招呼、托人情等现象发生。

（三）落实创建激励机制

1. 创造良好市场口碑，打造干事创业平台

项目在继承其他已建、在建项目成功经验基础上，力求在管理上、质量上、形象上实现新的提升，超越前期水运项目，赶超高速公路项目。为各参建单位建设水运项目"江西标杆"打下坚实基础，开拓江西交通基础设施建设市场创造良好信誉和口碑。

2. 构建人才成长良好环境，打造人才培养平台

项目办围绕"学习、服务、积极、健康"的管理理念，凝聚"信义、信心、品质、品牌"的工程文化，按照品质工程创建目标，狠抓规范化管理、标准化

施工和廉洁从业，构建人才培养和成长的良好环境。

3. 凝聚理念达成目标共识，打造各方共赢平台

项目开工建设以来，参建各方均达成高度共识，认同项目管理理念和目标，项目立足创建省"品质工程""平安工地"示范项目，力争创建部级"品质工程"项目、"平安工程"冠名项目。

4. 形成成果与建设经验，打造品质示范平台

在项目建设管理全周期，力争培育水运品质工程示范创建项目，形成一大批具有示范效应的试点成果及可借鉴、可推广的建设经验，推动落实品质工程创建方案的各项要求。

四、文化提升创建内涵

通过教育引导、舆论宣传、文化熏陶、实践养成、制度保障等方式，要利用各种时机和场合，形成有利于培育和弘扬项目文化的生活情景和社会氛围，使项目文化像空气一样无所不在、无时不有。项目办始终高度重视文化建设，大力营造创建平安百年品质工程的良好氛围。

（一）创建学习团队

在加强管理人员素质建设方面，始终把创建学习团队放在重要的位置，项目办加强人才培养制度的建设，并采取多种方式激励干部成长成才，如开展公开竞争上岗、模拟演讲面试、中层干部年度述职与考察、现场组干部交流轮换等多种形式，强化管理人员的岗位考核和继续教育，创新人才激励与保障机制，着力培养和锻炼一支具备现代工程管理能力、专业技能、良好职业道德的工程管理骨干队伍。

（二）注重人文关怀

为丰富参建人员的业余生活，培养良好的健康的生活方式，项目办制定《文化建设实施办法》，要求各主体标段在建设小临过程中要设置室内运动场

馆，同时要求各参建单位同步开展健康目标考核管理，实现"积极工作、健康生活"的目的。施工单位建立工人学校、班组学习平台等场所，开展职业道德教育、专业技能培训等活动，提升一线施工队伍专业素质，提高他们的劳动技能。

项目办要求参建单位制定职业病防治工作计划和农民工工资支付保障制度，按规定执行工伤保险制度，建立稳定的技术工人队伍，形成尊重劳动、提升技能的激励保障机制。提供良好的工作、生活环境。定期开展健康体检，强化职业健康保障。

项目办及参建单位高度重视食堂食品安全及食材管控，开展"最美食堂"评选活动，对各食堂安全、环境卫生、工作人员服务态度进行检查，优化用餐环境，提高服务质量，力求打造职工满意放心的食堂，全面提升职工的幸福感、获得感。

参建单位开办"工人夜校"，主体标段建设产业工人培训基地，开展劳动技能竞赛、技术大比武，推行领导拜一线工人为师，"金头盔""黄马甲"优秀工人表扬信寄村委会等做法，鼓励参建单位建立稳定的技术工人队伍。为切实体现人文关怀，在工人食堂、宿舍环境，工资按时足额发放等具体事务中，安排现场管理组实时跟进，保障工友合法权益。

（三）培育品质文化

通过在筹备及建设全过程中，逐步完成项目文化建设的基础性工作，提炼项目建设的闪光点，信江航运枢纽项目逐步形成独特的"管理（行为）文化、制度文化、物质文化、廉洁文化、团队文化"，项目文化逐渐成为全体参建人员的主导意识、不懈追求和自觉行动，形成了人人关心品质、人人创造品质、人人分享品质的浓郁的文化氛围。

开展"最美"系列评选。项目办要求各参建单位积极组织开展班组标准化评比，现场每日对班组进行考评，项目办与监理单位每月对评选情况进行检查，严格班组考核工作。开展"最美工匠"劳动竞赛，对先进班组和个人实行物质和精神双重奖励。参建单位明确此项工作每年投入不少于20万元。

开展"安全之星"评比。项目办及参建单位以月、年为周期，对项目建设安全工作有特殊贡献或表现优异的一线作业人员、管理人员进行奖励。参建单位明确"安全之星"奖励每年投入不低于 10 万元。

开展"红黑榜"评比。施工单位组织对工地重点高危工序进行监管，有意识收集意外、粗心大意和缺乏安全意识的照片并进行比对分析，建立安全红黑榜，加强工人警示教育。参建单位明确红榜奖励投入每年不低于 10 万元。

加强班组文化建设。项目办要求各参建单位积极培育优秀班组文化，通过班组活动、班组文化墙、班组关怀和班组宣传等提升班组文化建设，推行"师徒制"模式，建立亲情墙，在班组建设投入、班组教育方式、班组技术革新、班组考核激励机制上夯实班组基础条件，营造学技术、讲安全、比业务、争先进的浓厚班组文化氛围。

第六章

创建成果和启示

在创建平安百年品质工程的过程中，信江航运枢纽项目建设者与参建各方探讨最多的问题是对品质工程本质内涵要有正确的认识，即品质工程不是一阵风，不是一味追求工程形象的"高大上"，不是绝对的高投入，而是要以党建为引领，提前谋划、凝聚共识、强化管理、强化执行，通过这些抓手有效地促进品质工程标准要求得到落实落地。

信江航运枢纽项目通过实践探索、创新提升，为后续水运项目建设提供了可借鉴、可复制的宝贵经验，后续水运项目陆续提出赶超信江航运枢纽项目的目标，不断发掘打造精品项目的新思路、新举措、新亮点，水运建设领域正在逐步形成你追我赶的良好氛围。

本章从品质工程项目创建成果和启示两个方面进行阐述。

第一节 创建成果

项目办根据《交通运输部关于打造公路水运品质工程的指导意见》《"平安百年品质工程"建设研究推进方案》的通知要求，同时结合《江西省交通运输厅关于江西省创建公路水运品质工程实施方案》的内容，在创建平安百年品质工程过程中做了初步的探索，在党建、质量安全管理、信息化应用、科技创新方面取得了初步成果。

一、党建工作方面

项目党建工作得到了上级单位的精心指导与肯定，多次获得江西省交通运输厅、江西省港航管理局、江西省港投集团"先进基层党组织"荣誉称号，江西省交通运输厅、江西省港投集团分别在项目召开了党建工作现场交流会。2020

年 5 月，全省公路水运重点工程项目党建现场会在信江航运枢纽项目地召开，在交通运输系统推广党建工作做法。2021 年 7 月，江西省委组织部专题调研信江航运枢纽项目党建引领项目建设做法，在《当代江西》（8 月号）刊登《党建工作与业务工作深度融合发展的有益探索》专题调研报告及评论员文章肯定信江航运枢纽项目党建工作。2021 年 12 月，《全国基层组织建设工作情况通报》（第 19 期）【重大工程项目开展党建联建典型做法】刊载信江航运枢纽项目党建工作典型做法。2022 年 3 月，全省基层党建工作重点任务推进会召开，项目建设单位——江西省港口集团有限公司作为七家代表单位之一发言，介绍以信江航运枢纽项目办为试点的基层党建工作经验做法。《江西日报》《中国组织人事报》《中国交通报》头版纷纷进行宣传推广。

二、现场质量安全管控方面

2019 年 5 月 22 日，江西省交通运输厅在本项目组织召开了全省品质工程推进现场会，2020 年 6 月 24 日，江西省交通运输厅在本项目组织召开江西省交通系统应急演练现场会。2020 年 10 月 29 日，八字嘴航电枢纽工程宿舍楼被住建部认定为首批《装配式建筑评价标准》范例项目。2020 年 11 月 21 日，"网格化管理在水运工程中的运用"被评选为交通运输部"平安交通"优秀案例。2020 年 12 月 22 日，江西省交通运输厅在本项目组织全省航电（运）枢纽库区品质工程建设现场会。2021 年 6 月 8 日，项目被确定为第一批交通运输部平安百年品质工程创建示范项目，自 2019 年起，全省公路水运工程平安工地考评连续四年第一名。2022 年，八字嘴航电枢纽工程宿舍楼被中国工程建设焊接协会评为优秀焊接工程，八字嘴航电枢纽右岸库区防护工程获得河南省工程建设优质工程奖；2023 年 4 月，八字嘴东大河航电枢纽工程和双港航运枢纽工程获评交通运输部、应急管理部和中华全国总工会 2021 年度"平安工程"联合冠名，参加并荣获首届高速公路及大型水运工程"品质杯"竞赛 2 个金奖，3 个银奖，5 个铜奖。

三、信息化应用方面

四年来，项目在信息化应用做了不少尝试，从 BIM 应用、科技创新方面逐步获得行业认可，本项目在 2018 年被江西省交通运输厅列为第一批 BIM 应用试点项目，主要参与了《江西省公路水运工程 BIM 技术应用管理导则》等地方标准的编制。BIM 应用获得多项省部级奖项，包括 2021 年度中国公路学会"交通 BIM 工程创新奖"一等奖、第一届施企协 BIM 大赛一等奖、第四届"优路杯"全国 BM 技术大赛金奖、第五届"科创杯"BIM 大赛一奖、第十二届"创新杯"建筑信息模型（BIM）用大赛二等成果、2020 年度中国公路学会"交通 BIM 新奖"二等奖等 12 项 BIM 奖项。

四、科技创新方面

项目开工以来，在江西省交通运输厅科研课题研究 12 个立项，取得 QC 成果 8 项，获得专利授权 23 项，创新工艺方法 8 种，解决工程技术难题 60 多个。2020 年 10 月 24 日，经过交通运输部相关专家现场查勘，项目最终突出重围，成为全国唯一被纳入交通运输部科技示范工程项目的航电枢纽项目，2020 年 2 月 11 日获交通运输部批准立项实施。2022 年，八字嘴航电枢纽项目获批江西省科普教育基地。2023 年，信江航电枢纽绿色智慧科技示范工程通过交通运输部验收。

第二节　创建启示

项目办坚持平安百年品质工程就是"质量耐久，安全可靠，经济环保，传承百年"，也是"打造精品工程、样板工程、平安工程、廉洁工程"的定位。四年来，项目平安百年品质工程创建遇到诸多问题。一是党建引领仍需不断深入。党建工程和品质工程融合还需深入，项目建设临时性机构党建工作内容和形式需不断探索和发展。二是常态化保持比较难。如现场发现了安全、质量隐患问题 7000 多条，虽然每天都在抓，每个阶段都有进步，但临时用电、高处作业、起重吊装等问题也是时有发生。三是进度压力比较大，特别是采用枯期围堰施工的航电枢纽工程，两年的工期有效施工时间不足一年，需完成 60 万 m^3 混凝土浇筑，金属结构、机电安装等交叉施工工艺复杂，如果在二枯过水前没完成节点目标意味着工期要耽误一年，所以往往到了后期会有打乱仗、抢进度等问题。四是一线工人安全、质量意识还有差距，由于工人年龄大部分在 50 岁上下，文化水平偏低，虽然大力推行了一线班组标准化，出台培养产业工人和工匠体制机制，但往往还存在惯性思维，管得紧时比较规范，一旦管理放松了或者监管不到的地方就比较随意，降低了品质创建标准。五是项目建设周期长，人员更替频繁，新进人员经验欠缺，工作持续性不强。六是水运工程设计单位竞争不激烈，新开工项目往往套用上一个项目或者十几年前项目的图纸，创新性不够，如在泄水闸、船闸、电站厂房上部排架柱等项目办提出采用装配式建造，但都未得到很好的论证和推行。七是质量通病治理还有待提升，在实施过程中项目采取了很多措施，如创新了工艺，采用了新的设备，组织了专人攻关等取得了不少成绩，但如混凝土外观等通病仍然没有彻底攻克。

信江航运枢纽项目通过实践探索、创新提升，为后续水运项目建设提供了可借鉴、可复制的宝贵经验，后续水运项目陆续提出赶超信江航运枢纽项目的目标，通过总结提炼形成了自己的平安百年品质工程创建思路，不断发掘打造精品项目的新思路、新举措、新亮点，水运建设领域正在逐步形成你追我赶的良好氛围。信江航运枢纽项目平安百年品质工程创建实践，带给后续水运项目建设一些启示。

一、提前谋划

（一）重视设计龙头作用

要充分发挥设计的龙头作用，设计是工程建设的龙头，对工程的全寿命周期和本质安全具有先导作用。有些设计缺陷，在后期施工中将难以弥补。建设单位要在工程可行性阶段提前介入，多到江西省内外同类项目请教取经，要给予充足时间论证设计的可行性和创新性，与设计单位一道全过程参与平安百年品质工程创建，深入开展设计的标准化、专业化和数字化工作，把平安品质工程创建的设想放进设计当中。

（二）推行大标段理念

充分贯彻大标段理念，品质创建需要统筹考虑、全盘谋划，通过大标段可以减少重复建设、分散投资，这样不仅集约资源，增强项目竞争性，更是吸引大单位、优质单位关注参与，比如在航电枢纽施工中可以将船闸与电厂合并、库区左右岸防护合并、金属结构机电同类合并等，选择出一批信誉好、业绩优的施工单位，为高水平合作、品质创建奠定基础。

（三）倡导优质优价

推动高质量发展目标，企业又要可持续发展，项目平安百年品质创建招投标还是要倡导合理价中标，倡导优质优价，同时通过按合同总额一定比例设立平安百年品质创建管理金，由品质工程、进度管理和科技创新三方面组成，风险金要倾向奖惩一线，按照现场管理和一线作业人员不少于一定比例进行分配，通过奖优罚劣，使各参建方、班组形成品质工程创建比、学、赶、超的良好氛围。

（四）注重方案先行

充分借鉴全国平安百年品质工程示范创建成功做法，通过多走出去看、请进来学，在招标前要提前组织编写平安百年品质工程创建实施方案，并将方案纳入招标文件，成为合同文件一部分。同时要充分发挥专家顾问团队作用，提升参建单位积极性，在施工前、过程中不断组织审查完善方案，明确品质工程创建目标、措施及需要的条件，确保平安百年品质创建科学有序推进。

二、凝聚共识

（一）高位推动

平安品质创建首先需要高位来推动，项目主要负责人应担任创建领导小组组长，分管领导、各参建单位主要负责人担任副组长，在创建过程中需要主要领导的调度和部署，同时要积极争取各参建单位的法人单位、上级单位领导的关心支持，形成共同创建的合力，如在开标后采取主动上门与法人单位进行合同谈判，通过与法人单位主要领导见面，介绍项目目标和管理理念，取得中标单位总部主要领导重视和支持，通过总部层面调配资源，为项目争取最大优势资源，为后续平安百年品质创建奠定强有力的基础。

（二）凝聚合力

平安品质工程创建需要全员共同努力，凝聚各方合力，在整个建设过程中让参建各方均达成高度共识，认同项目管理理念和目标，将项目打造成各方共赢平台；要激发参建单位和个人积极性和主动性，形成能上能下氛围，使参建各方人员都能有所成长，将项目打造成人才培养平台；要在继承其他已建、在建项目成功经验基础上有新的提升，使参建各方人员把干好本工程作为干一番事业来对待，将项目打造成干事创业平台；加强总结提炼，形成具有示范效应的试点成果及可借鉴、可推广的建设经验，将项目打造成品质示范平台。

（三）营造氛围

如何让参建各方迅速融入品质创建中来，项目要通过组织参建单位外出学习、品质工程启动会、品质故事宣讲、品质工程分享会、标准化现场观摩会、成立品质工作室和打造品质攻坚队等方式学习、宣贯和交流创建内容，丰富创建内涵，并通过开展"最美"系列评比、一站到底安全知识竞赛、工匠劳动竞赛比武、信江讲堂、图书分享会等活动，将品质工程创建相关内容、方案改编成漫画手册等举措，营造浓厚创建氛围，让项目全体人员、参建单位上下形成品质创建的浓厚氛围。

三、强化管理

（一）突出制度管理

项目管理的第一要素是管人，项目成立之初要根据项目实际情况认真制定相应管理制度，并实行定期动态修正，一旦发现管理制度不符合实际需要，不符合工程实际，不符合管理实际，及时进行完善修改，严格按照制度、程序办事，领导带头执行制度，没有例外，更没有特权，最大限度减少人为因素，真正实现按制度管人、管事。

（二）注重细节为王

细节决定成败，往往同一个施工单位、同一个项目经理在不同的项目上表现差异很大，根本原因在于项目业主对品质、对细节的追求不同。现代项目管理不是粗放式和短平快，平安品质创建更需要精益求精，高效耐久，项目建设要把精细管理、精品建造作为示范创建的核心措施，在建设过程中要强化对工人、班组、旁站技术人员、模板、混凝土振捣、养生等各方面的技术攻关，特别要大力引进四新技术，通过微创新等方式提升细节管控。

（三）大胆改革创新

项目要出亮点、出精品，必须要打破传统模式，在管理和工艺上都要大胆创新，推陈出新。一是引进第三方。让专业的人管专业的事，如引进专业第三方咨询单位、第三方安全质量监管单位，通过专业的服务，项目上下可以学习和推行国内最先进、最前沿的品质工程创建管理思路，迅速建立健全品质工程创建管理体系，同时让项目的专业管理人才快速成长。二是创新管理模式。项目不同，特点、难点都不一样，抓品质创建要推行适合自己的管理模式，如高速点多面广采用现场管理处管理，让管理前置，水运项目大多比较集中，可重点推行网格化管理，把施工现场分片分区，同时可以推行监管一体化，把建设、监理职责一体化，实行扁平化管理。三要大力推行信息化管理。项目要以数字建造为核心，依托 BIM+、物联网等技术推进项目建设信息化，通过信息化手段实现管理更高效、沟通更畅通、数据可追溯、问题可闭环、廉政有保障。

四、强化执行

（一）推行网格化管理

项目管理要强化责任，要实现高效执行，首先必须责任落实到人，人人有责，人人尽责。推行全员网格化管理就是把管理分层，把责任按网格划分，每个层级、每个网格都落实了人员，明确了责任，同时辅以积分制考核、区域星级评定、流动网格督导员、每月优秀网格员评选、随手拍和现场安全、质量、文明施工二维码举报等夯实网格管理基础。

（二）狠抓精细执行

平安百年品质示范项目提出要精品建造，精细管理，如何在项目建设的短周期内做到，首要是抓好精细化执行，项目可以建立日、周、月报工作机制、任务清单调度制以及红黄绿牌预警制、限时办结制，针对管理人员推行首问负责制、末位淘汰制、项目管理人员绩效考核办法等制度，通过黄牌经济处罚、红牌末位淘汰的措施强力确保各项目标落地，通过这些强有力手段提升项目安全、质量和进度管理的全面提升。

（三）严格奖惩考核

制度落实落地不仅需要强有力地执行，同时还需要奖惩并举，项目可设立目标风险金，风险金分配和奖惩办法应当纳入招标文件，风险金具体由品质工程、进度管理和专项科技创新三方面组成，风险金倾向奖惩一线，按照现场管理和一线作业人员不少于一定比例进行分配，同时，对工人、班组、对网格员、对考评先进单位等也要拿出具体奖惩措施，通过奖优罚劣，形成品质工程创建比、学、赶、超的良好氛围。

五、党建引领

（一）提高思想认识

正确认识党建工作与中心工作辩证统一关系，牢固树立"一盘棋"思想，项目各级党组织要担负起党建工作的主体责任，党委书记要履行好第一责任人责任，班子成员要履行好"一岗双责"，找准党建工作与中心工作的结合点，不断增强推动党建工作与中心工作融合发展的思想自觉、政治自觉和行动自觉。

（二）完善组织体系

党的力量来自组织，党的全面领导、党的全部工作要靠党的坚强组织体系去实现。要大力弘扬"支部建在连上"的光荣传统，扎实推进基层党建标准化规范化信息化建设，构建上下贯通、执行有力的组织体系，做到哪里有中心工作哪里就有党组织，哪里有难关哪里就有党组织和党员发挥作用，有效实现党的组织覆盖和工作覆盖。

（三）落实"四同"要求

项目要坚持党建工作与中心工作同谋划、同部署、同落实、同检查，围绕中心抓党建，抓好党建促业务。在谋划研究工作时，坚持把党建工作纳入总体工作安排；在部署推进工作时，坚持把党建工作作为重要内容，与业务工作同步调度、督查和指导；在考核工作时，既考核业务工作进展成效，又考核党建任务完成情况。

（四）建强党员队伍

牢固树立"抓党建、强队伍、促发展"工作理念，加强能力建设，提高党员干部政治素质和专业能力，使党员干部特别是党员领导干部既懂党建又懂业务。及时了解掌握、分析研判党员干部思想动态和工作表现，把思想政治工作贯穿中心工作全过程，充分调动党员干部干事创业、担当作为的积极性。

参 考 文 献

［1］徐伟伟.水利水电工程地质勘测方法与技术应用［J］.科技创新与应用，
2012（27）：211.

［2］覃云飞.水利水电工程地质勘测方法与技术应用［J］.文摘版：工程技术，
2016（003）：312.

［3］钟太权.水利水电工程地质勘测技术分析［J］.中国高新技术企业，2010
（18）：81-83.

［4］杨泽艳.洪家渡水电站工程设计创新技术与应用［M］.北京：中国水利水
电出版社，2008.

［5］王磊.价值工程及其在水电站工程设计中的应用分析［J］.企业技术开发旬刊，
2013.

［6］赵清江，黄进清，王义安，等.依兰航电枢纽总体布置研究［J］.水道港口，
2009,10（5）.

［7］侯志强，王义安，陈一梅.支流入汇对干流航道影响分析［J］.现代交通技术，
2006（4）：70-73.

［8］周作茂.长沙综合枢纽下游远期设计通航低水位论证分析［J］.水利水运
工程学报，2012（4）.

［9］彭厚德，刘虎英，陈杰.株洲航电枢纽船闸工程设计创新研究［J］.湖南
交通科技，2009（035）：139-141.

［10］鲍光翔.都柳江航电一体化开发开创以航为主新模式［J］.珠江水运，
2015：14-15.

［11］甘茂辉，贺柏武.湘江土谷塘航电枢纽工程过鱼设施研究［J］.湖南交通
科技，2010（3）.

［12］交通运输部工程质量监督局.公路水运工程施工安全标准化指南［M］.北京：人民交通出版社，2013.

［13］中华人民共和国水利部.水利水电工程施工组织设计规范：SL 303—2017［S］.北京：中国水利水电出版社，2017.

［14］中华人民共和国交通运输部.水运工程质量检验标准：JTS 257—2008［S］.北京：人民交通出版社，2009.

［15］中华人民共和国水利部.水工混凝土施工规范：SL 677—2014［S］.北京：中国水利水电出版社，2015.

［16］中华人民共和国交通运输部.公路水运品质工程评价标准（试行）：151142819［S］.北京：人民交通出版社股份有限公司，2018.

［17］水运工程施工标准化示范创建工作指导组.水运工程施工标准化建设指南现场布设篇［M］.北京：人民交通出版社股份有限公司，2019.

［18］交通运输部安全与质量监督管理司.水运工程施工标准化建设指南　施工工艺篇（船闸工程）［M］.北京：人民交通出版社股份有限公司，2018.

［19］交通运输部安全与质量监督管理司.水运工程施工标准化建设指南　施工工艺篇（航电枢纽工程）［M］.北京：人民交通出版社股份有限公司，2019.